内容提要

本试卷根据《大学数学课程教学基本要求》及《全国硕士研究生招生考试数学考试大纲》编写而成，是配套高等教育出版社出版的《概率论与数理统计（第五版）》（浙江大学盛骤、谢式千、潘承毅编）的同步测试卷。

本同步测试卷共含 18 套试卷，章节安排与教材前八章同步，依次为概率论的基本概念、随机变量及其分布、多维随机变量及其分布、随机变量的数字特征、大数定律及中心极限定理、样本及抽样分布、参数估计、假设检验，以及期末试卷。 本试卷除精心编排学习内容外，还深度融合信息技术，配备 44 个典型习题精解视频，含 260 余题的刷题器，并附赠40 道考研真题及精解。

本书适用于大学一至四年级学生，特别是有考研及数学竞赛需求，以及想迅速提高概率论与数理统计成绩的学生。

图书在版编目（CIP）数据

概率论与数理统计浙大第五版同步测试卷精编精解 / 宁荣健,张卫主编 . --北京：高等教育出版社，2021.10
ISBN 978 - 7 - 04 - 056533 - 1

Ⅰ.①概… Ⅱ.①宁…②张… Ⅲ.①概率论-高等学校-题解②数理统计-高等学校-题解 Ⅳ. ①O21-44

中国版本图书馆 CIP 数据核字（2021）第 148170 号

概率论与数理统计浙大第五版同步测试卷精编精解
Gailülun yu Shuli Tongji Zheda Di-wuBan Tongbu Ceshijuan Jingbian Jingjie

项目策划	徐　可	策划编辑　杨　帆		责任编辑　徐　可		封面设计　于　博	
版式设计	徐艳妮	插图绘制　黄云燕		责任校对　王　雨		责任印制　朱　琦	

出版发行	高等教育出版社		网　　址	http：//www.hep.edu.cn
社　　址	北京市西城区德外大街 4 号			http：//www.hep.com.cn
邮政编码	100120		网上订购	http：//www.hepmall.com.cn
印　　刷	三河市华骏印务包装有限公司			http：//www.hepmall.com
开　　本	889 mm×1194 mm　1/8			http：//www.hepmall.cn
总 印 张	11			
总 字 数	250 千字		版　　次	2021年10月第 1 版
购书热线	010-58581118		印　　次	2021年10月第 1 次印刷
咨询电话	400-810-0598		总 定 价	24.50 元

前　言

　　由于概率论与数理统计课程的抽象性及严密逻辑性,存在着学生上课能听懂,但不了解知识点之间的有机联系,缺乏解题模板及思路,不能利用所学知识来解题这一普遍现象。为帮助学生同步更快更好地理解概率论与数理统计课程中的基本概念和基本定理,掌握基本解题方法,迅速提高解题能力,我们根据多年教学经验编写了这本与浙江大学盛骤、谢式千、潘承毅编写的《概率论与数理统计(第五版)》配套的同步测试卷。

　　本试卷有以下特点:

　　一、精心编排学习内容。本同步测试卷共含 18 套试卷,内容安排与教材前八章同步,依次为概率论的基本概念、随机变量及其分布、多维随机变量及其分布、随机变量的数字特征、大数定律及中心极限定理、样本及抽样分布、参数估计、假设检验,以及期末试卷。每章试卷分为(A 卷)及(B 卷),(A 卷)主要考查基本知识,与一般高校习题课及期中期末试卷难度相当,(B 卷)难度稍大,达到了全国硕士研究生招生考试数学(一)概率统计部分要求的水平。我们对试卷中的每一道习题都提供了精解,部分题目给出了一题多解,部分比较典型的题目还给出了注释,旨在指出解题过程中学生易忽略的知识点、易出错之处、知识点与知识点之间的衔接要点,直指学生痛点,希望学生首先自主解题,再参考习题解答,最终有所悟并迅速提高解题能力。

　　二、初步探索学做融合。我们根据《大学数学课程教学基本要求》及《全国硕士研究生招生考试数学考试大纲》整理出了概率论与数理统计课程共 62 个知识点,对于每一个知识点,我们均配置了精讲视频,不仅给出定义、定理、公式等理论知识,还给出了与之有关的例题精解。同时,对试卷中的每一道习题标识出对应的知识点,学生在解题过程中如"卡壳"了,可依知识点指向,带着问题观看学习有关知识点视频,然后再来做题……初步探索学中做、做中学,学做融合。

　　三、深度融合信息技术。除知识点精讲视频外,我们还精心挑选了约 15% 的典型题目(44 道习题)给出了精解视频,以便于学生更好地理解与习题有关的公式、定理并掌握与该类习题有关的解题模板。此外,我们还组织研发了含 260 余题的刷题器,这些题目考查基本概念及基本方法,学生在学习完相关课程内容后,可尝试来解这些习题,以检测学习效果,提高学习水平。最后,我们还精选了 40 道历届考研真题并给出了详解,这些真题都是全国硕士研究生招生考试数学命题组专家经充分研究论证后推出的试题,学习针对性强,望学生充分重视。

　　本试卷适用于大学一至四年级学生,特别是有考研及数学竞赛需求的学生,以及想迅速提高概率论与数据统计成绩的学生,希望本套试卷能成为您的良师益友,陪伴您度过大学四年的学习时光,助力您的学习、应试、竞赛、考研之路。

编者

2021 年 8 月

. 设 A,B 为两个随机事件，已知 $P(A) = 0.5$，$P(B) = 0.4$，$P(A \cup B) = 0.6$，则 $P(\overline{A} \cup \overline{B}) =$
_____.

. 从数字 $1,2,\cdots,9$ 中有放回地抽取 3 个数，则所取数中最大数是 7 的概率为 _____.

. 在 $(0,3)$ 内任意取一个数 λ，则反常积分 $\int_{e}^{+\infty} \dfrac{1}{x\ln^{\lambda}x}\mathrm{d}x$ 收敛的概率为 _____.

. 盒中有一个红球和一个白球，先从盒中任取一球，若为红球，则试验终止；若取到白球，则把白球放回的同时再加进一个白球，然后再取下一球.如此下去，直到取得红球为止.则第 n 次取到红球的概率为 _____.

0. 某人向同一目标独立重复射击，每次射击命中目标的概率为 $p(0 < p < 1)$，则此人第 4 次射击恰好第 2 次命中目标的概率为 _____.

10题精解

三、解答题（每小题10分，共70分）

11. 设 A,B 为两个随机事件，计算 $P((A \cup B)(\overline{A} \cup B)(A \cup \overline{B})(\overline{A} \cup \overline{B}))$.

12. 设随机事件 A 和 B 相互独立，且 $P(A - B) = P(B - A) = \dfrac{1}{4}$，求 $P(AB \mid A \cup B)$.

13. 设甲乙车间生产同一种产品，甲车间生产的产品的合格率为 90%，合格品中一等品占 50%；乙车间生产的产品的合格率为 95%，合格品中一等品占 60%.甲车间和乙车间生产的产品分别占全厂生产的产品的 70% 和 30%，现从该厂生产的产品中随机抽取一件，发现是一等品，求该产品是甲车间生产的概率.

14. 设甲乙两位运动员进行围棋比赛,已知每局比赛中甲获胜的概率为 0.6,且各局之间互不干扰,比赛可采用三局两胜制或五局三胜制,问哪种赛制对甲更有利?

15. 某学生依次进行三门课程的考试,第一门课程考试及格的概率为 $\frac{4}{5}$,以后各门课程考试及格的概率均根据前一门课程考试及格或不及格分别为 $\frac{4}{5}$ 和 $\frac{2}{5}$.求 (1) 该学生三门课程都及格的概率; (2) 该学生第三门课程及格的概率.

15 题精解

已知 $P(A) = P(B) = P(C) = \dfrac{1}{4}, P(AB) = 0, P(AC) = P(BC) = \dfrac{1}{16}$，则事件 A, B, C 均不发生的概率为 _____．

在区间 $(0,1)$ 内随机地取两个数，则此两个数之和大于 $\dfrac{1}{2}$，两个数之积小于 $\dfrac{1}{2}$ 的概率为 _____．

设盒子中有 1 个红球和 9 个白球，现依次不放回地将球逐个取出，每次取一个，则第 n $(1 \leq n \leq 10)$ 次取红球的概率为 _____．

10. 设某人到外地开会，乘坐交通工具的情况为：乘坐高铁的概率为 0.5，乘坐飞机的概率为 0.35，乘坐汽车的概率为 0.15．若此人乘坐高铁时开会迟到的概率为 0.001，乘坐飞机时开会迟到的概率为 0.002，乘坐汽车时开会迟到的概率为 0.01．假设此人已经迟到，则其最有可能乘坐的交通工具为 _____．

三、解答题（每小题 10 分，共 70 分）

11. 设事件 A, B, C 两两独立，且 $P(A) = P(B) = P(C) = p > 0$，如果 $C \subset A \cup B - AB$，求 p．

12. 设甲乙两人轮流地向一目标射击，甲先射击，甲乙每次击中目标的概率分别为 0.5 和 0.6，且每次射击相互不影响，求甲先击中目标的概率．

13. 设甲乙两人投篮,命中率分别为 0.7 和 0.6,每人投篮两次,求甲比乙进球数多的概率.

14. 在 n 重伯努利试验中,每次试验成功的概率为 p,试分别求试验成功奇数次的概率 s 和试验成功偶数次的概率 t.

14 题精解

15. 设有某型号的高射炮,每门高射炮命中敌机的概率为 0.4,现有若干门高射炮同时向敌机射击,如果以不低于 99% 的概率击中敌机,问至少要配置多少门高射炮同时射击?

设随机变量 X 的密度函数为 $f(x) = \begin{cases} ke^{-x}, & x \geq \lambda, \\ 0, & x < \lambda, \end{cases}$ 其中 k, λ 均为常数,则对

常数 $a > 0$,概率 $P\{\lambda < X < \lambda + a\}$（　　　）.

4 题精解

(A) 与 a 无关,且随 λ 增大而增大　　　(B) 与 λ 无关,且随 a 增大而增大

(C) 与 a 无关,且随 λ 增大而减小　　　(D) 与 λ 无关,且随 a 增大而减小

. 下列结论不正确的是(　　　).

(A) 若 $X \sim P(\lambda)$,则 $2X \sim P(2\lambda)$　　　(B) 若 $X \sim E(\lambda)$,则 $2X \sim E\left(\dfrac{\lambda}{2}\right)$

(C) 若 $X \sim N(\mu, \sigma^2)$,则 $2X \sim N(2\mu, 4\sigma^2)$　　(D) 若 $X \sim U[a, b]$,则 $2X \sim U[2a, 2b]$

二、填空题(每小题 3 分,共 15 分)

. 设随机变量 X 的分布律为 $P\{X = k\} = \dfrac{a}{k(k+1)}, k = 1, 2, \cdots,$ 则常数 $a = $ _____.

. 设随机变量 $X \sim U[a, b], P\{X \geq 1\} = \dfrac{1}{2}, P\{-2 \leq X \leq 2\} = \dfrac{3}{4},$ 则区间 $[a, b]$ 为 _____.

. 设随机变量 X 的密度函数为 $f(x) = \begin{cases} 2x, & 0 \leq x \leq 1, \\ 0, & \text{其他,} \end{cases}$ 则方程 $x^2 + x + X = 0$ 有实根的概

率为 _____.

. 已知随机变量 X 的密度函数为 $f(x)$,则 $Y = 4X - 1$ 的密度函数 $f_Y(y) = $ _____.

10. 设随机变量 $X \sim E(1),[x]$ 表示取整函数.则 $Y = [X]$ 的分布律为 _____.

三、解答题(每小题 10 分,共 70 分)

11. 设随机变量 X 的分布律为 $X \sim \begin{pmatrix} -1 & 0 & 1 \\ 0.2 & a & b \end{pmatrix},$ 已知 $4P\{X = 0\} = P\{|X| = 1\},$ (1) 求常

数 a, b 的值;(2) 求 X 的分布函数 $F(x)$;(3) 求 $P\{X \leq 0 \mid X \geq 0\}$.

12. 设随机变量 X 的密度函数为 $f(x) = \begin{cases} \cos x, & 0 < x < \dfrac{\pi}{2}, \\ 0, & \text{其他,} \end{cases}$ 现在对 X 进行 n 次独立重复观

测,以 Y_n 表示观测值不大于 $\dfrac{\pi}{6}$ 的次数,试求 Y_n 的分布律和 $P\{Y_3 = 2\}$.

13. 设随机变量 X 和 Y 服从同一分布(或称同分布),其密度函数均为 $f(x) =$

$\begin{cases} \dfrac{3}{8}x^2, & 0 < x < 2, \\ 0, & \text{其他,} \end{cases}$ $A = \{X > a\}, B = \{Y > a\}, P(A \cup B) = \dfrac{3}{4}$. (1) 证明:常数 a 满足

$0 < a < 2$;(2) 如果 A 和 B 相互独立,求常数 a.

14. 设某课程的学生考试成绩 X(单位:分)服从正态分布,其平均成绩为 72 分,且已知 96 分
以上的学生占总人数的 2.3%.现从中任意抽取一名学生,求其成绩在 60 至 84 之间的
概率.($\Phi(1) = 0.841, \Phi(2) = 0.977$,其中 $\Phi(x)$ 为标准正态分布的分布函数.)

根据密度函数的性质，$\int_{-\infty}^{+\infty} x^2 \mathrm{e}^{-\frac{1}{2}x^2} \mathrm{d}x =$ _____.

设随机变量 X 服从参数为 1 的指数分布，则 $P\left\{\max\left\{X, \dfrac{1}{X}\right\} \leqslant 2\right\} =$ _____.

8题精解

0. 设随机变量 $X \sim U(0,2)$，则 $Y = X^2$ 的密度函数 $f_Y(y)$ 在 $(0,4)$ 内的表达式为 _____.

三、**解答题**(每小题 10 分，共 70 分)

1. 设随机变量 X 的密度函数为 $f(x) = k\mathrm{e}^{-|x|}$，$-\infty < x < +\infty$，(1) 求常数 k；(2) 计算 $P\{0 < X < \ln 2\}$；(3) 求 X 的分布函数 $F(x)$.

12. 设随机变量 X 的分布函数为 $F(x) = \begin{cases} 0, & x < -1, \\ 0.2, & -1 \leqslant x < 0, \\ 0.4, & 0 \leqslant x < 1, \\ 1, & x \geqslant 1, \end{cases}$ 分别求 $Y = X^2$ 的分布函数 $F_Y(y)$ 和 $Z = F(X)$ 的分布函数 $F_Z(z)$.

13. 在电源电压不超过 200V, 介于 200V 和 240V 之间和超过 240V 三种情形下, 某种电子元件损坏的概率分别为 0.1, 0.001 和 0.2, 假设电源电压 $X \sim N(220, 625)$, (1) 求该电子元件损坏的概率 α; (2) 求该电子元件损坏时, 电源电压在 $200 \sim 240V$ 的概率 β. ($\Phi(0.8) = 0.788$, 其中 $\Phi(x)$ 为标准正态分布的分布函数.)

14. 设随机变量 X 的密度函数和分布函数分别为 $f(x)$ 和 $F(x)$, 当 $x \leqslant 0$ 时, $f(x) + F(x) = k_1$, 当 $x > 0$ 时, $f(x) + F(x) = k_2$. 求常数 k_1, k_2 及 $f(x)$.

15. 假设一大型设备在任何长为 t 的时间内发生故障的次数 $N(t)$ 服从参数为 λt 的泊松分布, 求相继两次故障之间时间间隔 T 的密度函数 $f(t)$.

15 题精解

(A) $F_X(x)F_Y(x)$ (B) $F_X(x)F_Y(y)$

(C) $F(x,x)$ (D) $F(x,y)$

二、填空题(每小题 3 分,共 15 分)

6. 设随机变量 $X \sim \begin{pmatrix} -1 & 0 & 1 \\ \dfrac{1}{3} & \dfrac{1}{3} & \dfrac{1}{3} \end{pmatrix}$,$Y = X^2$,则 (X,Y) 的分布律为 _____.

7. 设二维随机变量 (X,Y) 在区域 $D:0 \leq x \leq y \leq 1$ 上服从均匀分布,则 $P\left\{Y > \dfrac{1}{2} \,\middle|\, X < \dfrac{1}{2}\right\} =$

_____.

8. 设二维随机变量 (X,Y) 的密度函数为 $f(x,y) = \begin{cases} \mathrm{e}^{-x}, & 0 < y < x, \\ 0, & 其他, \end{cases}$ 则当 $y > 0$ 时,

$f_{X|Y}(x \mid y) =$ _____.

9. 设二维随机变量 (X,Y) 的密度函数为 $f(x,y) = \begin{cases} \dfrac{1}{4}(1+x), & |x| < 1, |y| < 1, \\ 0, & 其他, \end{cases}$ 则 $Z =$

$\begin{cases} 1, & X > 0, Y > 0, \\ 0, & 其他 \end{cases}$ 的分布律为 _____.

10. 设二维随机变量 $(X,Y) \sim N(0,0,1,1,0)$,则 $X + Y \sim$ _____.

三、解答题(每小题 10 分,共 70 分)

11. 设随机变量 X 和 Y 相互独立,且 $X \sim E(2)$,$Y \sim E(1)$,令 $U = \begin{cases} 1, & X \leq Y, \\ 0, & X > Y, \end{cases}$ $V =$

$\begin{cases} 1, & 2X \leq Y, \\ 0, & 2X > Y, \end{cases}$ (1) 求 (U,V) 的分布律;(2) 求 $P\{X + Y \leq 1\}$ 和 $P\{U + V \leq 1\}$.

12. 设随机变量 X 和 Y 相互独立,下表列出了二维随机变量 (X,Y) 的分布律及关于 X 和关于 Y 的边缘分布律中的部分数值,试将其余数值填入表中的空白处.

X	Y			$P\{X=x_i\}=p_{i\cdot}$
	y_1	y_2	y_3	
x_1		$\dfrac{1}{8}$		
x_2	$\dfrac{1}{8}$			
$P\{Y=y_j\}=p_{\cdot j}$	$\dfrac{1}{6}$			1

13. 已知随机变量 X_1 和 X_2 的分布律分别为 $X_1 \sim \begin{pmatrix} -1 & 0 & 1 \\ \dfrac{1}{4} & \dfrac{1}{2} & \dfrac{1}{4} \end{pmatrix}, X_2 \sim \begin{pmatrix} 0 & 1 \\ \dfrac{1}{2} & \dfrac{1}{2} \end{pmatrix}$,且 $P\{X_1 X_2 = 0\} = 1$.(1)求 X_1 和 X_2 的联合分布律;(2)判断 X_1 和 X_2 的独立性.

14. 设二维随机变量 (X,Y) 的分布律以及关于 X 和关于 Y 的边缘分布律为

Y	X			$p_{\cdot j}$
	-1	0	1	
-1	0.25	0	0	0.25
0	0	0.25	0.25	0.5
1	0	0.25	0	0.25
$p_{i\cdot}$	0.25	0.5	0.25	1

(1)讨论 X 和 Y 的独立性;(2)讨论 X^2 和 Y^2 的独立性.

$(\quad)$.

$(A) f(u, v)$ $(B) f(u, u + v)$ $(C) f(u, u - v)$ $(D) f(u, v - u)$

二、填空题(每小题 3 分,共 15 分)

6. 设二维随机变量 (X, Y) 的密度函数为 $f(x, y) = \begin{cases} k\mathrm{e}^{-\sqrt{x^2 + y^2}}, & x > 0, y > 0, \\ 0, & \text{其他}, \end{cases}$ $U = \sqrt{X^2 + Y^2}$,

$V = \arctan \dfrac{Y}{X}$, $F_{UV}(u, v)$ 为 (U, V) 的分布函数,则 $F_{UV}\left(1, \dfrac{\pi}{4}\right) =$ _____.

7. 设二维随机变量 (X, Y) 的分布律为 $P\{X = m, Y = n\} = \dfrac{1}{2^{m+1}}, m = 1, 2, \cdots, n = 1, 2, \cdots, m$,则

$P\{X = 3 \mid Y = 2\} =$ _____.

8. 设随机变量 X 和 Y 相互独立,均服从 $N(2, 1)$,则 $P\{\min\{X, Y\} \leqslant 2 \leqslant \max\{X, Y\}\} =$

_____.

9. 设随机变量 X_1, X_2, X_3 相互独立,均服从 $[0, 1]$ 上的均匀分布,$X = \min\{\max\{X_1, X_2\}, X_3\}$,则当 $0 \leqslant x \leqslant 1$ 时,X 的密度函数为 $f_X(x) =$ _____.

9题精解

10. 设随机变量 X 和 Y 相互独立,其密度函数均为 $f(x) = \begin{cases} 2x, & 0 \leqslant x \leqslant 1, \\ 0, & \text{其他}, \end{cases}$ 则

$P\{X + Y \leqslant 1\} =$ _____.

三、解答题(每小题 10 分,共 70 分)

11. 设二维随机变量 (X, Y) 的分布函数为

$$F(x, y) = \begin{cases} a(b + \arctan x)(c - \mathrm{e}^{-y}), & -\infty < x < +\infty, y > 0, \\ 0, & \text{其他}. \end{cases}$$

(1) 求常数 a, b, c 的值;(2) 求 $P\{0 < X < 1, Y > 1\}$.

12. 设二维随机变量 (X, Y) 的密度函数为 $f(x, y) = \begin{cases} \mathrm{e}^{-x}, & 0 < y < x, \\ 0 & \text{其他}, \end{cases}$ 求 (X, Y) 的分布函数 $F(x, y)$.

13. 设随机变量 X 的取值为 x_1, x_2，Y 的取值为 y_1, y_2，且满足 $P\{X = x_2\} = \dfrac{3}{4}$，$P\{Y = y_1 \mid X = x_2\} = \dfrac{2}{3}$，$P\{X = x_1 \mid Y = y_1\} = \dfrac{1}{6}$。(1) 求 (X, Y) 的分布律；(2) 求当 $X = x_1$ 时，Y 的条件分布律.

14. 设二维随机变量 (X, Y) 的密度函数 $f(x, y) = \begin{cases} 4xy, & 0 < x < 1, 0 < y < 1, \\ 0, & 其他. \end{cases}$ (1) 问 X 和 Y 是否相互独立？(2) 分别求 $U = X^2$ 和 $V = Y^2$ 的密度函数 $f_U(u)$ 和 $f_V(v)$，并指出 (U, V) 所服从的分布；(3) 求 $P\{U^2 + V^2 \leqslant 1\}$.

15. 设随机变量 X 在区间 $(0, 1)$ 内服从均匀分布，在 $X = x \ (0 < x < 1)$ 的条件下，Y 在区间 $(0, x)$ 内服从均匀分布，(1) 求 (X, Y) 的密度函数 $f(x, y)$；(2) 求关于 Y 的边缘密度函数 $f_Y(y)$.

二、填空题（每小题 3 分，共 15 分）

. 设随机变量 $X \sim E(\lambda)$，则 $P\{\,|X - EX| < \sqrt{DX}\,\} = $ _____.

. 设随机变量 $X \sim P(\lambda)$，且已知 $E[(X-1)(X-2)] = 1$，则 $\lambda = $ _____.

3. 设随机变量 $X \sim U[-1,2]$，$Y = \begin{cases} 1, & X > 0, \\ 0, & X = 0, \\ -1, & X < 0, \end{cases}$ 则 $DY = $ _____.

. 设二维随机变量 (X,Y) 的密度函数为 $f(x,y) = \begin{cases} x+y, & 0 \le x \le 1, 0 \le y \le 1, \\ 0, & \text{其他}, \end{cases}$ 则

$\mathrm{Cov}(X,Y) = $ _____.

10. 将一枚硬币重复掷 n 次，以 X 和 Y 分别表示正面向上和反面向上的次数，则 X 和 Y 的相关系数 $\rho_{XY} = $ _____.

三、解答题（每小题 10 分，共 70 分）

11. 设随机变量 $X \sim \begin{pmatrix} 0 & 1 \\ \dfrac{1}{2} & \dfrac{1}{2} \end{pmatrix}$，$Y \sim \begin{pmatrix} -1 & 0 & 1 \\ \dfrac{1}{3} & \dfrac{1}{3} & \dfrac{1}{3} \end{pmatrix}$，且 $P\{X=1, Y=1\} = P\{X=1, Y=-1\}$

$= p \left(\dfrac{1}{12} \le p \le \dfrac{1}{4} \right)$．（1）求 (X,Y) 的分布律；（2）问 X 与 Y 是否不相关？（3）讨论 X 和 Y 的独立性.

12. 设随机变量 $X \sim P(\lambda)$，$Y \sim E(\lambda)$，且 X 和 Y 相互独立，若已知 $EX = EY$，求 $E(X^2 2^Y)$.

13. 设随机变量 X 的取值为非负整数,且 EX 存在. (1) 证明 $EX = \sum\limits_{i=1}^{\infty} P\{X \geqslant i\}$;(2) 设 X 的分布律为 $P\{X = k\} = (1-p)^{k-1}p, k = 1, 2, \cdots$,其中 $0 < p < 1$,利用(1) 的结论求 EX.

14. 设随机变量 $X \sim E(\lambda)$,$g(t) = E|X - t|$,$t > 0$. 求 $g(t)$ 的最小值点 t_0,并求 $P\{X \geqslant t_0\}$.

15. 设二维随机变量 $(X_1, X_2) \sim N(0, 0, 1, 1, 0)$. $(Y_1, Y_2) = (X_1, X_2)\boldsymbol{A}$,其中 $\boldsymbol{A}$ 为二阶正交矩阵,求 (Y_1, Y_2) 的概率分布.

_____.

7. 设连续型随机变量 X 的分布函数为 $F(x) = \begin{cases} 1 - \dfrac{k}{x^3}, & x \geqslant 1, \\ 0, & x < 1, \end{cases}$ 则 $DX = $ _____.

8. 设随机变量 X 的密度函数为 $f(x) = \begin{cases} \dfrac{1}{\sqrt{2\pi x}\,\sigma} e^{-\frac{x}{2\sigma^2}}, & x > 0, \\ 0, & x \leqslant 0, \end{cases}$ 其中常数 $\sigma > 0$,则 X 的数学

期望 $EX = $ _____.

9. 设 X 为三个同型号产品中次品的个数,且 $EX = \dfrac{3}{2}$,现从中任取一个产品,则该产品是次品

的概率为 _____.

10. 设随机变量 $X \sim P(\lambda)$,$Y \sim P(\lambda)$,X 与 Y 的相关系数 $\rho_{XY} = \dfrac{1}{2}$,则 $U = 2X + Y$ 与 $V = X - $

$2Y$ 的相关系数 $\rho_{UV} = $ _____.

三、解答题(每小题 10 分,共 70 分)

11. 设函数 $f(x)$ 在 $[0,1]$ 上非负连续,且 $\displaystyle\int_0^1 f(x)\mathrm{d}x = 1$,利用随机变量的数字特征的性质,证

明 $\left(\displaystyle\int_0^1 xf(x)\mathrm{d}x\right)^2 \leqslant \displaystyle\int_0^1 x^2 f(x)\mathrm{d}x$.

12. 设有 $n(n > 1)$ 把看上去形状类似的钥匙,其中只有一把能打开门上的锁,且取到每把钥
匙是等可能的.若每把钥匙开锁一次后除去,当锁被打开时,求开锁次数 X 的数学期望和
方差.

13. 设随机变量 $X \sim N(0,1)$，$Y \sim N(0,1)$，且 X 和 Y 相互独立.（1）令 $U = X + 2Y$，$V = X + aY$，问常数 a 取何值时，U 和 V 相互独立？（2）利用（1）的结论，求 $P\{X > 0 \mid X + 2Y = 2\}$.（计算结果用标准正态分布的分布函数 $\Phi(x)$ 表示.）

14. 设二维随机变量 (X,Y) 的密度函数为

$$f(x,y) = \begin{cases} a(x+1)(y+1) + b\varphi(x,y), & |x| \le 1, |y| \le 1, \\ 0, & \text{其他,} \end{cases}$$

其中 $\varphi(x,y) = \begin{cases} \dfrac{1}{\pi}, & x^2 + y^2 \le 1, \\ 0, & \text{其他,} \end{cases}$ $0 \le a \le \dfrac{1}{4}$.（1）求常数 a,b，使得 X 和 Y 不相关；（2）对于上述 a,b 的取值，讨论 X 和 Y 的独立性.

15. 设随机变量 $X_1, X_2, \cdots, X_n (n > 2)$ 相互独立，均服从 $N(0,1)$，记

$$\overline{X} = \frac{1}{n}(X_1 + X_2 + \cdots + X_n), Y_i = X_i - \overline{X} \ (i = 1,2,\cdots,n).$$

（1）求 Y_i 的方差 DY_i，$i = 1,2,\cdots,n$；（2）求 Y_1 与 Y_n 的协方差 $\text{Cov}(Y_1, Y_n)$.

二、填空题（每小题 3 分，共 15 分）

6. 根据以往统计资料得知，某路口每年发生交通事故的次数 X 服从泊松分布，且每年平均发生 10 次交通事故，试用切比雪夫不等式估计每年发生交通事故次数 X 在 5 至 15 次之间的概率 $P\{5 < X < 15\} \geq$ _____．

7. 已知随机变量 X, Y 满足：$EX = 2, EY = 3, DX = 4, DY = 16, E(XY) = 14$．由切比雪夫不等式估计 $P\{|3X - 2Y| \geq 3\} \leq$ _____．

7 题精解

8. 设随机变量序列 $X_1, X_2, \cdots, X_n, \cdots$ 相互独立，且均服从 $E(2)$，则当 $n \to \infty$ 时，

$$Y_n = \frac{1}{n} \sum_{i=1}^{n} X_i^2$$ 依概率收敛于 _____．

8 题精解

9. 某复杂系统由 100 个独立工作的同型号电子元件组成，在系统运行期间，每个电子元件损坏的概率为 0.10．若使得系统正常运行，至少需要有 84 个电子元件无损坏工作，则利用中心极限定理计算系统正常运行的概率为 _____．（$\Phi(2) = 0.9772$.）

10. 计算器在进行加法时，将每一加数舍入最靠近它的整数．设所有的舍入误差是独立的，且均在 $(-0.5, 0.5)$ 内服从均匀分布．现将 1500 个数相加，则误差总和的绝对值超过 15 的概率为 _____．（$\Phi\left(\dfrac{3}{\sqrt{5}}\right) = 0.9099$.）

三、解答题（每小题 10 分，共 70 分）

11. 利用切比雪夫不等式说明，将一枚均匀硬币至少抛多少次，才能使正面出现的频率与 0.5 之差的绝对值不小于 0.04 的概率不超过 0.01？

12. 设 X 为取值非负的离散型随机变量．$g(x)$ 为正值单增函数，且 $Eg(X)$ 存在，证明：对任意 $\varepsilon > 0$，均有 $P\{X \geq \varepsilon\} \leq \dfrac{Eg(X)}{g(\varepsilon)}$．

13. 检验员逐个检查某种产品,每检查一个产品耗时 10 秒钟,但有时需要重复检查一次.设每个产品需要重复检查一次的概率为 $\dfrac{1}{2}$,求在 8 小时内检验员检查的产品个数不少于 1900 个的概率. $\left(\Phi\left(\dfrac{6}{\sqrt{19}}\right) = 0.9162. \right)$

14. 设随机变量 $X_1, X_2, \cdots, X_{60}$ 相互独立,$X_i \sim U(0,1)$,$i = 1, 2, \cdots, 60$.(1)利用切比雪夫不等式估计 $P\left\{ \left| \sum\limits_{i=1}^{60} X_i - 30 \right| < 3 \right\}$ 的取值范围;(2)利用中心极限定理计算 $P\left\{ \left| \sum\limits_{i=1}^{60} X_i - 30 \right| < 3 \right\}$. $\left(\Phi\left(\dfrac{3}{\sqrt{5}}\right) = 0.9099. \right)$

15. 设随机变量 X 的数学期望 EX 和方差 DX 均存在,利用切比雪夫不等式,证明 $DX = 0$ 的充要条件为 $P\{ X = EX \} = 1$.

4. 设随机变量 $X_1, X_2, \cdots, X_n, \cdots$ 独立同分布,且均服从 $[0,1]$ 上的均匀分布.则当 n 充分大时,$\dfrac{1}{n}\sum\limits_{i=1}^{n}X_i^2$ 近似服从( ).

(A) $N\left(\dfrac{1}{2}, \dfrac{1}{12n}\right)$ 　　(B) $N\left(\dfrac{1}{2}, \dfrac{7}{12n}\right)$ 　　(C) $N\left(\dfrac{1}{3}, \dfrac{4}{45n}\right)$ 　　(D) $N\left(\dfrac{1}{3}, \dfrac{14}{45n}\right)$.

5. 设随机变量 $X_1, X_2, \cdots, X_{32}$ 相互独立,且均服从参数为 2 的指数分布.记 $X = \sum\limits_{i=1}^{32}X_i, a = P\{X \leqslant 16\}$,$b = P\{X \geqslant 12\}$,则有( ).

(A) $a < b$ 　　　　(B) $a > b$ 　　　　(C) $a = b$ 　　　　(D) $a + b \leqslant 1$

二、填空题(每小题 3 分,共 15 分)

6. 设随机变量 X 的密度函数为偶函数,$DX = 1$.若已知用切比雪夫不等式估计得 $P\{|X| < \varepsilon\} \geqslant 0.96$,则常数 $\varepsilon = $ _____.

7. 设随机变量 $X_1, X_2, \cdots X_n, \cdots$ 相互独立,其密度函数均为 $f(x) = \begin{cases} 2x, & 0 < x < 1, \\ 0, & \text{其他}, \end{cases}$ 则 $\lim\limits_{n \to \infty} \dfrac{1}{n}\sum\limits_{i=1}^{n}X_i(1 - X_i)$ 依概率收敛于 _____.

8. 已知随机变量 $X_1, X_2, \cdots, X_{100}$ 相互独立,$X_i \sim \begin{pmatrix} \mathrm{e} & \mathrm{e}^2 \\ \dfrac{1}{2} & \dfrac{1}{2} \end{pmatrix}, i = 1, 2, \cdots, 100$,则由中心极限定理,$P\{X_1 X_2 \cdots X_{100} < \mathrm{e}^{150}\} \approx $ _____.

8 题精解

9. 设生产线上组装每件成品的时间服从指数分布,且组装每件成品的平均时间为 10 min,各成品的组装时间是相互独立的.利用中心极限定理,组装 100 件成品需要 15 h 到 20 h 之间的概率为 _____.($\Phi(1) = 0.8413, \Phi(2) = 0.9772$.)

10. 设 $X \sim P(100)$,试用中心极限定理计算 $P\{80 < X < 110\} \approx$ _____.($\Phi(1) = 0.8413$,$\Phi(2) = 0.9772$.)

三、解答题(每小题 10 分,共 70 分)

11. 已知一大批元件中,次品占 $\dfrac{1}{6}$.欲从中任选 n 件,使选出的这些元件中次品占的比例与 $\dfrac{1}{6}$ 的差的绝对值不大于 0.01 的概率不小于 0.95,问 n 至少应取多少?($\Phi(1.96) = 0.975$.)

12. 某发电站供应一万户居民独立用电.假设用电高峰时,每户用电的概率为 0.9.

    (1) 运用中心极限定理计算同时用电户数在 9030 以上的概率;

    (2) 若每户用电 200W,根据中心极限定理,求发电站应具有多大的发电量,才能以 95%
的概率保证供电.($\Phi(1) = 0.8413, \Phi(1.645) = 0.95$.)

13. 一生产线生产的产品成箱包装,每箱的重量是随机的. 假设每箱平均重 50 kg,标准差为
5 kg.若用最大载重量为 5 t 的汽车承运,试利用中心极限定理说明每辆车最多可以装多
少箱,才能保障不超载的概率大于 0.9772.($\Phi(2) = 0.9772$.)

14. 某厂生产的螺丝钉的不合格品率为 0.01,问一盒中应装多少只螺丝钉才能使盒中至少
含有 100 只合格品的概率不小于 0.95?($\Phi(1.645) = 0.95$.)

二、填空题(每小题 3 分,共 15 分)

6. 设总体 X 的密度函数为 $f(x) = \dfrac{1}{2}\mathrm{e}^{-|x|}$, $-\infty < x < +\infty$, $(X_1, X_2, \cdots, X_n)$ 为总体的简单随机样本,其样本方差为 S^2,则 $E(S^2) = $ _____.

7. 设 (X_1, X_2, X_3) 为来自总体 $X \sim N(0,1)$ 的一个简单随机样本,$Y = aX_1^2 + b(X_2 - 2X_3)^2$,当常数 $a = $ _____, $b = $ _____ 时,$Y \sim \chi^2(2)$.

8. 设 $(X_1, X_2, \cdots, X_n)(n > 1)$ 为来自总体 X 的简单随机样本,$\overline{X}$ 和 S_X^2 分别为其样本均值和样本方差.令 $Y_i = aX_i + b$, $i = 1, 2, \cdots, n$,其中 a, b 为常数,且 $a \neq 0$,则 $(Y_1, Y_2, \cdots, Y_n)$ 的样本均值 $\overline{Y} = $ _____;样本方差 $S_Y^2 = $ _____.

9. 设随机变量 $F \sim F(n,n)$.如果 $P\{F > x\} = 0.05$,则 $P\left\{\dfrac{1}{x} < F < x\right\} = $ _____.

10. 设随机变量 $\chi^2 \sim \chi^2(200)$,则由中心极限定理得 $P\{\chi^2 \leqslant 240\}$ 近似等于 _____.(其结果用标准正态分布的分布函数 $\Phi(\cdot)$ 表示)

三、解答题(每小题 10 分,共 70 分)

11. 设 $(X_1, X_2, \cdots, X_n)$ 为来自总体 $X \sim N(60, 100)$ 的简单随机样本,为使样本均值 $\overline{X}$ 小于 62 的概率不小于 90%,问 n 应至少取多少?($\Phi(1.28) = 0.9.$)

12. 设 $(X_1, X_2, \cdots, X_n)$ 是取自总体 $X \sim B(2, p)$ 的简单随机样本.(1) 求 $\sum_{i=1}^{n} X_i$ 的分布律、数学期望与方差;(2) 求 X_1 与 X_2 的联合分布律.

13. 设总体 $X \sim N(0, \sigma^2)$，$(X_1, X_2, \cdots, X_n)(n > 1)$ 为来自总体 X 的简单随机样本，$\overline{X}, S^2$ 分别为其样本均值和样本方差，求 $D\left[\overline{X}^2 + \left(1 - \dfrac{1}{n}\right)S^2\right]$.

13 题精解

14. 设 $(X_1, X_2, \cdots, X_5)$ 为来自总体 $X \sim N(0, \sigma^2)$ 的简单随机样本，（1）求常数 a，使得 $Z = a\dfrac{X_1^2 + X_2^2}{X_3^2 + X_4^2 + X_5^2}$ 服从 F 分布，并指出自由度；（2）求常数 b，使得 $P\left\{\dfrac{X_1^2 + X_2^2}{X_1^2 + X_2^2 + \cdots + X_5^2} < b\right\}$ = 0.05.（b 的结果用 F 分布的上侧分位点表示.）

15. 从总体 $X \sim N(1, 5)$ 中抽取容量为 60 的简单随机样本，从总体 $Y \sim N(2, 8)$ 中抽取容量为 48 的简单随机样本，且两个总体相互独立，求两个样本均值差的绝对值小于 $\dfrac{1}{4}$ 的概率.（$\Phi(2.5) = 0.9938, \Phi(1.5) = 0.9332$.）

二、填空题（每小题 3 分，共 15 分）

6. 设 (X_1, X_2) 为来自总体 $X \sim P(2)$ 的简单随机样本，则 $P\{X_1 + 2X_2 \leq 1\} = $ _____.

7. 设 $(X_1, X_2, \cdots, X_n)(n > 1)$ 为来自总体 $X \sim N(\mu, \sigma^2)$ 的简单随机样本，$\overline{X}$ 为样本均值，S_n^2 $= \dfrac{1}{n} \sum_{i=1}^{n} (X_i - \overline{X})^2$，如果 $\dfrac{\overline{X} - \mu}{k S_n} \sim t(n-1)$，则常数 $k = $ _____.

8. 设 (X_1, X_2) 为来自总体 $X \sim N(0, \sigma^2)$ 的简单随机样本，则 $D(X_1^2 + X_2^2) = $ _____.

9. 设 $(1, 2, 1, 1, 2)$ 为来自总体 X 的样本值，则其经验分布函数 $F_5(x) = $ _____.

10. 设总体 X 的密度函数 $f(x) = \begin{cases} 2x, & 0 < x < 1, \\ 0, & \text{其他,} \end{cases}$ (X_1, X_2, X_3, X_4) 为来自总体 X 的简单随机样本，则 $Y = \max\{X_1, X_2, X_3, X_4\}$ 的密度函数为 $f_Y(y) = $ _____.

三、解答题（每小题 10 分，共 70 分）

11. 设 $(X_1, X_2, \cdots, X_{40})$ 是来自总体 $X \sim N(60, 4)$ 的简单随机样本.（1）求 $P\left\{ |\overline{X} - 60| > \dfrac{1}{2} \right\}$;（2）求 $P\left\{ \sum_{i=1}^{40} (X_i - 60)^2 < 116.2 \right\}$.（$\Phi\left(\dfrac{\sqrt{10}}{2}\right) = 0.9429, \chi_{0.90}^2(40) = 29.05.$）

12. 设有两个样本 (X_1, X_2) 和 (Y_1, Y_2, Y_3)，其样本均值分别为 $\overline{X} = \dfrac{1}{2} \sum_{i=1}^{2} X_i$ 和 $\overline{Y} = \dfrac{1}{3} \sum_{i=1}^{3} Y_i$，样本方差分别为 $S_X^2 = \sum_{i=1}^{2} (X_i - \overline{X})^2$ 和 $S_Y^2 = \dfrac{1}{2} \sum_{i=1}^{3} (Y_i - \overline{Y})^2$. 现将此两个样本合并为一个容量为 5 的样本 $(Z_1, Z_2, Z_3, Z_4, Z_5)$，其中 $(Z_1, Z_2) = (X_1, X_2)$，$(Z_3, Z_4, Z_5) = (Y_1, Y_2, Y_3)$. 证明该样本的样本均值 $\overline{Z}$ 和样本方差 S_Z^2 分别为 $\overline{Z} = \dfrac{1}{5}(2\overline{X} + 3\overline{Y})$；$S_Z^2 = \dfrac{1}{4} \left[S_X^2 + 2S_Y^2 + \dfrac{6}{5}(\overline{X} - \overline{Y})^2 \right]$.

13. 设 $(X_1, X_2, \cdots, X_{10})$ 是来自总体 $X \sim B(1, 0.2)$ 的简单随机样本. (1) 问 $\sum\limits_{i=1}^{10} X_i$ 和 $\sum\limits_{i=1}^{10} X_i^2$ 分别服从何分布? (2) 分别计算 $P\left\{ \bar{X} \leqslant \dfrac{1}{10} \right\}$ 和 $P\left\{ S^2 = \dfrac{5}{18} \right\}$, 其中 $\bar{X}$ 为样本均值, S^2 为样本方差.

14. 在总体 $X \sim N(20, 4)$ 中, 分别抽取容量为 72 的两个独立简单随机样本, 其样本均值分别为 $\bar{X}, \bar{Y}$, 样本方差分别为 S_X^2, S_Y^2, 问 $\dfrac{72\left[(\bar{X} - 20)^2 + (\bar{Y} - 20)^2 \right]}{S_X^2 + S_Y^2}$ 服从何分布?

15. 设随机变量 X_1, X_2 相互独立, 且均服从 $N(0, 1)$. 常数 $\lambda > 0$, $Z = \dfrac{1}{2\lambda}(X_1^2 + X_2^2)$.

(1) 证明 $2\lambda Z \sim \chi^2(2)$; (2) 证明 $Z \sim E(\lambda)$; (3) 证明 $\chi_\alpha^2(2) = -2\ln \alpha$, 其中 $\chi_\alpha^2(2)$ 为 $\chi^2(2)$ 的上侧 α 分位点.

（D）μ 的置信度分别为 90% 和 95% 的置信区间长度之比为 0.90∶0.95

二、填空题（每小题 3 分，共 15 分）

6. 设总体 X 的密度函数为 $f(x) = \begin{cases} \lambda^2 x e^{-\lambda x}, & x > 0, \\ 0, & \text{其他}, \end{cases}$ 其中的参数 $\lambda(\lambda > 0)$ 未知，$(X_1, X_2, \cdots, X_n)$ 是来自总体 X 的简单随机样本，则 λ 的最大似然估计量 $\hat{\lambda} = $ _____．

7. 设袋中有编号为 $1 \sim n$ 的 n 张卡片，其中 n 未知．现从中有放回地任取 4 张，所得号码为 10，4，6，3．则 n 的最大似然估计值 $\hat{n} = $ _____．

8. 设 $(X_1, X_2 \cdots X_m)$ 为来自总体 $B(n, p)$ 的简单随机样本，$\overline{X}$ 和 S^2 分别为样本均值和样本方差，若 $\overline{X} + kS^2$ 为 np^2 的无偏估计量，则 $k = $ _____．

9. 设总体 $X \sim N(\mu, 16)$，若使得 μ 的置信度为 0.95 的置信区间长度 $l \leqslant 4$，则 n 至少取 _____．（$\Phi(1.96) = 0.975$．）

9 题精解

10. 设总体 $X \sim N(\mu, \sigma^2)$，其中 σ^2 未知．若样本均值 $\overline{x} = 9.5$，μ 的置信度为 0.95 的双侧置信区间的置信上限为 10.8，则 μ 的置信度为 0.95 的双侧置信区间为 _____．

三、解答题（每小题 10 分，共 70 分）

11. 设总体 X 的密度函数为 $f(x; \sigma^2) = \dfrac{1}{\sqrt{2\pi}\, \sigma^3} x^2 e^{-\frac{x^2}{2\sigma^2}}$，$-\infty < x < +\infty$，$(X_1, X_2, \cdots, X_n)$ 为来自总体 X 的简单随机样本．（1）求 EX 和 $E(X^2)$；（2）利用原点矩求 σ^2 的矩估计量 $\widehat{\sigma^2}$，并讨论其无偏性．

12. 设总体 X 的分布函数 $F(x) = \begin{cases} 1 - e^{-\frac{x^2}{\theta}}, & x \geqslant 0, \\ 0, & x < 0, \end{cases}$ 其中 $\theta > 0$ 为未知参数，$(X_1, X_2, \cdots, X_n)$ 为来自总体 X 的简单随机样本．求 θ 的矩估计量 $\hat{\theta}_M$ 和最大似然估计量 $\hat{\theta}_L$．

12 题精解

13. 设 $(X_1, X_2, \cdots, X_n)$ 为来自总体 $X \sim P(\lambda)$ 的简单随机样本. (1) 试求未知参数 λ 的最大似然估计量 $\hat{\lambda}$; (2) 验证 $\hat{\lambda}$ 是 λ 的无偏估计; (3) 记 $I(\lambda) = E\left[\left(\dfrac{\partial \ln p(X;\lambda)}{\partial \lambda}\right)^2\right]$, 其中 $p(k; \lambda)$ 为 X 的分布律, 问是否有 $D\hat{\lambda} = \dfrac{1}{nI(\lambda)}$?

14. 设总体 X 的分布函数为 $F(x) = \begin{cases} 0, & x < 0, \\ a - be^{-\frac{\theta x}{1-x}}, & 0 \leq x < 1, \\ 1, & x \geq 1. \end{cases}$ 其中 a, b, θ 为常数. $(X_1, X_2, \cdots, X_n)$ 为来自总体 X 的简单随机样本. (1) 当 $b = 0$ 时, 求未知参数 $a(0 < a < 1)$ 的矩估计 $\hat{a}$; (2) 当 $a = b = 1$ 时, 求未知参数 $\theta(\theta > 0)$ 的最大似然估计量 $\hat{\theta}_L$.

15. (1) 设 $\hat{\theta}$ 为 θ 的无偏估计, $D\hat{\theta} > 0, a, b$ 为已知常数. 证明: $a\hat{\theta} + b$ 是 $a\theta + b$ 的无偏估计, $\hat{\theta}^2$ 不是 θ^2 的无偏估计; (2) 设总体 X 的标准差为 σ, S 为样本标准差. 如果 $DS > 0$, 问 S 是否为 σ 的无偏估计?

① $(\hat{\theta}_1, \hat{\theta}_2)$ 以 $1 - \alpha$ 的概率包含 θ;   ② θ 以 $1 - \alpha$ 的概率落入 $(\hat{\theta}_1, \hat{\theta}_2)$;

③ $(\hat{\theta}_1, \hat{\theta}_2)$ 不包含 θ 的概率为 α;   ④ θ 以 α 的概率落到 $(\hat{\theta}_1, \hat{\theta}_2)$ 之外.

    (A) ①②③④   (B) ①②   (C) ②④   (D) ①③

5. 设总体 $X \sim N(\mu, \sigma^2)$, σ^2 已知, 则 μ 的置信度 $1 - \alpha$ 和置信区间长度 l 的关系为(   ).

    (A) 当 $1 - \alpha$ 变小, l 缩短   (B) 当 $1 - \alpha$ 变小, l 增大

    (C) 当 $1 - \alpha$ 变小, l 不变   (D) 以上均不正确

二、填空题(每小题 3 分, 共 15 分)

6. 设总体 X 的密度函数为 $f(x, \theta) = \begin{cases} \dfrac{1}{2\theta}, & 0 < x < \theta, \\[2mm] \dfrac{1}{2(1-\theta)}, & \theta \le x < 1, \\[2mm] 0, & \text{其他,} \end{cases}$ 其中 $\theta (0 < \theta < 1)$ 未知, $(X_1,$

$X_2, \cdots, X_n)$ 是来自总体 X 的简单随机样本, $\overline{X}$ 是样本均值. 则参数 θ 的矩估计量 $\hat{\theta} =$

_____.

7. 设某批产品的次品率为 2%, 现从中任意抽取部分产品进行检验. 若已知这部分产品中有 3 件次品, 则利用矩估计的思想方法, 估计这部分产品个数为 _____.

8. 设总体 X 的密度函数为 $f(x; \theta) = \begin{cases} \dfrac{2x}{3\theta^2}, & \theta < x < 2\theta, \\[2mm] 0, & \text{其他,} \end{cases}$ 其中 $\theta > 0$ 未知, $(X_1, X_2, \cdots, X_n)$ 为

来自总体 X 的简单随机样本, 若 $c \sum\limits_{i=1}^{n} X_i^2$ 是 θ^2 的无偏估计, 则常数 $c =$ _____.

9. 设 $(X_1, X_2, \cdots, X_n)$ 为来自总体 $X \sim N(\mu, \sigma^2)$ 的简单随机样本, 其中 σ^2 已知. 如果 μ 的置信度为 90% 的置信区间为 $(9.765, 10.235)$, 则 μ 的置信度为 95% 的置信区间为 _____. ($\Phi(1.645) = 0.95, \Phi(1.96) = 0.975.$)

10. 设 $(x_1, x_2, \cdots, x_{10})$ 为来自总体 $X \sim N(\mu, \sigma^2)$ 的样本值, μ 未知. 若 σ^2 的置信度为 0.95 的双侧置信区间的置信上限为 1.2, 则 σ^2 的置信度为 0.95 的单侧置信区间的置信下限为 _____. (计算结果精确到小数点后两位. $\chi^2_{0.975}(9) = 2.700, \chi^2_{0.05}(9) = 16.919.$)

三、解答题(每小题 10 分, 共 70 分)

11. 设箱中有 10 个产品, 其中正品的个数为 $r(5 < r < 10)$. 从中任取两个产品, 记 X 为两个产品中正品的个数, (1) 求 X 的分布律; (2) 对 X 独立观察三次, 结果为 1, 2, 2, 求未知参数 r 的矩估计值 $\hat{r}_M$ 和最大似然估计值 $\hat{r}_L$.

12. 设总体 X 的概率密度为 $f(x,\theta) = \begin{cases} \theta, & 0 < x < 1 \\ 1-\theta, & 1 \leqslant x < 2, \text{其中 } \theta \text{ 是未知参数}(0 < \theta < 1), \\ 0, & \text{其他}, \end{cases}$

$(X_1, X_2, \cdots, X_n)$ 为来自总体的简单随机样本,记 N 为样本值 $x_1, x_2, \cdots, x_n$ 中小于 1 的个数,(1) 求 θ 的矩估计 $\hat{\theta}_M$;(2) 求 θ 的最大似然估计 $\hat{\theta}_L$.

12 题精解

13. 设总体 X 的密度函数为 $f(x) = \begin{cases} bx, & 0 \leqslant x < 1, \\ ax, & 1 \leqslant x \leqslant 2, \text{样本值为}(0.5, 0.8, 1.5, 1.5),\text{求参数 } a \\ 0, & \text{其他}, \end{cases}$

与 b 的最大似然估计值.

14. 设总体 (X,Y) 的分布函数为 $F(x,y) = \begin{cases} 0, & x < 0 \text{ 或 } y < 0, \\ p(1 - e^{-\lambda y^2}), & 0 \leqslant x < 1, y \geqslant 0, \text{其中 } p, \lambda \text{ 为未} \\ 1 - e^{-\lambda y^2}, & x \geqslant 1, y \geqslant 0, \end{cases}$

知参数,且 $0 < p < 1, \lambda > 0, (X_1, Y_1), (X_2, Y_2), \cdots, (X_n, Y_n)$ 为来自总体 (X,Y) 的简单随机样本. (1) 分别求 X 和 Y 的概率分布;(2) 分别求 p 的矩估计量 $\hat{p}_M$ 和 λ 的最大似然估计量 $\hat{\lambda}_L$.

二、填空题(每小题3分,共15分)

6. 在正态总体的均值和方差检验中,U 检验法和 t 检验法都是用于检验_____的;且当_____时,用 U 检验法;当_____时,用 t 检验法.

7. 在正态总体的均值和方差检验中,χ^2 检验法和 F 检验法都是用于检验_____的;且当_____时,用 χ^2 检验法;当_____时,用 F 检验法.

8. 在正态总体 $N(\mu,\sigma^2)$ 的检验问题 $H_0:\sigma^2 \leqslant \sigma_0^2$,$H_1:\sigma^2 > \sigma_0^2$ 中,如果 μ 未知,S^2 为样本方差,显著性水平为 α,则 H_0 的接受域为 $\dfrac{(n-1)S^2}{\sigma_0^2} \in$ _____.

9. 设 $(X_1,X_2,\cdots,X_{16})$ 是来自总体 $N(\mu,4)$ 的简单随机样本,考虑假设检验问题 $H_0:\mu \leqslant 10$,$H_1:\mu > 10$.若该检验问题的拒绝域为 $W = \{\overline{X} > 11\}$,其中 $\overline{X}$ 为样本均值,则 $\mu = 11.5$ 时,该检验犯第二类错误的概率为_____.($\Phi(1) = 0.8413$.)

9题精解

10. 设来自总体 $X \sim N(\mu_1,\sigma_1^2)$ 的样本信息:样本容量为 n_1,样本均值为 $\overline{X}$,样本方差为 S_1^2;来自总体 $Y \sim N(\mu_2,\sigma_2^2)$ 的样本信息:样本容量为 n_2,样本均值为 $\overline{Y}$,样本方差为 S_2^2,且两个样本相互独立.若 H_0 为 $\mu_1 = \mu_2$,则选择统计量 $\dfrac{\overline{X} - \overline{Y}}{S_w\sqrt{\dfrac{1}{n_1} + \dfrac{1}{n_2}}}$(其中 $S_w = \sqrt{\dfrac{(n_1-1)S_1^2 + (n_2-1)S_2^2}{n_1 + n_2 - 2}}$)的前提条件是_____.

三、解答题(每小题10分,共70分)

11. 叙述假设检验的解题步骤.

12. 在正常情况下,某炼钢厂的铁水含碳量(%)$X \sim N(4.55,\sigma^2)$(其中 σ 未知).某日测得5炉铁水含碳量如下

$$4.48,4.40,4.42,4.45,4.47.$$

在显著性水平 $\alpha = 0.05$ 下,试问该日铁水含碳量的均值是否有明显变化?($t_{0.025}(4) = 2.7764$.)

12题精解

13. 某维尼纶厂生产的维尼纶纤度 $X \sim N(\mu, \sigma^2)$,根据规定,要求 $\sigma^2 \leqslant 0.048^2$.当日随机抽取 5 根维尼纶,测得其纤度的样本方差为 $s^2 = 0.00778$,问该日生产的维尼纶纤度的方差是否符合要求($\alpha = 0.01$)?($\chi^2_{0.01}(4) = 13.3$.)

14. 某厂铸造车间为提高缸体的耐磨性而试制了一种镍合金铸件以取代一种铜合金铸件,现从两种铸件中各抽出一个样本进行硬度测试(表示耐磨性的一种考核指标),其结果如下:

        镍合金铸件(X):72.0,69.5,74.0,70.5,71.8;

        铜合金铸件(Y):69.8,70.0,72.0,68.5,73.0,70.0.

根据以往经验知硬度 $X \sim N(\mu_1, 4)$,$Y \sim N(\mu_2, 4)$,试在 $\alpha = 0.05$ 水平下,问镍合金铸件硬度有无显著提高?($U_{0.05} = 1.645$.)

15. 设总体 $X \sim N(\mu, \sigma^2)$,其中 σ^2 已知.检验问题为 $H_0: \mu = \mu_0$,$H_1: \mu > \mu_0$,显著性水平为 α,$\overline{X}$ 为样本均值.试求第二类错误的概率 β,并说明当 α 变小时,β 的变化趋势.

二、填空题(每小题 3 分,共 15 分)

6. 如果某产品的次品率 p 低于 0.02 时,该产品可出厂,否则不可以出厂.在检验该产品是否可以出厂时,检验问题(H_0,H_1) 应设为 _____.

7. 在正态总体 $N(\mu,\sigma^2)$ 的均值检验中,样本容量为 n,样本均值为 $\overline{X}$,样本方差为 S^2,H_0 为 $\mu = \mu_0$.如果 σ^2 未知,则相应构造的统计量及其分布为 _____;若 H_1 为 $\mu \neq \mu_0$,显著性水平为 α,则 H_0 的拒绝域为 _____.

8. 设 S_1^2 为来自总体 $X \sim N(\mu_1,\sigma_1^2)$ 简单随机样本的样本方差,S_2^2 为来自总体 $Y \sim N(\mu_2,\sigma_2^2)$ 简单随机样本的样本方差,两个样本相互独立,其中 μ_1,μ_2 均未知.如果 H_0 为 $\sigma_1^2 = \sigma_2^2$,显著性水平为 α,H_0 的拒绝域为 $\dfrac{S_1^2}{S_2^2} \geq F_\alpha(n_1 - 1, n_2 - 1)$,则 H_1 为 _____.

9. 设 $\overline{X}$ 为来自总体 $X \sim N(\mu,\sigma^2)$ 的样本均值,若已知在置信水平 $1 - \alpha$ 下,μ 的置信区间的长度为 2,则在显著性水平 α 下,对于检验问题 $H_0:\mu = 1,H_1:\mu \neq 1$,要使得检验结果接受 $H_0,\overline{X}$ 应落入区间 _____.

9题精解

10. 设总体 $X \sim N(\mu,\sigma^2)$,其中 μ,σ^2 均未知.检验问题为 $H_0:\sigma^2 \leq 10,H_1:\sigma^2 > 10$.已知 $n = 25,\alpha = 0.05$,且根据样本观察值计算得 $s^2 = 12$,则检验结果可能会犯 _____ 错误.$(\chi_{0.05}^2(24) = 36.415.)$

三、解答题(每小题 10 分,共 70 分)

11. 某厂产品需要用玻璃纸做包装,按规定供应商供应的玻璃纸的横向延伸率不低于 65.已知该指标服从正态分布 $N(\mu,5.5^2)$.从近期来货抽查了 100 个样品,得样本均值 $\overline{x} = 55.06$,试问在显著性水平 $\alpha = 0.05$ 下能否接收这批玻璃纸.$(U_{0.05} = 1.645.)$

12. 某种导线的电阻(单位:欧姆)$R \sim N(\mu,0.005^2)$,今从这批导线中抽取 $n = 9$ 根,测其电阻,得标准差 $s = 0.008$ 欧姆,问是否可以认为这批导线标准差为 $0.005(\alpha = 0.05)$?$(\chi_{0.975}^2(8) = 2.180, \chi_{0.025}^2(8) = 17.535.)$

13. 为了考察一种安眠药对延长睡眠时间的影响,随机选取了 5 个人服用此药,并分别测得其前后睡眠时间(单位:小时)分别为

$$x_i: \quad 6.9, \ 7.5, \ 5.9, \ 9.4, \ 5.9;$$

$$y_i: \quad 7.9, \ 8.8, \ 6.8, \ 10.6, \ 7.4,$$

在显著性水平 $\alpha = 0.05$ 下,(1)问该安眠药对延长睡眠时间是否有影响?(2)问该安眠药的平均延长睡眠时间是否超过 1 小时?($t_{0.05}(4) = 2.1318$.)

14. 一位研究人员声称至少 80% 的观众对商业广告感到厌烦.现在随机地询问 120 名观众,其中 70 人同意此观点,问在显著性水平 $\alpha = 0.05$ 之下,是否同意该研究者的观点?($U_{0.05} = 1.645$.)

15. 设 $\overline{X}$ 为来自总体 $X \sim N(\mu, 1)$ 容量为 25 的简单随机样本的样本均值,其中 μ 只取 0 和 1 两个值,且检验问题为 $H_0: \mu = 0, H_1: \mu = 1$.如果 H_0 的拒绝域为 $W = \{\overline{X} \geq 0.51\}$,分别求犯第一类错误的概率 α 和犯第二类错误的概率 β.($\Phi(2.55) = 0.9946, \Phi(2.45) = 0.9929$.)

$$\begin{cases} 1, & A \cup B \ 发生, \\ 0, & A \cup B \ 不发生, \end{cases}$$ 则 X 和 Y 的相关系数 $\rho_{XY} = $ _____.

8. 从 1000 个产品中随机地抽取 150 个, 检测后发现有 3 个次品, 则该 1000 个产品中, 次品个数的矩估计值为 _____.

9. 设 $(X_1, X_2, \cdots, X_n)$ 是来自总体 $X \sim \begin{pmatrix} 0 & 1 & 2 \\ 1 - \theta & \theta - \theta^2 & \theta^2 \end{pmatrix}$ 的简单随机样本, 其中 $\theta(0 < \theta < 1)$ 未知. 如果取值为 2 的随机变量个数为 N, 由切比雪夫不等式有 $P\{|N - n\theta^2| < \sqrt{n}\theta\}$ $\geqslant$ _____.

10. 设 (X_1, X_2, X_3, X_4) 为来自总体 $X \sim P(1)$ 的简单随机样本, $\overline{X}$ 为样本均值, 则 $P\{\overline{X} > \frac{1}{4}\} = $ _____.

三、解答题(每小题 10 分, 共 70 分)

11. 设袋中有编号为 1, 2, 3 的三张卡片, 现从中依次取三次. 且第一次取出卡片换入编号为 1 的卡片, 第二次取出卡片换入编号为 2 的卡片(此时袋中可能有两个 1 号卡片或两个 2 号卡片). (1) 求第二张卡片编号为 3 的概率; (2) 求所取三张卡片编号之和为 4 的概率.

12. 将一枚均匀的骰子抛 420 次. (1) 求前两次所出现的点数之和的分布律; (2) 求所有出现的点数之和的数学期望和方差; (3) 利用中心极限定理, 求所有出现的点数之和大于 1400 的概率. ($\Phi(2) = 0.9772$.)

13. 设二维随机变量 (X,Y) 在区域 $D:|x|+|y|\leqslant 1$ 上服从均匀分布，$U=X+Y$，$V=Y-X$。（1）求 (U,V) 的分布函数 $F(u,v)$；（2）问 U 和 V 是否独立同分布？

14. 设随机变量 X 和 Y 相互独立，$X\sim N(0,1)$，$U=X^Y$。（1）若 $Y\sim\begin{pmatrix}0&1\\0.5&0.5\end{pmatrix}$，求 U 的分布函数 $F_1(u)$；（2）若 $Y\sim\begin{pmatrix}1&2\\0.5&0.5\end{pmatrix}$，求 U 的密度函数 $f_2(u)$。

14 题精解

15. 设 $(X_1,X_2,\cdots,X_n)$ 是来自总体 $X\sim N(\mu,\sigma^2)$ 的简单随机样本，$\overline{X}$ 为样本均值，S^2 为样本方差。（1）证明 $E\left(\dfrac{|X_1|}{\sum\limits_{i=1}^{n}|X_i|}\right)=\dfrac{1}{n}$；（2）求 $E(X_1 S^2)$；（3）问 X_1 和 S^2 是否不相关？

（B）犯第一类错误的概率 α 会变小，犯第二类错误的概率 β 会变大

（C）犯第一类错误的概率 α 和犯第二类错误的概率 β 都会变小

（D）犯第一类错误的概率 α 会变大，犯第二类错误的概率 β 会变小

二、填空题（每小题 3 分，共 15 分）

6. 在 $[0,1]$ 上任取两个点 X 与 Y，记 $U = \max(X, Y)$，$V = \min(X, Y)$，则 $E[(1-U)(1-V)]$ = _____.

7. 设二维连续随机变量 (X, Y) 的分布函数为 $F(x, y)$，边缘分布函数分别为 $F_X(x)$ 和 $F_Y(y)$，令 $U = -X, V = Y$，则 U 和 V 的联合分布函数 $F(u, v)$ = _____.

8. 设 $(X_1, X_2, \cdots, X_n)$ 为来自总体 $X \sim N(\mu, \sigma^2)$ 的简单随机样本，μ 未知，σ^2 的置信度为 $1 - \alpha$ 的置信区间为 $(\hat{\theta}_1, \hat{\theta}_2)$，则由大数定律，$\lim\limits_{n \to \infty} \hat{\theta}_1 \overset{P}{=}$ _____，$\lim\limits_{n \to \infty} \hat{\theta}_2 \overset{P}{=}$ _____.

9. 设二维随机变量 (X, Y) 的密度函数为 $f(x, y) = \begin{cases} e^{-x}, & 0 < y < x, \\ 0, & \text{其他}. \end{cases}$ 则 $P\{Y > 1 \mid X = 2\}$ = _____.

9题精解

10. 设 $(X_1, X_2, \cdots, X_n)$ 为来自总体 $X \sim P(\lambda)$ 的简单随机样本，若 $\dfrac{1}{n} \sum\limits_{i=1}^{n} a^{X_i}$ 为 e^{λ} 的无偏估计，则常数 $a =$ _____.

三、解答题（每小题 10 分，共 70 分）

11. 设有 n 个箱子，第 i 个箱子中装有 i 个红球，$n - i$ 个白球，$i = 1, 2, \cdots, n$. 现任意选定一个箱子，从中有放回地任取两个球，每次取一个. 记 p_n 为两个球颜色不同的概率，q_n 为两个球均为红球的概率.（1）当 $n = 3$ 时，求 p_3；（2）求 $\lim\limits_{n \to \infty} p_n$；（3）求 $\lim\limits_{n \to \infty} q_n$.

12. 设随机变量 X 的分布函数为 $F(x) = \begin{cases} 0, & x < 0, \\ \dfrac{1}{4} + \dfrac{3}{4}x, & 0 \leq x < 1, \\ 1, & x \geq 1, \end{cases}$ 求 $Y = -\ln F(X)$ 的分布函数 $F_Y(y)$.

13. 设 A，B 为任意的两个随机事件，证明：$\left| P(AB) - P(A)P(B) \right| \leqslant \dfrac{1}{4}$.

14. 设连续型随机变量 X_1，X_2，X_3 的数学期望为 $EX_i = i$，$i = 1, 2, 3$，$N \sim \begin{pmatrix} 2 & 3 \\ 0.4 & 0.6 \end{pmatrix}$，且 X_1，X_2，X_3，N 相互独立，$Y = X_1 + \cdots + X_N$，求 EY.

15. 设随机变量 $X \sim N(0, 1)$，$U \sim \begin{pmatrix} -1 & 1 \\ 0.5 & 0.5 \end{pmatrix}$，且 X 和 U 相互独立，$Y = XU.$ (1) 证明 $Y \sim N(0, 1)$；(2) 求 $\mathrm{Cov}(X, Y)$；(3) 问 X 和 Y 是否相互独立？为什么？

目　　录

第一章　概率论的基本概念同步测试（A 卷）

题号	一	二	三	总分
得分				

一、单项选择题（每小题 3 分，共 15 分）

1. 设 A,B 为两个随机事件，则下列事件中，不是"A,B 恰好发生一个"的是（　　　）.

(A) $A \cup B$ 　　　　　　　　　　　　(B) $(A - B) \cup (B - A)$

(C) $A\bar{B} \cup \bar{A}B$ 　　　　　　　　　(D) $A \cup B - AB$

2. 设 A,B 为两个随机事件，若 $P(B) > 0, P(\bar{A} \mid B) = 0$，则必有（　　　）.

(A) $P(A \cup B) > P(A)$ 　　　　　　　(B) $P(A \cup B) > P(B)$

(C) $P(A \cup B) = P(A)$ 　　　　　　　(D) $P(A \cup B) = P(B)$

3. 设样本空间 $\Omega = \{1,2,3,4\}$，且每个样本点出现的概率相等，令 $A_1 = \{1,2\}$，$A_2 = \{1,3\}$，$A_3 = \{1,4\}$，$A_4 = \{2,3\}$，则下列结论正确的是（　　　）.

(A) A_1, A_2, A_3 相互独立，A_1, A_2, A_4 相互独立

(B) A_1, A_2, A_3 相互独立，A_1, A_2, A_4 两两独立

(C) A_1, A_2, A_3 两两独立，A_1, A_2, A_4 相互独立

(D) A_1, A_2, A_3 两两独立，A_1, A_2, A_4 两两独立

4. 设袋中有 $m + n$ 只乒乓球，其中 m 只黄球，n 只白球，现从中依次不放回地任取两个，则（　　　）.

(A) 第一次取黄球的概率等于第二次取黄球的概率

(B) 第一次取黄球的概率大于第二次取黄球的概率

(C) 第一次取黄球的概率小于第二次取黄球的概率

(D) 第一次取黄球的概率与第二次取黄球的概率的大小关系与 m 和 n 的取值有关

5. 若在四次独立重复试验中，事件 A 至少发生一次概率为 $\dfrac{15}{16}$，则在三次独立重复试验中，事件 A 恰好发生一次的概率为（　　　）.

(A) $\dfrac{1}{8}$ 　　　　　(B) $\dfrac{3}{8}$ 　　　　　(C) $\dfrac{1}{4}$ 　　　　　(D) $\dfrac{1}{2}$

16. 对某飞机进行三次独立射击,第一次射击命中率为0.4,第二次射击命中率为0.5,第三次射击命中率为0.7. 击中飞机一次而飞机被击落的概率为0.2,击中飞机两次而飞机被击落的概率为0.6,若被击中三次,则飞机必被击落.求射击三次后飞机未被击落的概率.

17. 设 A, B 为两个随机事件.(1)证明 $P(A)P(B) \geqslant P(AB)P(A \cup B)$;(2)如果 $P(A) > 0$,证明 $P(B \mid A) \geqslant 1 - \dfrac{P(\bar{B})}{P(A)}$.

第一章　概率论的基本概念同步测试（B卷）

题号	一	二	三	总分
得分				

一、单项选择题（每小题 3 分，共 15 分）

1. 以 A 表示事件"甲种产品畅销，乙种产品滞销"，则其对立事件 $\bar{A}$ 为（　　）.

（A）"甲种产品滞销，乙种产品畅销"　　（B）"甲、乙两种产品均畅销"

（C）"甲种产品滞销"　　（D）"甲种产品滞销或乙种产品畅销"

2. 设 10 个产品中有 4 个次品，从中任取 3 个，则在计算事件"3 个产品中至少有一个次品"的概率时，下列算法中，不正确的算法为（　　）.

（A）$1 - \dfrac{C_6^3}{C_{10}^3}$　　（B）$\dfrac{C_4^1 C_9^2}{C_{10}^3}$

（C）$\dfrac{C_4^1 C_9^2 - C_4^2 C_6^1 - 2C_4^3}{C_{10}^3}$　　（D）$\dfrac{C_4^1 C_6^2 + C_4^2 C_6^1 + C_4^3}{C_{10}^3}$

3 题精解

3. 设 $P(A) = \dfrac{1}{3}$，$P(B) = \dfrac{1}{2}$，则 $P(\bar{A}B) = \dfrac{1}{3}$ 的一个充分条件为（　　）.

（A）A 和 B 互斥　　（B）$A \subset B$　　（C）$P(A \mid B) = \dfrac{1}{4}$　　（D）A 和 B 相互独立

4. 设随机事件 A, B, C 相互独立，$P(A), P(B), P(C) \in (0,1)$，则必有（　　）.

（A）$A - B$ 与 $B - A$ 独立　　（B）AC 与 BC 独立

（C）$P(AB \mid C) = P(A \mid C)P(B \mid C)$　　（D）$P(C \mid AB) = P(C \mid A)P(C \mid B)$

5. 设甲抛 2 次硬币，乙抛 1 次硬币，A 表示事件"甲所抛正面数多于乙所抛正面数"，B 表示事件"甲所抛反面数多于乙所抛反面数"，则必有（　　）.

（A）$P(A) = \dfrac{1}{2}$，$P(B) = \dfrac{1}{2}$　　（B）$P(A) > \dfrac{1}{2}$，$P(B) < \dfrac{1}{2}$

（C）$P(A) < \dfrac{1}{2}$，$P(B) > \dfrac{1}{2}$　　（D）$P(A) + P(B) < 1$

二、填空题（每小题 3 分，共 15 分）

6. 设 A, B 为两个随机事件，$P(AB) = P(A\bar{B}) > 0$，则 $P(B \mid A) = $ _____.

16. 设随机事件 A,B 分别与 C 相互独立,且 $B \subset A$,证明 $A-B$ 与 C 相互独立.

17. 设有 4 箱同类产品,每箱各有 10 个,且第 i 箱中有 $i-1$ 个次品,$i=1,2,3,4$.先从某箱中任取一个产品.检验后发现该产品为正品,则将该产品放回原箱,再在此箱中任取一个产品,求第二次所取产品为正品的概率.

第二章　随机变量及其分布同步测试(A卷)

题号	一	二	三	总分
得分				

一、单项选择题(每小题3分,共15分)

1. 下列函数 $F(x)$ 的图形中,可作为随机变量 X 的分布函数的是(　　).

(A)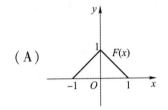

(B)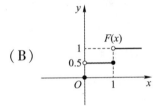

(C)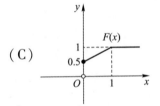

(D)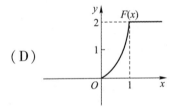

2. 设随机变量 X 在 $[0,1]$ 上服从均匀分布,Y 在 $[0,2]$ 上服从均匀分布,$f_1(x)$,$f_2(x)$ 分别为 X 和 Y 的密度函数,则下列函数中,不是密度函数的是(　　).

(A) $\dfrac{2}{3}f_1(x) + \dfrac{1}{3}f_2(x)$

(B) $\dfrac{1}{3}f_1(x) + \dfrac{2}{3}f_2(x)$

(C) $2f_1(x) - f_2(x)$

(D) $2f_2(x) - f_1(x)$

3. 设随机变量 $X \sim E(1)$,其分布函数和密度函数分别为 $F(x)$ 和 $f(x)$,则下列结论不正确的是(　　).

(A) 曲线 $y = F(x)$ 有两条渐近线

(B) 曲线 $y = f(x)$ 有一个第一类间断点

(C) 当 $x \to +\infty$ 时,$F(x) - 1$ 为 $\dfrac{1}{x}$ 的高阶无穷小

(D) 当 $x \to 0^+$ 时,$f(x) - 1$ 为 x 的等价无穷小

注:如果随机变量 X 的密度函数为 $f(x) = \begin{cases} \lambda e^{-\lambda x}, & x \geqslant 0, \\ 0, & x < 0, \end{cases}$ 其中 $\lambda > 0$,就称 X 服从参数为 λ 的指数分布,记为 $X \sim E(\lambda)$.

15. 已知某仪器装有 3 个独立工作的同型号电子元件,其寿命(单位:小时)都服从指数分布 $E\left(\dfrac{1}{600}\right)$,试求在仪器使用的最初的 200 小时内,至少有一个电子元件损坏的概率 p.

16. 若随机变量 X 的密度函数为 $f_X(x) = \begin{cases} \dfrac{1}{\sqrt{2\pi}\,\sigma x} \mathrm{e}^{-\frac{(\ln x - \mu)^2}{2\sigma^2}}, & x > 0, \\ 0, & x \leqslant 0, \end{cases}$ 就称 X 服从参数为 (μ, σ^2) 的对数正态分布.证明 X 服从参数为 (μ, σ^2) 的对数正态分布的充要条件为 $U = \ln X \sim N(\mu, \sigma^2)$.

17. 设随机变量 X 的分布律为 $P\{X = 1\} = P\{X = 2\} = \dfrac{1}{2}$,在给定 $X = i$ 的条件下,随机变量 Y 服从均匀分布 $U(0, i)$ $(i = 1, 2)$.求 Y 的密度函数 $f_Y(y)$.

17 题精解

第二章 随机变量及其分布同步测试(B卷)

题号	一	二	三	总分
得分				

一、单项选择题(每小题 3 分,共 15 分)

1. 设随机变量 X 的密度函数为 $f(x)$,分布函数为 $F(x)$,则下列不正确的是 ( ).

(A) $f(2x)$ 为某随机变量的密度函数   (B) $f(x+1)$ 为某随机变量的密度函数

(C) $F(2x)$ 为某随机变量的分布函数   (D) $F(x+1)$ 为某随机变量的分布函数

2. 下列两个结论中,s,t 为正数,m,n 为正整数,则正确的选项为( ).

① 若随机变量 X 服从参数为 λ 的指数分布,则 $P\{X > s+t \mid X > s\}$ 与 s 无关

② 若随机变量 X 服从参数为 p 的几何分布,则 $P\{X > m+n \mid X > m\}$ 与 m 无关.

(A) ①② 都正确   (B) ①② 都不正确

(C) ① 正确 ② 不正确   (D) ① 不正确 ② 正确

3. 设 Ω 为样本空间,A,B 为随机事件,且满足 $P(A)=0,P(B)=1$,则( ).

(A) $A=\varnothing,B=\Omega$ (B) $A \subset B$ (C) $AB=\varnothing$ (D) $P(B-A)=1$

4. 设随机变量 X 的分布函数 $F(x)=\begin{cases} 0, & x<0, \\ \dfrac{1}{2}, & 0 \leqslant x < 1, \\ 1-\mathrm{e}^{-x}, & x \geqslant 1, \end{cases}$ 则 $P\{X=1\}=($).

(A) 0 (B) $\dfrac{1}{2}$ (C) $\dfrac{1}{2}-\mathrm{e}^{-1}$ (D) $1-\mathrm{e}^{-1}$

5. 在下列随机变量 X 的分布中,使得 X 与 $1-X$ 同分布的分布个数为 ( ).

① $B\left(1,\dfrac{1}{2}\right)$;   ② $U(-1,2)$;   ③ $N\left(\dfrac{1}{2},1\right)$.

(A) 0 (B) 1 (C) 2 (D) 3

二、填空题(每小题 3 分,共 15 分)

6. 设随机变量 $X \sim P(\lambda)$,如果 $P\{X=1\}=P\{X=2\}$,则 $P\{X=3\}=$ _____.

7. 设随机变量 $X \sim B(13,0.3)$,若 $P\{X=m\}$ 最大,则 $m=$ _____.

16. 设随机变量 $X \sim E(1)$，求 $Y = X - [X]$ 的密度函数 $f_Y(y)$，其中 $[x]$ 为取整函数.

17. 设随机变量 X 的分布函数为 $F(x) = \begin{cases} 0, & x < 0, \\ \dfrac{1}{2}x, & 0 \leqslant x < 1, \\ 1, & x \geqslant 1. \end{cases}$ 求 $Y = F(X)$ 的分布函数 $F_Y(y)$.

第三章　多维随机变量及其分布同步测试（A卷）

题号	一	二	三	总分
得分				

一、单项选择题（每小题 3 分,共 15 分）

1. 设二维随机变量 $(X,Y) \sim \begin{pmatrix} (0,0) & (0,1) & (1,0) & (1,1) \\ \dfrac{1}{4} & a & b & \dfrac{1}{6} \end{pmatrix}$,且 $F(0,1) = \dfrac{1}{2}$,则（　　）.

(A) $a = \dfrac{1}{4}, b = \dfrac{1}{3}$ 　　(B) $a = \dfrac{1}{3}, b = \dfrac{1}{4}$ 　　(C) $a = \dfrac{1}{2}, b = \dfrac{1}{12}$ 　　(D) $a = \dfrac{1}{4}, b = \dfrac{1}{4}$

2. 某射手每次击中目标的概率为 $p(0 < p < 1)$,射击独立进行到第二次击中目标为止,设 X_i 表示第 i 次击中目标时所射击的次数,$i = 1,2$,则 $P\{X_1 = m, X_2 = n\} =$（　　）.

2 题精解

(A) $p^2(1-p)^{n-2}, m = 1,2,3,\cdots; n = 1,2,3,\cdots$

(B) $p^2(1-p)^{n-2}, m = 1,2,3,\cdots; n = m+1, m+2, \cdots$

(C) $p^2(1-p)^{m+n-2}, m = 1,2,3,\cdots; n = 1,2,3,\cdots$

(D) $p^2(1-p)^{m+n-2}, m = 1,2,3,\cdots; n = m+1, m+2, \cdots$

3. 设随机变量 X 和 Y 相互独立,记 $p_1 = P\{X^2 + Y^2 \leqslant 1\}$,$p_2 = P\{X + Y \leqslant 2\}$,$p_3 = P\{X \leqslant 1\} P\{Y \leqslant 1\}$,则（　　）.

(A) $p_1 \leqslant p_2 \leqslant p_3$ 　　(B) $p_1 \leqslant p_3 \leqslant p_2$ 　　(C) $p_2 \leqslant p_3 \leqslant p_1$ 　　(D) $p_3 \leqslant p_1 \leqslant p_2$

4. 设 X_1 和 X_2 是两个相互独立的随机变量,它们的密度函数分别为 $f_1(x)$ 和 $f_2(x)$,分布函数分别为 $F_1(x)$ 和 $F_2(x)$,则（　　）.

(A) $f_1(x) + f_2(x)$ 必为某一随机变量的密度函数

(B) $f_1(x)f_2(x)$ 必为某一随机变量的密度函数

(C) $F_1(x) + F_2(x)$ 必为某一随机变量的分布函数

(D) $F_1(x)F_2(x)$ 必为某一随机变量的分布函数

5. 设随机变量 (X,Y) 的分布函数为 $F(x,y)$,X 和 Y 的边缘分布分别为 $F_X(x), F_Y(y)$,则 $\max\{X,Y\}$ 的分布函数为（　　）.

15. 设二维随机变量 (X,Y) 的密度函数为 $f(x,y)=\begin{cases} |x||y|, & |x|\leqslant 1,|y|\leqslant 1, \\ 0, & \text{其他}. \end{cases}$ (1) 分别求关于 X 和 Y 边缘密度 $f_X(x)$ 和 $f_Y(y)$，并判断 X 与 Y 的独立性；(2) 设 $\varphi(x,y)=\begin{cases} xy, & x^2+y^2\leqslant 1, \\ 0, & \text{其他}. \end{cases}$ 二维随机变量 (U,V) 的密度函数为 $g(x,y)=f(x,y)+\varphi(x,y)$，分别求关于 U 和 V 的边缘函数 $g_U(x)$ 和 $g_V(y)$，并判断 U 与 V 的独立性.

16. 设 A 和 B 为两个随机事件，$P(A)=p,P(B)=q,P(AB)=r,0<p<1,0<q<1.$ 令

$$X=\begin{cases} 0, & \text{如果 } A \text{ 不发生}, \\ 1, & \text{如果 } A \text{ 发生}, \end{cases} \qquad Y=\begin{cases} 0, & \text{如果 } B \text{ 不发生}, \\ 1, & \text{如果 } B \text{ 发生}. \end{cases}$$

(1) 求 X 和 Y 的联合分布律；(2) 证明随机变量 X 和 Y 相互独立的充要条件为随机事件 A 和 B 相互独立.

17. 设二维随机变量 (X,Y) 的密度函数为 $f(x,y)=\begin{cases} 1, & 0<x<1,0<y<2x, \\ 0, & \text{其他}, \end{cases}$ 试求 $Z=2X-Y$ 的密度函数 $f_Z(z)$.

17题精解

第三章 多维随机变量及其分布同步测试（B卷）

题号	一	二	三	总分
得分				

一、单项选择题（每小题 3 分，共 15 分）

1. 设随机变量 X 和 Y 相互独立，$X \sim \begin{pmatrix} -1 & 1 \\ \frac{1}{2} & \frac{1}{2} \end{pmatrix}$，$Y \sim \begin{pmatrix} -1 & 1 \\ \frac{1}{2} & \frac{1}{2} \end{pmatrix}$，则下列结论正确的是（   ）.

    （A）$X = Y$ （B）$P\{X = Y\} = 0$ （C）$P\{X = Y\} = \frac{1}{2}$ （D）$P\{X = Y\} = 1$

2. 设随机变量 $X \sim \begin{pmatrix} -1 & 1 \\ \frac{1}{2} & \frac{1}{2} \end{pmatrix}$，$Y \sim \begin{pmatrix} -1 & 1 \\ \frac{1}{2} & \frac{1}{2} \end{pmatrix}$，且 $P\{X + Y = 0\} = \frac{1}{3}$，则 $P\{X = Y\} = ($ $)$.

    （A）$\frac{1}{2}$ （B）$\frac{1}{3}$ （C）$\frac{2}{3}$ （D）$\frac{5}{6}$

3. 设二维随机变量 (X, Y) 的分布函数为 $F(x, y) = \begin{cases} 0, & \min\{x, y\} < 0, \\ \min\{x, y\}, & 0 \leqslant \min\{x, y\} < 1, \\ 1, & \min\{x, y\} \geqslant 1, \end{cases}$ 则有（   ）.

    （A）X 和 Y 相互独立，且同分布   （B）X 和 Y 不相互独立，但同分布

    （C）X 和 Y 相互独立，但不同分布   （D）X 和 Y 不相互独立，且不同分布

4. 设随机变量 X 和 Y 相互独立，$X \sim N(0, 1)$，$Y \sim \begin{pmatrix} 0 & 1 \\ \frac{1}{2} & \frac{1}{2} \end{pmatrix}$. 记 $F_Z(z)$ 为 $Z = XY$ 的分布函数，则 $F_Z(z)$ 的间断点个数为（   ）.

4 题精解

    （A）0   （B）1   （C）2   （D）3

5. 设二维随机变量 (X, Y) 的密度函数为 $f(x, y)$，则 $U = X$ 和 $V = X + Y$ 的联合密度函数为

16. 设随机变量 $X \sim P(\lambda_1)$，$Y \sim P(\lambda_2)$，且 X 和 Y 相互独立. (1) 证明 $X + Y \sim P(\lambda_1 + \lambda_2)$；(2) 求已知 $X + Y = n(n \geqslant 1)$ 时，X 的条件分布律.

17. 设二维随机变量 (X, Y) 的密度函数为 $f(x, y) = \begin{cases} 2 - x - y, & 0 < x < 1, 0 < y < 1, \\ 0, & \text{其他}. \end{cases}$ 求 $Z = X + Y$ 的密度函数 $f_Z(z)$.

第四章 随机变量的数字特征同步测试 (A 卷)

题号	一	二	三	总分
得分				

一、单项选择题(每小题 3 分,共 15 分)

1. 在下列随机变量 X 的概率分布中,X 的数学期望存在的是(　　　).

(A) X 的分布律为 $P\{X=k\}=\dfrac{1}{k(k+1)},k=1,2,\cdots$

(B) X 的分布律为 $P\{X=(-1)^k k\}=\dfrac{1}{k(k+1)},k=1,2,\cdots$

(C) X 的密度函数为 $f(x)=\begin{cases}\dfrac{1}{x^2}, & x\geqslant 1, \\ 0, & x<1\end{cases}$

(D) X 的分布函数为 $F(x)=\begin{cases}1-\dfrac{1}{x^2}, & x\geqslant 1, \\ 0, & x<1\end{cases}$

2. 设有 10 张奖券,其中 8 张为 2 元,2 张为 5 元.今某人一次性从中随机抽取 3 张,则此人所得奖金额(单位:元)的数学期望是(　　　).

(A) 6 　　　　　(B) 7.8 　　　　　(C) 9 　　　　　(D) 12

3. 两人约定下午 8:00—9:00 在某地会面,设两人到达的时刻 X 和 Y(单位:分钟)相互独立,且均服从 $[0,60]$ 上的均匀分布,则先到者的平均等待时间为(　　　).

(A) 10 　　　　　(B) 20 　　　　　(C) 30 　　　　　(D) 40

3 题精解

4. 设随机变量 X 在 $[0,1]$ 中取值,且 X 的方差 DX 存在,则(　　　).

(A) $DX\leqslant\dfrac{1}{4}$ 　　(B) $DX>\dfrac{1}{4}$ 　　(C) $DX\leqslant\dfrac{1}{12}$ 　　(D) $DX>\dfrac{1}{12}$

5. 设随机变量 X 和 Y 相互独立,且 DX 与 DY 均存在,则 $\mathrm{Cov}(XY,X+Y)=$(　　　).

(A) 0

(B) $DX\cdot EX+EY\cdot DY$

(C) $DX\cdot EY+EX\cdot DY$

(D) $EX\cdot EY+DX\cdot DY$

16. 设随机变量 X 和 Y 相互独立,同服从 $N(\mu,\sigma^2)$,$U=\max\{X,Y\}$,$V=\min\{X,Y\}$,求 EU,EV.

16题精解

17. 设随机变量 X 的方差存在,证明:(1) $|EX| \leqslant E|X| \leqslant \sqrt{E(X^2)}$;$(2)E|X-EX| \leqslant \sqrt{DX}$.

第四章　随机变量的数字特征同步测试（B 卷）

题号	一	二	三	总分
得分				

一、单项选择题（每小题 3 分，共 15 分）

1. 设随机变量 $X \sim \begin{pmatrix} 0 & 1 \\ \dfrac{1}{4} & \dfrac{3}{4} \end{pmatrix}$，$Y \sim \begin{pmatrix} 0 & 1 \\ \dfrac{1}{2} & \dfrac{1}{2} \end{pmatrix}$，且 $\mathrm{Cov}(X,Y) = \dfrac{1}{8}$，则 $P\{Y=1 \mid X=1\} = ($　　$)$.

(A) $\dfrac{2}{3}$　　　　(B) $\dfrac{1}{3}$　　　　(C) $\dfrac{1}{4}$　　　　(D) $\dfrac{1}{8}$

2. 设 $n(n>3)$ 个乒乓球中有 3 只黄球，$n-3$ 只白球，将其随机放入编号为 $1,2,\cdots,n$ 的 n 个盒子中，一个盒子放入一个球.现从第 1 号盒子开始逐个打开，直到出现两个黄球为止.记 X 为所打开的盒子数，则 $EX = ($　　$)$.

(A) $\dfrac{n-2}{2}$　　　　(B) $\dfrac{n-1}{2}$　　　　(C) $\dfrac{n}{2}$　　　　(D) $\dfrac{n+1}{2}$

2题精解

3. 设 X 为取值非负的随机变量，$EX = \mu$，则必有（　　）.

(A) $P\{X \leqslant 1\} \geqslant \mu$　　　　　　　(B) $P\{X \leqslant 1\} \geqslant 1-\mu$

(C) $P\{X \leqslant 1\} < \mu$　　　　　　　(D) $P\{X \leqslant 1\} < 1-\mu$

4. 设二维随机变量 (X,Y) 的密度函数为 $f(x,y)$，相关系数 ρ_{XY} 存在，则在下列四个条件：

(1) $f(x,y) = f(y,x)$；(2) $f(-x,y) = f(x,y)$；(3) $f(x,-y) = f(x,y)$；(4) $f(-x,-y) = f(x,y)$ 中，能使得 X 与 Y 一定不相关的条件个数为（　　）.

(A) 1　　　　(B) 2　　　　(C) 3　　　　(D) 4

5. 设随机变量 $\Theta \sim U[0,2\pi]$，$X = \cos\Theta$，$Y = \sin\Theta$，则（　　）.

(A) X 和 Y 相互独立　　　　　　(B) X^2 和 Y^2 相互独立

(C) X 与 Y 不相关　　　　　　(D) X^2 与 Y^2 不相关

二、填空题（每小题 3 分，共 15 分）

6. 设随机变量 X 的密度函数为 $f(x) = \dfrac{1}{\pi(1+x^2)}$，$-\infty < x < +\infty$，则 $E(\min\{|X|,1\}) = $

16. 设甲乙两人进行围棋比赛,每盘胜者得 1 分,每盘中甲胜的概率为 $\dfrac{2}{3}$,比赛独立进行到有一方得分比对方多 2 分为止.设 X 表示比赛结束时总共进行的比赛盘数,求 EX 和 DX.

17. 设随机变量 $X \sim U\left[\dfrac{1}{2}, \dfrac{5}{2}\right]$,(1) 求 $D[X]$;(2) 求 $D(X-[X])$;(3) 求 X 与 $[X]$ 的相关系数 ρ,其中 $[x]$ 表示取整函数.

17 题精解

第五章 大数定律及中心极限定理同步测试（A卷）

题号	一	二	三	总分
得分				

一、单项选择题（每小题 3 分，共 15 分）

1. 设随机变量 $X_i \sim B(i,0.1)$，$i = 1,2,\cdots,15$，且 $X_1,X_2,\cdots,X_{15}$ 相互独立，则利用切比雪夫不等式得 $P\{8 < \sum_{i=1}^{15} X_i < 16\}$（　　　）.

 （A）$\leqslant 0.675$　　　　（B）$\leqslant 0.325$　　　　（C）$\geqslant 0.675$　　　　（D）$\geqslant 0.325$

2. 设随机变量 $X \sim B(n,p)(n \geqslant 16)$，已知直接由切比雪夫不等式得 $P\{8 < X < 16\} \geqslant \dfrac{1}{2}$，则 n,p 的取值分别为（　　　）.

 （A）$n = 16, p = \dfrac{3}{4}$　　（B）$n = 16, p = \dfrac{1}{2}$　　（C）$n = 36, p = \dfrac{1}{3}$　　（D）$n = 36, p = \dfrac{1}{4}$

3. 设随机变量序列 $X_1,X_2,\cdots,X_n,\cdots$ 相互独立，且均服从 $P(\lambda)$，则对任意 $\varepsilon > 0$，$\lim\limits_{n \to \infty} P\left\{\left|\dfrac{1}{n}\sum_{i=1}^{n} X_i^2 - (\lambda + \lambda^2)\right| \geqslant \varepsilon\right\}$（　　　）.

 （A）等于 0　　　　（B）等于 1　　　　（C）与 λ 有关　　　　（D）与 ε 有关

4. 设随机变量 $X_1,X_2,\cdots,X_n$ 相互独立，$S_n = X_1 + X_2 + \cdots + X_n$，则根据列维 - 林德伯格中心极限定理，当 n 充分大时，S_n 近似服从正态分布，只要 $X_1,X_2,\cdots,X_n$（　　　）.

 （A）有相同的数学期望　　　　　　　　（B）有相同的方差

 （C）服从同一指数分布　　　　　　　　（D）服从同一离散型分布

5. 设随机变量 $X \sim B(n,p)$，当 n 充分大，np 较适中时，下列结论不正确的是（　　　）.

 （A）$X = nX_1$，其中 $X_1 \sim B(1,p)$　　　　　（B）$\dfrac{X}{n} \overset{近似}{\sim} N\left(p, \dfrac{1}{n}p(1-p)\right)$

 （C）$X \overset{近似}{\sim} P(np)$　　　　　　　　　　　　（D）$\dfrac{X}{n}$ 依概率接近于 p

16. 设有 200 台独立作业的同类型设备,每台设备出现故障的概率均为 $\dfrac{1}{200}$,又设每台设备的故障可由一名维修人员处理.

（1）问至少配备多少名维修人员,才能使出现故障而不能及时维修的概率不大于 0.03？

（2）设现有 4 名维修人员,采用下列两种管理方式：①每人维护 50 台；②两人一组,每组维护 100 台.问哪种管理较合理？

$$\left(\Phi(1.88)=0.97,\Phi\left(\frac{3}{2}\right)=0.9332,\Phi\left(\frac{3\sqrt{2}}{2}\right)=0.9830.\right)$$

17. 对于每个学生而言,来参加家长会的家长人数是一个随机变量,设每个学生无家长来、有 1 名家长来、有 2 名家长来参加家长会的概率分别为 0.05,0.8,0.15.若学校共有 400 名学生,且每个学生参加家长会的家长数相互独立.

（1）求参加会议的家长数 X 超过 450 的概率；

（2）求有一名家长来参加会议的学生数不多于 340 的概率.（$\Phi(1.15)=0.8749$；$\Phi(2.5)=0.9938.$）

第五章　大数定律及中心极限定理同步测试（B卷）

题号	一	二	三	总分
得分				

一、单项选择题（每小题 3 分，共 15 分）

1. 设随机变量 $X_1, X_2, \cdots, X_n, \cdots$ 独立同分布，其分布函数为 $F(x) = \dfrac{1}{2} + \dfrac{1}{\pi}\arctan\dfrac{x}{\lambda}\ (\lambda > 0)$，则辛钦大数定律对该随机变量序列（　　）.

（A）适用　　　　　　　　　　　　（B）不适用

（C）对某些 λ 值适用　　　　　　（D）适用情况无法判定

2. 设随机变量 $X_1, X_2, \cdots, X_n, \cdots$ 相互独立，$X_i \sim P(\lambda)\ (i = 1, 2, \cdots)$. $\varPhi(x)$ 是标准正态分布的分布函数，则下列结论正确的是（　　）.

2 题精解

（A）$\lim\limits_{n\to\infty} P\left\{ \dfrac{\sum\limits_{i=1}^{n} X_i - n\lambda}{n\lambda} \leqslant x \right\} = \varPhi(x)$　　（B）$\lim\limits_{n\to\infty} P\left\{ \dfrac{\sum\limits_{i=1}^{n} X_i - n\lambda}{n\sqrt{\lambda}} \leqslant x \right\} = \varPhi(x)$

（C）$\lim\limits_{n\to\infty} P\left\{ \dfrac{\sum\limits_{i=1}^{n} X_i - n\lambda}{\sqrt{n}\lambda} \leqslant x \right\} = \varPhi(x)$　　（D）$\lim\limits_{n\to\infty} P\left\{ \dfrac{\sum\limits_{i=1}^{n} X_i - n\lambda}{\sqrt{n\lambda}} \leqslant x \right\} = \varPhi(x)$

3. 设随机变量 $X_1, X_2, \cdots, X_n$ 相互独立且同分布，其中 n 充分大，则在下列分布中，使得 $\sum\limits_{i=1}^{n} X_i$ 近似服从正态分布的是（　　）.

（A）X_i 的分布律为 $X_i \sim \begin{pmatrix} c \\ 1 \end{pmatrix}$　　（B）X_i 的分布律为 $P\{X_i = k\} = \dfrac{1}{2^k}, k = 1, 2, \cdots$

（C）X_i 的密度函数为 $f(x) = \dfrac{1}{\pi(1 + x^2)}, x \in (-\infty, +\infty)$

（D）X_i 的密度函数为 $f(x) = \begin{cases} \dfrac{2}{x^3}, & x \geqslant 1, \\ 0, & x < 1 \end{cases}$

15. 设 $X_1, X_2, \cdots, X_n, \cdots$ 为相互独立的随机变量序列，$X_i \sim \begin{pmatrix} -\sqrt{\ln i} & \sqrt{\ln i} \\ 0.5 & 0.5 \end{pmatrix}$，$i = 1, 2, \cdots.$ 令

$$Y_n = \frac{1}{n} \sum_{i=1}^{n} X_i, n = 1, 2, \cdots.$$ 证明随机变量序列 $\{Y_n\}$ 依概率收敛于 0.

16. 设随机变量 $X_1, X_2, \cdots X_n, \cdots$ 相互独立，且 $X_k \sim P(1), k = 1, 2, \cdots, n, \cdots.$

（1）求 $P\left\{ \sum_{k=1}^{n} X_k \leqslant n \right\}$；（2）试用中心极限定理求 $\lim_{n \to \infty} P\left\{ \sum_{k=1}^{n} X_k \leqslant n \right\}$；（3）求 $\lim_{n \to \infty} e^{-n} \sum_{i=0}^{n} \frac{n^i}{i!}.$

17. 设随机变量 $X_1, X_2, \cdots, X_n, \cdots$ 独立同分布，且 $EX_i = \mu, DX_i = \sigma^2 > 0, i = 1, 2, \cdots.$ 对任意给定的 $\varepsilon > 0$，证明

（1）$\lim_{n \to \infty} P\left\{ \left| \sum_{i=1}^{n} X_i - n\mu \right| < \varepsilon \right\} = 0$；（2）$\lim_{n \to \infty} P\left\{ \left| \sum_{i=1}^{n} X_i - n\mu \right| < n\varepsilon \right\} = 1.$

第六章　样本及抽样分布同步测试（A卷）

题号	一	二	三	总分
得分				

一、单项选择题（每小题 3 分，共 15 分）

1. 设 $(X_1, X_2, \cdots, X_n)$ 为取自总体 X 的简单随机样本，$EX = \mu$ 已知，$DX = \sigma^2$ 未知．则下列不是统计量的是（　　）．

(A) $\dfrac{1}{n} \sum\limits_{i=1}^{n} X_i^2$　　(B) $\dfrac{1}{n} \sum\limits_{i=1}^{n} (X_i - \mu)^2$　　(C) $\max\limits_{1 \leqslant i \leqslant n} \{X_i - \mu\}$　　(D) $\dfrac{1}{n} \sum\limits_{i=1}^{n} \left(\dfrac{X_i - \mu}{\sigma} \right)^2$

2. 设总体 $X \sim N(\mu, \sigma^2)$，$\overline{X_1}$ 和 $\overline{X_2}$ 分别来自该总体容量为 10 和 15 的两个独立简单随机样本的样本均值，$p_1 = P\{|\overline{X_1} - \mu| > \sigma\}$，$p_2 = P\{|\overline{X_2} - \mu| > \sigma\}$，则有（　　）．

(A) $p_1 = p_2$　　　　　　　　　　　(B) $p_1 > p_2$

(C) $p_1 < p_2$　　　　　　　　　　　(D) p_1 与 p_2 的大小关系应与 μ 和 σ 有关

3. 设随机变量 X 和 Y 都服从标准正态分布，则（　　）．

(A) $X + Y$ 服从正态分布　　　　　　(B) $X^2 + Y^2$ 服从 χ^2 分布

(C) X^2 和 Y^2 都服从 χ^2 分布　　(D) $\dfrac{X^2}{Y^2}$ 服从 F 分布

4. 设随机变量 X 服从正态分布 $N(0,1)$，对给定的 $\alpha (0 < \alpha < 1)$，数 U_α 满足 $P\{X > U_\alpha\} = \alpha$，若 $P\{|X| < x\} = \alpha$，则 x 等于（　　）．

(A) $U_{\frac{\alpha}{2}}$　　　　　　　　　　(B) $U_{1-\frac{\alpha}{2}}$

(C) $U_{\frac{1-\alpha}{2}}$　　　　　　　　　(D) $U_{1-\alpha}$

4题精解

5. 设总体 $X \sim N(0,1)$，$(X_1, X_2, X_3, X_4, X_5)$ 为来自总体的简单随机样本，$\overline{X}$ 为样本均值，则下列结论中正确的为（　　）．

(A) $\overline{X} \sim N(0,1)$　　　　　　　(B) $\sum\limits_{i=1}^{5} (X_i - \overline{X})^2 \sim \chi^2(5)$

(C) $\sqrt{\dfrac{3}{2}} \dfrac{X_1 + X_2}{\sqrt{X_3^2 + X_4^2 + X_5^2}} \sim t(3)$　　(D) $\dfrac{X_1^2 + 2X_2^2}{X_3^2 + X_4^2 + X_5^2} \sim F(3,3)$

16. 设随机变量 $\xi_1, \xi_2, \cdots, \xi_n, \xi_{n+1} (n > 1)$ 相互独立, 同服从 $N(\mu, \sigma^2)$, $\bar{\xi} = \dfrac{1}{n} \sum\limits_{i=1}^{n} \xi_i$, $S^2 = \dfrac{1}{n-1} \sum\limits_{i=1}^{n} (\xi_i - \bar{\xi})^2$, 证明 $T = \dfrac{\xi_{n+1} - \bar{\xi}}{S} \sqrt{\dfrac{n}{n+1}} \sim t(n-1)$.

17. 设 (X_1, X_2) 为来自总体 $X \sim U[0,1]$ 的简单随机样本, 其样本均值为 $\bar{X}$, 样本方差为 S^2.
(1) 证明 (X_1, X_2) 服从区域 $D = \{(x_1, x_2): 0 \leqslant x_1 \leqslant 1, 0 \leqslant x_2 \leqslant 1\}$ 上的均匀分布; (2) 计算 $P\left\{\bar{X} \leqslant \dfrac{1}{4}\right\}$ 和 $P\left\{S^2 \leqslant \dfrac{1}{8}\right\}$; (3) 问 $\bar{X}$ 和 S^2 是否相互独立? 为什么?

第六章　样本及抽样分布同步测试（B卷）

题号	一	二	三	总分
得分				

一、单项选择题（每小题 3 分，共 15 分）

1. 设 $(X_1, X_2, \cdots X_n)$ 为来自总体 X 的简单随机样本，$DX = 1$，正整数 $s \leqslant n, t \leqslant n$，则

$$\mathrm{Cov}\left(\frac{1}{s}\sum_{i=1}^{s} X_i, \frac{1}{t}\sum_{j=1}^{t} X_j\right) = (\qquad).$$

(A) $\min\{s,t\}$ (B) $\max\{s,t\}$ (C) $\dfrac{1}{\min\{s,t\}}$ (D) $\dfrac{1}{\max\{s,t\}}$

2. 设随机变量 $X \sim t(n)$，$Y \sim F(1,n)$，给定 $\alpha(0 < \alpha < 0.5)$，常数 c 满足 $P\{X > c\} = \alpha$，则 $P\{Y > c^2\} = (\qquad)$.

(A) α (B) $1 - \alpha$ (C) 2α (D) $1 - 2\alpha$

2题精解

3. 设 (X_1, X_2, X_3) 为来自总体 $X \sim N(0,1)$ 的一个简单随机样本，则下列统计量中服从 t 分布的是（   ）.

(A) $\dfrac{X_1 - X_2}{X_1 + X_2}$ (B) $\dfrac{X_1 - X_2}{|X_1 + X_2|}$ (C) $\dfrac{X_1 + X_2}{X_1 + X_3}$ (D) $\dfrac{X_1 + X_2}{|X_1 + X_3|}$

4. 设随机变量 $Y \sim \chi^2(1)$，则根据切比雪夫不等式估计得（   ）.

(A) $P\{Y \geqslant 3\} \leqslant \dfrac{1}{3}$ (B) $P\{Y \geqslant 3\} > \dfrac{1}{3}$

(C) $P\{Y \geqslant 3\} \leqslant \dfrac{2}{3}$ (D) $P\{Y \geqslant 3\} > \dfrac{2}{3}$

5. 设 $(X_1, X_2, \cdots, X_n)$ 为来自总体 X 的简单随机样本，X 的分布函数为 $F(x)$. 对于给定的实数 x_0，如果 $0 < F(x_0) < 1$，记 Y 为 $X_1, X_2, \cdots, X_n$ 中小于或等于 x_0 的个数，则 Y 的分布为（   ）.

5题精解

(A) $Y \sim U[0,n]$ (B) $Y \sim \begin{pmatrix} 1 & 2 & \cdots & n \\ \dfrac{1}{n} & \dfrac{1}{n} & \cdots & \dfrac{1}{n} \end{pmatrix}$

(C) $Y \sim B(n, F(x_0))$ (D) $Y \sim P(F(x_0))$

16. 设随机变量 $U \sim N(0,1)$, $\chi^2 \sim \chi^2(n)$, $0 < \alpha < 1$, 数 U_α 和 $\chi_\alpha^2(n)$ 分别满足 $P\{U > U_\alpha\}$ $= \alpha$ 和 $P\{\chi^2 > \chi_\alpha^2(n)\} = \alpha$. 当 n 充分大时, 利用中心极限定理说明

$$\chi_\alpha^2(n) \approx n + \sqrt{2n}\, U_\alpha, \quad \chi_{1-\alpha}^2(n) \approx n - \sqrt{2n}\, U_\alpha.$$

17. 设总体 X 的密度函数为 $f(x) = \begin{cases} e^{-x}, & x \geqslant 0, \\ 0, & x < 0, \end{cases}$ $(X_1, X_2, \cdots, X_{10})$ 为来自总体 X 的简单随机

样本. (1) 求 $P\{X_1 \leqslant X_2, \cdots, X_1 \leqslant X_{10}\}$; (2) 记 $Z = \begin{cases} X_1, & X_1 \leqslant X_2, \cdots, X_1 \leqslant X_{10}, \\ 0, & 其他, \end{cases}$ 求 EZ.

第七章　参数估计同步测试（A 卷）

题号	一	二	三	总分
得分				

一、单项选择题（每小题 3 分，共 15 分）

1. 设 $\hat{\theta}_1$ 为 θ 的矩估计量，$\hat{\theta}_2$ 为 θ 的最大似然估计量，则（　　）.

(A) $\hat{\theta}_1 = \hat{\theta}_2$　　　　　　　　　　　　　(B) $\hat{\theta}_1 \neq \hat{\theta}_2$

(C) $\hat{\theta}_1$ 与 $\hat{\theta}_2$ 可能相等也可能不相等　　　(D) $E\hat{\theta}_1 = E\hat{\theta}_2$

2. 设总体 $X \sim N(0, \sigma^2)$，$(X_1, X_2, \cdots, X_n)(n > 1)$ 为来自总体 X 的简单随机样本.则下列估计量中，不是 σ^2 的无偏估计的是（　　）.

(A) X_1^2　　　　(B) $(X_1 - X_2)^2$　　　　(C) $\dfrac{1}{n}\sum_{i=1}^{n} X_i^2$　　　　(D) S^2

3. 设总体 X 的数学期望为 μ，方差为 σ^2，其中 $\mu \neq 0, \sigma > 0$.(X_1, X_2, X_3) 为来自总体 X 的简单随机样本，则下列 μ 的估计量中，方差最小的无偏估计量为（　　）.

(A) $\hat{\mu}_1 = \dfrac{1}{2}X_1 + \dfrac{1}{3}X_2 + \dfrac{1}{6}X_3$　　　　　　(B) $\hat{\mu}_2 = \dfrac{1}{3}X_1 + \dfrac{1}{3}X_2 + \dfrac{1}{3}X_3$

(C) $\hat{\mu}_3 = \dfrac{1}{5}X_1 + \dfrac{2}{5}X_2 + \dfrac{2}{5}X_3$　　　　　　(D) $\hat{\mu}_4 = \dfrac{1}{7}X_1 + \dfrac{2}{7}X_2 + \dfrac{3}{7}X_3$

4. 设总体 $X \sim N(\mu, \sigma^2)$，$\overline{X}$ 为样本均值，S^2 为样本方差，则下列说法正确的是（　　）.

(A) μ 的置信区间是中心为 $\overline{X}$，半径与 $\overline{X}$ 无关的区间

(B) μ 的置信区间是中心为 $\overline{X}$，半径与 $\overline{X}$ 有关的区间

(C) σ^2 的置信区间是中心为 S^2，半径与 S^2 无关的区间

(D) σ^2 的置信区间是中心为 S^2，半径与 S^2 有关的区间

5. 设 $(X_1, X_2, \cdots, X_n)$ 为来自总体 $X \sim N(\mu, 1)$ 的简单随机样本.如果 μ 的置信度为 90% 的置信区间为 $(9.765, 10.235)$，则下列结论中不正确的是（　　）.（$U_{0.05} = 1.645, U_{0.025} = 1.96$.）

(A) 样本均值的观测值为 $\overline{x} = 10$

(B) 样本容量为 $n = 49$

(C) μ 的置信度为 95% 的置信区间为 $(9.720, 10.280)$

16. 设 $(X_1, X_2, \cdots, X_n)$ 为来自总体 X 的简单随机样本，$EX = \mu$，$DX = \sigma^2 (\sigma > 0)$，$c_1, c_2, \cdots, c_n$ 为常数，且 $\sum\limits_{i=1}^{n} c_i = 1$. (1) 证明 $\sum\limits_{i=1}^{n} c_i X_i$ 为 μ 的无偏估计；(2) 证明：当 $c_i = \dfrac{1}{n}$，$i = 1, 2, \cdots,$ n 时，即 $\sum\limits_{i=1}^{n} c_i X_i = \overline{X}$ 时，$D(\sum\limits_{i=1}^{n} c_i X_i)$ 最小.

17. 设总体 X 的密度函数为 $f(x; a) = \begin{cases} \dfrac{2}{a^2} x, & 0 \leqslant x \leqslant a, \\ 0, & \text{其他}, \end{cases}$ 其中未知常数 $a > 1$，从总体 X 中取 得简单随机样本 $(X_1, X_2, \cdots, X_n)$，求 a 的矩估计量 $\hat{a}_M$ 和最大似然估计量 $\hat{a}_L$.

第七章　参数估计同步测试（B卷）

题号	一	二	三	总分
得分				

一、单项选择题（每小题 3 分，共 15 分）

1. 设总体 X 的数学期望 μ 和方差 σ^2 均未知，$(X_1, X_2, \cdots, X_n)$ 为来自总体 X 的简单随机样本，则 σ^2 的矩估计为（　　）.

(A) $\dfrac{1}{n}\sum\limits_{i=1}^{n} X_i$
(B) $\dfrac{1}{n}\sum\limits_{i=1}^{n} X_i^2 - \left(\dfrac{1}{n}\sum\limits_{i=1}^{n} X_i\right)^2$

(C) $\dfrac{1}{n}\sum\limits_{i=1}^{n} X_i^2 - \mu^2$
(D) $\dfrac{1}{n}\sum\limits_{i=1}^{n} (X_i - \mu)^2$

2. 设总体 X 的数学期望 μ 未知，方差 σ^2 已知，$(X_1, X_2, \cdots, X_n)$ 为来自总体 X 的简单随机样本，则样本均值 $\overline{X}$（　　）.

2题精解

(A) 既是 μ 的无偏估计，也是 μ 的相合估计

(B) 是 μ 的无偏估计，不是 μ 的相合估计

(C) 不是 μ 的无偏估计，是 μ 的相合估计

(D) 既不是 μ 的无偏估计，也不是 μ 的相合估计

3. 设 $(X_1, X_2, \cdots, X_n)$ 是取自总体 $X \sim E(\lambda)$ 的简单随机样本，λ 为未知参数，且 $\lambda \neq 1$，则（　　）.

(A) $\overline{X}$ 是 $\dfrac{1}{\lambda}$ 的无偏估计，$\dfrac{1}{\overline{X}}$ 是 λ 的无偏估计

(B) $\overline{X}$ 是 $\dfrac{1}{\lambda}$ 的有偏估计，$\dfrac{1}{\overline{X}}$ 是 λ 的无偏估计

(C) $\overline{X}$ 是 $\dfrac{1}{\lambda}$ 的无偏估计，$\dfrac{1}{\overline{X}}$ 是 λ 的有偏估计

(D) $\overline{X}$ 是 $\dfrac{1}{\lambda}$ 的有偏估计，$\dfrac{1}{\overline{X}}$ 是 λ 的有偏估计

4. 设 $(\hat{\theta}_1, \hat{\theta}_2)$ 为未知参数 θ 的置信度为 $1-\alpha$ 的置信区间，则下列四种说法中正确的为（　　）.

15. 设某鱼池中有 n 条鱼,从中先捉到 1200 条鱼并分别做了红色记号后放回池中.(1) 令 X_n 表示再从池中任意提出的 1000 条鱼中带有红色记号的鱼的数目,求 X_n 的分布律;(2) 如果发现此 1000 条鱼中有 100 条鱼做了红色记号.试求 n 的最大似然估计值 $\hat{n}$.

16. (1) 设 $\hat{\theta}$ 为 θ 的估计量,如果 $E[(\hat{\theta}-\theta)^2]$ 存在,就称 $E[(\hat{\theta}-\theta)^2]$ 为用 $\hat{\theta}$ 估计 θ 时所产生的均方误差,证明 $E[(\hat{\theta}-\theta)^2]=D\hat{\theta}+(\theta-E\hat{\theta})^2$;(2) 设总体 X 的密度函数为 $f(x;\theta)$
$$=\begin{cases} \dfrac{2}{\theta^2}x, & 0 \leqslant x \leqslant \theta, \\ 0, & \text{其他}, \end{cases}$$ 其中未知参数 $\theta > 0$,$\hat{\theta}=\dfrac{3}{2}\overline{X}$ 为 θ 的估计量,$\overline{X}$ 为样本均值,求用 $\hat{\theta}$ 估计 θ 时所产生的均方误差 $E(\hat{\theta}-\theta)^2$.

17. 设 $(X_1, X_2, \cdots, X_n)$ 为来自总体 $X \sim U[a,b]$ 的简单随机样本,其中 a,b 均为未知参数.
(1) 求 a,b 的矩估计量 $\hat{a}_M, \widehat{b}_M$;(2) 求 a,b 的最大似然估计量 $\hat{a}_L, \widehat{b}_L$.

第八章　假设检验同步测试（A 卷）

题号	一	二	三	总分
得分				

一、单项选择题（每小题 3 分，共 15 分）

1. 在假设检验问题的下列概念中，不对立的为（　　）.

（A）原假设和备择假设　　　　　　　（B）接受域和拒绝域

（C）单总体和双总体　　　　　　　　（D）单边检验和双边检验

2. 设 $(X_1, X_2, \cdots, X_n)$ 为来自总体 $X \sim N(0, \sigma^2)$ 的简单随机样本，对于检验问题 $H_0: \sigma = \sigma_0$；$H_1: \sigma \neq \sigma_0$，选择检验统计量及其分布为（　　）.

（A）$\dfrac{\overline{X}}{\sigma/\sqrt{n}} \sim N(0,1)$ 　　　　　　　（B）$\dfrac{\overline{X}}{\sigma_0/\sqrt{n}} \sim N(0,1)$

（C）$\dfrac{1}{\sigma_0^2}\sum_{i=1}^{n} X_i^2 \sim \chi^2(n)$ 　　　　　（D）$\dfrac{1}{\sigma_0^2}\sum_{i=1}^{n}(X_i - \overline{X})^2 \sim \chi^2(n-1)$

3. 在正态总体参数的假设检验过程中，关于两类错误的下列说法正确的是（　　）.

（A）当样本容量确定时，犯两类错误的概率可同时被降低

（B）当增大样本容量时，犯两类错误的概率不可同时被降低

（C）只考虑了控制犯第一类错误的概率，没有考虑犯第二类错误的概率

（D）既考虑了控制犯第一类错误的概率，也考虑到了犯第二类错误的概率

4. 在假设检验中，下列关于两类错误的说法，正确的是（　　）.

（A）可能同时犯两类错误　　　　　　（B）不可能同时犯两类错误

（C）一定会犯第一类错误　　　　　　（D）一定会犯第二类错误

5. 设总体 $X \sim N(\mu, \sigma^2)$，其中 σ^2 已知.若显著性水平为 α，U_α 为标准正态分布的上侧 α 分位点，则在检验问题 $H_0: \mu \geq \mu_0$，$H_1: \mu < \mu_0$ 时，H_0 的拒绝域为（　　）.

（A）$\dfrac{\overline{X} - \mu}{\sigma/\sqrt{n}} \leq -U_\alpha$ 　　　　　　（B）$\dfrac{\overline{X} - \mu_0}{\sigma/\sqrt{n}} \leq U_{1-\alpha}$

（C）$\dfrac{\overline{X} - \mu_0}{\sigma/\sqrt{n}} \leq -U_{\frac{\alpha}{2}}$ 　　　　　（D）$\dfrac{\overline{X} - \mu_0}{\sigma/\sqrt{n}} \geq U_\alpha$

16. 为了检验 A,B 两种测定铜矿石含铜量的方法是否有明显差异,现用这两种方法测定了取自 9 个不同铜矿的矿石标本的含铜量(%),结果列于下表.

方法 $A(x_i)$	0.20	0.30	0.40	0.50	0.60	0.70	0.80	0.90	1.00
方法 $B(y_i)$	0.10	0.21	0.52	0.32	0.78	0.59	0.68	0.77	0.89
$z_i = x_i - y_i$	0.10	0.09	-0.12	0.18	-0.18	0.11	0.12	0.13	0.11

取 $\alpha = 0.05$,问这两种测定方法是否有显著差异?($t_{0.025}(8) = 2.3060.$)

17. 用新设计的一种测量仪器来测定某物体的膨胀系数 11 次,又用进口仪器重复测同一物体 11 次,两样本的样本方差分别是 $s_1^2 = 1.236, s_2^2 = 3.978.$ 假定测量值分别服从正态分布,(1)问在 $\alpha = 0.05$ 时,新设计仪器的方差是否比进口仪器的方差显著地小?(2)如果 $\alpha = 0.01$,又问新设计仪器的方差是否比进口仪器的方差显著地小?($F_{0.05}(10,10) = 2.98, F_{0.01}(10,10) = 4.85.$)

第八章 假设检验同步测试（B 卷）

题号	一	二	三	总分
得分				

一、单项选择题（每小题 3 分,共 15 分）

1. 在假设检验的过程中,下列说法不正确的是（　　）.

（A）原假设是指保持原有状态不变的假设

（B）检验过程中运用了反证法的思想

（C）假设检验表明量变到一定的程度产生了质变

（D）没有拒绝的假设一定是正确的

2. 已知在检验假设 $H_0:\mu=\mu_0$, $H_1:\mu<\mu_0$ 时出现了第一类错误,则表明（　　）.

（A）$\mu=\mu_0$ 为真,但接受了 $\mu<\mu_0$　　（B）$\mu<\mu_0$ 为真,但接受了 $\mu=\mu_0$

（C）$\mu\geq\mu_0$ 为真,但接受了 $\mu<\mu_0$　　（D）$\mu<\mu_0$ 为真,但接受了 $\mu\geq\mu_0$

3. 某食品厂所生产的罐头重量服从正态分布,在正常情况下其方差 $\sigma^2\leq\sigma_0^2$.为判断生产线是否正常,现对产品进行抽样检验,取显著性水平 $\alpha=0.05$,则下列描述正确的是（　　）.

（A）如果生产线实际工作正常,则检验结果认为生产线工作正常的概率为 0.95

（B）如果生产线实际工作不正常,则检验结果认为生产线工作不正常的概率为 0.95

（C）如果检验结果认为生产线工作正常,则生产线实际工作正常的概率为 0.95

（D）如果检验结果认为生产线工作不正常,则生产线实际工作不正常的概率为 0.95

4. 在正态总体的假设检验问题 (H_0,H_1) 中,显著性水平为 α,则下列结论正确的是（　　）.

（A）若在 $\alpha=0.05$ 下接受 H_0,则在 $\alpha=0.01$ 下必接受 H_0

（B）若在 $\alpha=0.05$ 下接受 H_0,则在 $\alpha=0.01$ 下必拒绝 H_0

（C）若在 $\alpha=0.05$ 下拒绝 H_0,则在 $\alpha=0.01$ 下必接受 H_0

（D）若在 $\alpha=0.05$ 下拒绝 H_0,则在 $\alpha=0.01$ 下必拒绝 H_0

4题精解

5. 在对总体参数的假设检验问题 (H_0,H_1) 中,若显著性水平为 $\alpha(0<\alpha<1)$,则犯第一类错误的概率（　　）.

（A）$=1-\alpha$　　　　（B）$=\alpha$　　　　（C）$\leq\alpha$　　　　（D）$=\dfrac{\alpha}{2}$

16. 设某物体在处理前含脂率 $X \sim N(\mu_1, \sigma_1^2)$，在处理后含脂率 $Y \sim N(\mu_2, \sigma_2^2)$。现在处理前抽取 $n_1 = 10$ 个样品，测得 $\bar{x} = 0.273$，$s_X^2 = 0.02811$；在处理后抽取 $n_2 = 11$ 个样品，测得 $\bar{y} = 0.135$，$s_Y^2 = 0.00642$。设两个样本相互独立，问在显著性水平 $\alpha = 0.01$ 下，处理后是否显著地降低了平均含脂率？（$F_{0.995}(9, 10) = \dfrac{1}{6.42}$，$F_{0.005}(9, 10) = 5.97$，$t_{0.01}(19) = 2.5395$。）

17. 设 $(X_1, X_2, \cdots, X_n)$ 为来自总体 $X \sim N(\mu, 100)$ 的简单随机样本，$\bar{X}$ 为样本均值。检验问题为 $H_0: \mu \geqslant 10$，$H_1: \mu < 10$。若 H_0 的拒绝域 $W = \{\bar{X} \leqslant 8\}$，问 μ 取何值时，犯第一类错误的概率最大？若使该最大值不超过 0.023，问 n 至少应该取多少？（$\Phi(2) = 0.977$。）

期末同步测试（A卷）

题号	一	二	三	总分
得分				

一、单项选择题（每小题 3 分，共 15 分）

1. 设 A,B,C 为三个随机事件，则 $\overline{A \cup B} - \overline{A \cup C} = ($ $)$.

  （A）$\bar{B} \cup C$ （B）$\bar{A}(\bar{B} \cup C)$ （C）$\overline{AB} \cup C$ （D）$A \cup \bar{B} \cup C$

2. 下列结论正确的是（   ）.

  （A）设 A,B 为两个随机事件，若 $P(AB) = 0$，则 A 与 B 互不相容

  （B）设 A,B 为两个随机事件，若 $P(A - B) = P(A)[1 - P(B)]$，则 A 和 B 相互独立

  （C）若随机变量 X 和 Y 同分布，则 $X = Y$

  （D）设 $F(x)$ 为随机变量 X 的分布函数，若 $F(x_1) = F(x_2)$，则 $x_1 = x_2$

3. 下列函数中，可为随机变量分布函数的是（   ）.

  （A）$F(x) = \dfrac{1 + \text{sgn}(x)}{2}$ （B）$F(x) = \dfrac{x}{x + e^{-x}}$

  （C）$F(x) = \dfrac{1}{1 + e^x}$ （D）$F(x) = \dfrac{1}{1 + e^{-x}}$

4. 设 A,B 为两个随机事件，$P(AB) > P(A)P(B)$，若存在 $C \subset AB$，使得 $A - C$ 和 B 相互独立，则 $P(C) = ($ $)$.

4 题精解

  （A）$P(A) - P(A \mid \bar{B})$ （B）$P(A) - P(A \mid B)$

  （C）$P(B) - P(B \mid \bar{A})$ （D）$P(B) - P(B \mid A)$

5. 设有随机变量 X 及函数 $g(x)$，若 $g''(x) \geqslant 0$，EX 和 $Eg(X)$ 均存在，则（   ）.

  （A）$Eg(X) = g(EX)$ （B）$Eg(X) \leqslant g(EX)$

  （C）$Eg(X) \geqslant g(EX)$ （D）$Eg(X)$ 和 $g(EX)$ 的大小关系不确定

二、填空题（每小题 3 分，共 15 分）

6. 设 A,B,C 是随机事件，A 与 C 互斥，$P(AB) = \dfrac{1}{2}$，$P(C) = \dfrac{1}{3}$，则 $P(AB \mid \bar{C}) = $ _____.

7. 设随机事件 A 和 B 相互独立，$P(A) = 0.5$，$P(B) = 0.2$. 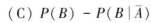 $X = \begin{cases} 1, & AB \text{ 发生}, \\ 0, & AB \text{ 不发生}, \end{cases}$ $Y = $

16. 设二维随机变量 $(X, Y) \sim N\left(0, 0; 1, 4; \dfrac{1}{2}\right)$，求 $p = P\{Y < 2X < Y + 2 \mid 2X + Y = 1\}$. $(\Phi(1) = 0.8413.)$

17. 设 $(X_1, X_2, \cdots, X_n)$ 是来自总体 $X \sim N(0, \sigma^2)$ 的简单随机样本，(1) 问常数 k_1 取何值时，$k_1 \sum\limits_{i=1}^{n} |X_i|$ 为 σ 的无偏估计？(2) 问常数 k_2 取何值时，$k_2 \left(\sum\limits_{i=1}^{n} |X_i|\right)^2$ 为 σ^2 的无偏估计？

期末同步测试(B卷)

题号	一	二	三	总分
得分				

一、单项选择题(每小题 3 分,共 15 分)

1. 设 A,B 为随机事件,$P(A) = 0.6, P(B) = 0.8$,则下列结论不正确的是( ).

(A) $P(AB)$ 的最大值为 0.6,最小值为 0.4

(B) $P(A \cup B)$ 的最大值为 1,最小值为 0.8

(C) $P(AB)P(A \cup B)$ 的最大值为 0.6,最小值为 0.32

(D) $P(AB)P(A \cup B)$ 的最大值为 0.48,最小值为 0.4

2. 设随机变量 X 和 Y 相互独立,下列命题不正确的是( ).

(A) 如果 $X \sim B(n_1, p_1), Y \sim B(n_2, p_2)$,则 $X + Y \sim B(n_1 + n_2, p_1 + p_2)$

(B) 如果 $X \sim N(\mu_1, \sigma_1^2), Y \sim N(\mu_2, \sigma_2^2)$,则 $X + Y \sim N(\mu_1 + \mu_2, \sigma_1^2 + \sigma_2^2)$

(C) 如果 $X \sim P(\lambda_1), Y \sim P(\lambda_2)$,则 $X + Y \sim P(\lambda_1 + \lambda_2)$

(D) 如果 $X \sim \chi^2(n_1), Y \sim \chi^2(n_2)$,则 $X + Y \sim \chi^2(n_1 + n_2)$

3. 设随机变量 $X \leqslant Y, F_X(x)$ 和 $F_Y(y)$ 分别为 X 和 Y 的分布函数,$F(x,y)$ 为 (X, Y) 的分布函数,则对任意的 t,有( ).

3 题精解

(A) $F_X(t) \leqslant F_Y(t), F(t,t) = F_X(t)$ (B) $F_Y(t) \leqslant F_X(t), F(t,t) = F_X(t)$

(C) $F_X(t) \leqslant F_Y(t), F(t,t) = F_Y(t)$ (D) $F_Y(t) \leqslant F_X(t), F(t,t) = F_Y(t)$

4. 设二维随机变量 (X,Y) 的密度函数为 $f(x,y)$,X 与 Y 的相关系数存在,指出下列四个结论中,正确的个数是( ).

① 如果对任意的 $x,y \in \mathbf{R}$,有 $f(-x,y) = f(x,y)$,则 X 的密度函数为偶函数

② 如果对任意的 $x,y \in \mathbf{R}$,有 $f(-x,y) = f(x,y)$,则 X 与 Y 不相关

③ 如果对任意的 $x,y \in \mathbf{R}$,有 $f(x,y) = f(y,x)$,则 $P\{X > Y\} = P\{X < Y\}$

④ 如果对任意的 $x,y \in \mathbf{R}$,有 $f(x,y) = f(y,x)$,则 X 与 Y 同分布

(A) 1   (B) 2   (C) 3   (D) 4

5. 在产品检验时,原假设 H_0 为产品合格.若在检验过程中发现将一些不合格品误以为合格品,则当样本容量 n 固定时,下列说法正确的是( ).

(A) 犯第一类错误的概率 α 和犯第二类错误的概率 β 都会变大

16. 设随机变量 $X^2 \sim \chi^2(1)$，$F \sim F(1,1)$，$T \sim t(1)$．（1）求 $P\{X^2 \leqslant 1\}$；（2）求 $P\{F \leqslant 1\}$；

（3）求 $P\{0 < T < 1\}$．（$\varPhi(1) = 0.8413$．）

17. 设 $(X_1, X_2, \cdots, X_n)$ 为来自总体 $X \sim U[0.5 - \theta, 0.5 + \theta]$ 的简单随机样本，其中未知参数

$\theta > 0$．（1）求 θ 的矩估计量 $\hat{\theta}_M$；（2）求 θ 的最大似然估计量 $\hat{\theta}_L$．

根据《大学数学课程教学基本要求》
《全国硕士研究生入学统一考试数学考试大纲》编写

HEP
MNFG

同步测试卷精编精解
大学数学新形态辅导丛书

概率论与数理统计
浙大第五版

同步测试卷

根据《大学数学课程教学基本要求》
《全国硕士研究生入学统一考试数学考试大纲》编写

根据《大学数学课程教学基本要求》
《全国硕士研究生入学统一考试数学考试大纲》编写

HEP
MNFG

同步测试卷精编精解
大学数学新形态辅导丛书

概率论与数理统计
浙大第五版
同步测试卷
习题精解

根据《大学数学课程教学基本要求》
《全国硕士研究生入学统一考试数学考试大纲》编写

目 录

第一章　概率论的基本概念同步测试(A 卷)习题精解

一、单项选择题

题号	1	2	3	4	5
答案	(A)	(C)	(D)	(A)	(B)

1. 知识点：0103 事件的关系与运算

解　(A) $A \cup B$ 表示 A,B 至少发生一个,所以 $A \cup B$ 不表示 A,B 恰好发生一个.(B) 和(C) 中的 $A - B = A\bar{B}$ 表示 A 发生 B 不发生,$B - A = \bar{A}B$ 表示 B 发生 A 不发生,因此 $(A - B) \cup (B - A)$ 和 $A\bar{B} \cup \bar{A}B$ 均表示 A,B 恰好发生一个.(D) $A \cup B - AB$ 表示 A,B 至少发生一个且 A,B 不是都发生,因此 $A \cup B - AB$ 也表示 A,B 恰好发生一个.应选(A).

2. 知识点：0108 条件概率,0109 概率的基本计算公式

解　由 $P(\bar{A} \mid B) = 0$ 得 $P(A \mid B) = \dfrac{P(AB)}{P(B)} = 1$,所以 $P(AB) = P(B)$,进而有 $P(A \cup B) = P(A) + P(B) - P(AB) = P(A)$.故选(C).

3. 知识点：0111 三个事件的两两独立和相互独立,0106 古典概型

解法 1　由于当 $A_1A_2 = \{1\}$ 发生时,A_3 发生,故 A_1, A_2, A_3 不相互独立,排除(A) 和(B).又 $A_1A_2A_4 = \varnothing$,故 A_1, A_2, A_4 不相互独立,排除(C).

解法 2　经计算 $P(A_1) = P(A_2) = P(A_3) = P(A_4) = \dfrac{1}{2}$,$P(A_1A_2) = P(A_1A_3) = P(A_2A_3) = P(A_1A_4) = P(A_2A_4) = \dfrac{1}{4}$,得 $P(A_1A_2) = P(A_1)P(A_2)$,$P(A_1A_3) = P(A_1)P(A_3)$,$P(A_2A_3) = P(A_2)P(A_3)$,所以 A_1, A_2, A_3 两两独立;$P(A_1A_2) = P(A_1)P(A_2)$,$P(A_1A_4) = P(A_1)P(A_4)$,$P(A_2A_4) = P(A_2)P(A_4)$,所以 A_1, A_2, A_4 两两独立.应选(D).

【注释】如果(A) 正确,根据两两独立和相互独立的关系,则(B),(C) 和(D) 均正确,与单选题不符,所以(A) 总是不可选.

4. 知识点：0110 全概率公式

解　设 A_i 表示第 i 次取黄球,$i = 1, 2$,则 $P(A_1) = \dfrac{m}{m + n}$.由全概率公式,

$$P(A_2) = P(A_1)P(A_2 \mid A_1) + P(\bar{A_1})P(A_2 \mid \bar{A_1})$$

$$= \frac{m}{m + n} \times \frac{m - 1}{m + n - 1} + \frac{n}{m + n} \times \frac{m}{m + n - 1}$$

$$= \frac{m}{m + n}.故选(A).$$

【注释】从结果上看,可能感到有些诧异.事实上,如果从中依次不放回地任取 $k(2 \leqslant k \leqslant m + n)$ 个,根据全概率公式,可计算出第 k 次取黄球的概率依然为 $\dfrac{m}{m + n}$.

5. 知识点：0112 伯努利概型

分析　本题的关键是求出在每次试验中,A 发生的概率.

解　设 A 发生的概率为 p,由于在四次独立重复试验中,A 至少发生一次概率为 $\dfrac{15}{16}$,所以 $1 - (1 - p)^4 = \dfrac{15}{16}$,得 $p = \dfrac{1}{2}$,故在三次独立重复试验中,A 恰好发生一次的概率为

$$C_3^1 p (1 - p)^2 = 3 \times \frac{1}{2} \times \left(\frac{1}{2}\right)^2 = \frac{3}{8}.$$

故选(B).

二、填空题

6. 知识点：0109 概率基本计算公式,0103 德摩根律

解　由 $P(A \cup B) = P(A) + P(B) - P(AB)$ 得 $0.6 = 0.5 + 0.4 - P(AB)$,因此 $P(AB) = 0.3$.再由德摩根律,$P(\bar{A} \cup \bar{B}) = P(\overline{AB}) = 1 - P(AB) = 1 - 0.3 = 0.7$.

7. 知识点：0106 古典概型

分析　本题可以用两种方法求解.其一为直接计

算;其二为将"所取数中最大数是 7"转化为"所取数均不大于 7"-"所取数均不大于 6"来计算.

解法 1 如果所取 3 个数中有一个数字 7 且 7 为最大数,则有 3×6^2 种情形;如果所取 3 个数中有两个数字 7 且 7 为最大数,则有 3×6 种情形;如果所取 3 个数全为数字 7,则有 1 种情形,所以所求概率为

$$\frac{3 \times 6^2 + 3 \times 6 + 1}{9^3} = \frac{127}{729}.$$

解法 2 由于"所取数中最大数是 7"转化为"所取数均不大于 7"-"所取数均不大于 6",所以所求的概率为 $\frac{7^3}{9^3} - \frac{6^3}{9^3} = \frac{127}{729}.$

8. **知识点**:0107 几何概型

解 由于

$$\int_e^{+\infty} \frac{1}{x\ln^\lambda x}\mathrm{d}x = \int_e^{+\infty} \frac{1}{\ln^\lambda x}\mathrm{d}\ln x \xlongequal{t=\ln x} \int_1^{+\infty} \frac{1}{t^\lambda}\mathrm{d}t,$$

故当且仅当 $\lambda > 1$ 时,$\int_e^{+\infty} \frac{1}{x\ln^\lambda x}\mathrm{d}x$ 收敛,所以由几何概型知所求概率为 $P\{\lambda > 1\} = \frac{3-1}{3-0} = \frac{2}{3}.$

9. **知识点**:0103 事件的关系与运算,0109 乘法公式

解 设 A_i 表示第 i 次取得白球,$i = 1, 2, \cdots, n$,则事件"第 n 次取到红球"$= A_1 A_2 \cdots A_{n-1} \overline{A_n}$,所以

$$P(A_1 A_2 \cdots A_{n-1} \overline{A_n})$$
$$= P(A_1) P(A_2 \mid A_1) \cdots$$
$$P(A_{n-1} \mid A_1 A_2 \cdots A_{n-2}) P(\overline{A_n} \mid A_1 A_2 \cdots A_{n-1})$$
$$= \frac{1}{2} \cdot \frac{2}{3} \cdot \cdots \cdot \frac{n-1}{n} \cdot \frac{1}{n+1} = \frac{1}{n(n+1)}.$$

10. **知识点**:0111 独立性,0112 伯努利概型

分析 将"第 4 次射击恰好第 2 次命中目标"分解为"前 3 次射击中恰有一次命中目标",且"第 4 次射击命中目标".

解 由伯努利概型知"前 3 次射击中恰有一次命中目标"的概率为 $C_3^1 p(1-p)^2$,第 4 次射击命中目标的概率为 p.再根据独立性,得此人"第 4 次射击恰好第 2 次命中目标"的概率为

$$C_3^1 p(1-p)^2 p = 3p^2(1-p)^2.$$

【易错点】 本题容易将"第 4 次射击恰好第 2 次命中目标"理解为"4 次射击中恰好有 2 次命中目标",从而得到其概率为 $C_4^2 p^2 (1-p)^2 = 6p^2(1-p)^2$,这是不正确的.

三、解答题

11. **知识点**:0103 事件的关系与运算,0105 概率的性质

分析 本题的关键在于化简

$$(A \cup B)(\overline{A} \cup B)(A \cup \overline{B})(\overline{A} \cup \overline{B}).$$

解 $(A \cup B)(\overline{A} \cup B) = A\overline{A} \cup AB \cup \overline{A}B \cup B = \varnothing \cup (A \cup \overline{A})B \cup B = B \cup B = B.$同理 $(A \cup \overline{B})(\overline{A} \cup \overline{B}) = \overline{B}$,所以 $(A \cup B)(\overline{A} \cup B)(A \cup \overline{B})(\overline{A} \cup \overline{B}) = B\overline{B} = \varnothing$,得 $P((A \cup B)(\overline{A} \cup B)(A \cup \overline{B})(\overline{A} \cup \overline{B})) = P(\varnothing) = 0.$

12. **知识点**:0111 事件的独立性,0108 条件概率,0109 概率的基本公式

解 由 $P(A-B) = P(B-A)$ 知 $P(A) = P(B)$,又因为 A, B 相互独立,所以

$$P(AB) = P(A)P(B) = [P(A)]^2 = [P(B)]^2,$$

因此 $P(A-B) = P(A) - P(AB) = P(A) - [P(A)]^2 = \frac{1}{4}$,得 $P(A) = \frac{1}{2}$.同理 $P(B) = \frac{1}{2}$.从而

$$P(AB \mid A \cup B) = \frac{P((AB)(A \cup B))}{P(A \cup B)} = \frac{P(AB)}{1 - P(\overline{A}\,\overline{B})}$$

$$= \frac{P(A)P(B)}{1 - P(\overline{A})P(\overline{B})} = \frac{\frac{1}{2} \cdot \frac{1}{2}}{1 - \frac{1}{2} \cdot \frac{1}{2}} = \frac{1}{3}.$$

13. **知识点**:0109 乘法公式,0110 贝叶斯公式

分析 先利用乘法公式分别求出甲车间和乙车间生产的产品中一等品的概率,然后利用贝叶斯公式求出该产品是甲车间生产的概率.

解 设 A_1 表示抽取的产品是合格品,A_2 表示抽取的产品是一等品,B 表示抽取的产品是甲车间生产

的,自然 $\overline{B}$ 表示抽取的产品是乙车间生产的. 故 $P(B) = 0.70, P(\overline{B}) = 0.30.$ 由于 $A_2 \subset A_1$,所以 $A_2 = A_1 A_2$,且 $P(A_1 \mid B) = 0.90, P(A_2 \mid A_1 B) = 0.50,$ $P(A_1 \mid \overline{B}) = 0.95, P(A_2 \mid A_1 \overline{B}) = 0.60,$ 因此,由乘法公式,得

$$P(A_2 \mid B) = P(A_1 A_2 \mid B) = P(A_1 \mid B) P(A_2 \mid A_1 B)$$
$$= 0.90 \times 0.50 = 0.45,$$

$$P(A_2 \mid \overline{B}) = P(A_1 A_2 \mid \overline{B}) = P(A_1 \mid \overline{B}) P(A_2 \mid A_1 \overline{B})$$
$$= 0.95 \times 0.60 = 0.57.$$

再由贝叶斯公式得所求概率为

$$P(B \mid A_2) = \frac{P(B) P(A_2 \mid B)}{P(B) P(A_2 \mid B) + P(\overline{B}) P(A_2 \mid \overline{B})}$$
$$= \frac{0.7 \times 0.45}{0.7 \times 0.45 + 0.3 \times 0.57} = \frac{35}{54}.$$

14. 知识点: 0112 伯努利概型

解 （1）三局两胜制. 设 A_i 表示比赛了 i 局时甲胜, $i = 2, 3.$ 则 $P(A_2) = 0.6^2 = 0.36, P(A_3) = C_2^1 0.6 \times 0.4 \times 0.6 = 0.288,$ 故整个比赛甲获胜的概率为

$$P(A_2 \cup A_3) = P(A_2) + P(A_3)$$
$$= 0.36 + 0.288 = 0.648.$$

（2）五局三胜制. 设 B_i 表示比赛了 i 局时甲胜, $i = 3, 4, 5.$ 则

$$P(B_3) = 0.6^3 = 0.216,$$
$$P(B_4) = C_3^2 0.6^2 \times 0.4 \times 0.6 = 0.259\ 2,$$
$$P(B_5) = C_4^2 0.6^2 \times 0.4^2 \times 0.6 = 0.207\ 36,$$

故整个比赛甲获胜的概率为

$$P(B_3 \cup B_4 \cup B_5) = P(B_3) + P(B_4) + P(B_5)$$
$$= 0.216 + 0.259\ 2 + 0.207\ 36$$
$$= 0.682\ 56.$$

由上可知五局三胜制对甲更有利.

15. 知识点: 0109 乘法公式, 0110 全概率公式

解 设 A_i 表示该同学第 i 门课程考试及格, $i = 1, 2, 3.$

（1）由乘法公式,该学生三门课程都及格的概率为

$$P(A_1 A_2 A_3) = P(A_1) P(A_2 \mid A_1) P(A_3 \mid A_1 A_2)$$
$$= \frac{4}{5} \times \frac{4}{5} \times \frac{4}{5} = \frac{64}{125}.$$

（2）由全概率公式,该学生第三门课程及格的概率为

$$P(A_3) = P(A_1 A_2) P(A_3 \mid A_1 A_2)$$
$$+ P(A_1 \overline{A_2}) P(A_3 \mid A_1 \overline{A_2})$$
$$+ P(\overline{A_1} A_2) P(A_3 \mid \overline{A_1} A_2)$$
$$+ P(\overline{A_1}\ \overline{A_2}) P(A_3 \mid \overline{A_1}\ \overline{A_2})$$
$$= P(A_1) P(A_2 \mid A_1) P(A_3 \mid A_1 A_2)$$
$$+ P(A_1) P(\overline{A_2} \mid A_1) P(A_3 \mid A_1 \overline{A_2})$$
$$+ P(\overline{A_1}) P(A_2 \mid \overline{A_1}) P(A_3 \mid \overline{A_1} A_2)$$
$$+ P(\overline{A_1}) P(\overline{A_2} \mid \overline{A_1}) P(A_3 \mid \overline{A_1}\ \overline{A_2})$$
$$= \frac{4}{5} \times \frac{4}{5} \times \frac{4}{5} + \frac{4}{5} \times \frac{1}{5} \times \frac{2}{5}$$
$$+ \frac{1}{5} \times \frac{2}{5} \times \frac{4}{5} + \frac{1}{5} \times \frac{3}{5} \times \frac{2}{5} = \frac{86}{125}.$$

16. 知识点: 0111 事件独立性, 0110 全概率公式

解 设 A_i 表示恰有 i 次击中飞机, $i = 0, 1, 2, 3, B$ 表示飞机被击落,利用独立性计算得

$$P(A_0) = (1 - 0.4)(1 - 0.5)(1 - 0.7) = 0.09,$$
$$P(A_1) = 0.4 \times (1 - 0.5) \times (1 - 0.7)$$
$$+ (1 - 0.4) \times 0.5 \times (1 - 0.7)$$
$$+ (1 - 0.4) \times (1 - 0.5) \times 0.7$$
$$= 0.36,$$
$$P(A_2) = 0.4 \times 0.5 \times (1 - 0.7)$$
$$+ 0.4 \times (1 - 0.5) \times 0.7$$
$$+ (1 - 0.4) \times 0.5 \times 0.7$$
$$= 0.41,$$
$$P(A_3) = 0.4 \times 0.5 \times 0.7 = 0.14,$$

而 $P(B \mid A_0) = 0, P(B \mid A_1) = 0.2, P(B \mid A_2) = 0.6,$ $P(B \mid A_3) = 1,$ 因此,再由全概率公式

$$P(B) = \sum_{i=0}^{3} P(A_i) P(B \mid A_i) = 0.458,$$

从而射击三次后飞机未被击落的概率为

$$P(\bar{B}) = 1 - P(B) = 1 - 0.458 = 0.542.$$

17. 知识点：0109 概率基本公式，0108 条件概率

证 （1）$P(A)P(B) - P(AB)P(A \cup B)$

$= P(A)P(B) - P(AB)[P(A) + P(B) - P(AB)]$

$= P(A)P(B) - P(AB)P(A) - P(AB)P(B)$

$\quad + [P(AB)]^2$

$= [P(A) - P(AB)][P(B) - P(AB)] \geqslant 0,$

所以 $P(A)P(B) \geqslant P(AB)P(A \cup B).$

$$(2) \; P(B \mid A) = \frac{P(AB)}{P(A)} = 1 - \frac{P(A) - P(AB)}{P(A)}$$

$$= 1 - \frac{P(A\bar{B})}{P(A)}.$$

因为 $A\bar{B} \subset \bar{B}$，所以 $P(A\bar{B}) \leqslant P(\bar{B})$，因此得

$$P(B \mid A) \geqslant 1 - \frac{P(\bar{B})}{P(A)}.$$

第一章　概率论的基本概念同步测试（B卷）习题精解

一、单项选择题

题号	1	2	3	4	5
答案	(D)	(B)	(D)	(C)	(A)

1. 知识点：0103 事件关系和运算

解　设 A_1 表示事件"甲种产品畅销"，A_2 表示事件"乙种产品滞销"，则 $A = A_1 A_2$. 由德摩根律知 $\bar{A} = \overline{A_1 A_2} = \bar{A_1} \cup \bar{A_2}$，其中 $\bar{A_1}$ 表示事件"甲种产品滞销"，$\bar{A_2}$ 表示事件"乙种产品畅销". 故选（D）.

2. 知识点：0106 古典概型

分析　本题要搞清楚每个选项的算法思想.

解法1　选项（A）是采用对立事件的思想方法计算，即先计算"全为正品"的概率 $\dfrac{C_6^3}{C_{10}^3}$，然后得"至少有一个次品"的概率为 $1 - \dfrac{C_6^3}{C_{10}^3}$，算法正确.

选项（B）采取的算法是先从 4 个次品中任取 1 个次品，然后在剩下的 9 个产品中任取 2 个产品，表面上看起来，算法很合理，实际上计算错误. 主要原因是出现重复计数.

选项（C）正是将选项（B）中出现的重复计数情况剔除后的计算结果，其中 $C_4^2 C_6^1$ 是出现两次的场合数，C_4^3 是出现三次的场合数，选项（C）正确.

选项（D）是将"3 个产品中至少有一个次品"分解为"恰有 1 个次品""恰有 2 个次品"和"3 个全为次品"后分步计算的，算法正确.

解法2　如果单纯结果上来看，直接计算可得选项（A）、选项（C）和选项（D）都是 $\dfrac{5}{6}$，而选项（B）是 $\dfrac{6}{5}$，显然不正确.

【注释】本题重点考查算法.

【易错点】很多初学者在古典概型问题中，经常出现多计或少计情况，导致概率计算错误，因此在计算之前首先要设计好算法，然后进行计算.

3. 知识点：0103 事件的关系和运算，0109 概率基本公式，0108 条件概率，0111 事件的独立性

解　（A）如果 A 和 B 互斥，$AB = \varnothing$，则 $P(\bar{A}B) = P(B - A) = P(B) - P(AB) = \dfrac{1}{2} - 0 = \dfrac{1}{2}.$

（B）如果 $A \subset B$，则 $P(\bar{A}B) = P(B - A) = P(B) - P(A) = \dfrac{1}{2} - \dfrac{1}{3} = \dfrac{1}{6}.$

（C）如果 $P(A \mid B) = \dfrac{1}{4}$，于是 $P(AB) = \dfrac{1}{8}$，则 $P(\bar{A}B) = P(B)P(\bar{A} \mid B) = P(B)[1 - P(A \mid B)]$

$$= \frac{1}{2}\left(1 - \frac{1}{4}\right) = \frac{3}{8}.$$

（D）如果事件 A 与 B 相互独立，则 $P(\bar{A})P(B) = \dfrac{2}{3} \cdot \dfrac{1}{2} = \dfrac{1}{3}$. 应选（D）.

4. 知识点：0111 三个事件的两两独立和相互独立

　　解　（A）选项：由于 $P((A-B)(B-A)) = P(\varnothing) = 0 \neq P(A-B)P(B-A) > 0$，所以 $A-B$ 与 $B-A$ 不独立.

　　（B）选项：由于 $P((AC)(BC)) = P(ABC) = P(A)P(B)P(C) \neq P(AC)P(BC) = P(A)P(B)[P(C)]^2$，所以 AC 与 BC 不独立.

　　（C）选项：由于 $P(AB \mid C) = P(AB)$，$P(A \mid C) = P(A)$，$P(B \mid C) = P(B)$，所以 $P(AB \mid C) = P(AB) = P(A)P(B) = P(A \mid C)P(B \mid C)$.

　　（D）选项：由于 $P(C \mid AB) = P(C)$，$P(C \mid A) = P(C)$，$P(C \mid B) = P(C)$，所以 $P(C \mid AB) = P(C) \neq P(C \mid A)P(C \mid B) = P(C)P(C) = [P(C)]^2$.

　　故应选（C）.

5. 知识点：0112 伯努利概型，0105 概率的基本性质：对称性

　　解　设 A_{ij} 表示甲抛 i 个正面，乙抛 j 个正面，$i = 0, 1, 2; j = 0, 1$，则

$$P(A) = P(A_{10} \cup A_{20} \cup A_{21})$$
$$= C_2^1 \left(\frac{1}{2}\right)^2 \times \frac{1}{2} + C_2^2 \left(\frac{1}{2}\right)^2 \times \frac{1}{2}$$
$$+ C_2^2 \left(\frac{1}{2}\right)^2 \times \frac{1}{2} = \frac{1}{2},$$

由对称性同理可得 $P(B) = \frac{1}{2}$. 应选（A）.

二、填空题

6. 知识点：0108 条件概率，0109 概率的基本公式

　　解　$P(A) = P(A(B \cup \overline{B})) = P(AB \cup A\overline{B}) = P(AB) + P(A\overline{B}) = 2P(AB) > 0$，所以

$$P(B \mid A) = \frac{P(AB)}{P(A)} = \frac{P(AB)}{2P(AB)} = \frac{1}{2}.$$

7. 知识点：0109 概率的基本公式

　　分析　通过对立事件转化为计算 $P(A \cup B \cup C)$，其计算公式中含有 7 项. 再对照题目所给条件，已知 6 项的值，只有 $P(ABC)$ 未知. 此时可根据 $P(AB) = 0$ 及相关性质求出 $P(ABC)$.

　　解　由于 $0 \leqslant P(ABC) \leqslant P(AB) = 0$，所以 $P(ABC) = 0$. 故所求概率为

$$P(\overline{A}\,\overline{B}\,\overline{C}) = P(\overline{A \cup B \cup C}) = 1 - P(A \cup B \cup C)$$
$$= 1 - [P(A) + P(B) + P(C) - P(AB)$$
$$- P(AC) - P(BC) + P(ABC)]$$
$$= 1 - \left(\frac{1}{4} + \frac{1}{4} + \frac{1}{4} - 0 - \frac{1}{16} - \frac{1}{16} + 0\right)$$
$$= 1 - \frac{5}{8} = \frac{3}{8}.$$

8. 知识点：0107 几何概型

　　解　设在区间 $(0,1)$ 内随机抽取的两个数为 x, y，则 $0 < x < 1, 0 < y < 1$. 由几何概型，

$$P\left\{x + y > \frac{1}{2}, xy < \frac{1}{2}\right\}$$
$$= \frac{1 - \dfrac{1}{2}\left(\dfrac{1}{2}\right)^2 - \displaystyle\int_{\frac{1}{2}}^{1}\left(1 - \dfrac{1}{2x}\right)\mathrm{d}x}{1^2} = \frac{3}{8} + \frac{1}{2}\ln 2.$$

9. 知识点：0109 乘法公式

　　解　设 A_i 表示第 i 次取得红球，$i = 1, 2, \cdots, 10$. 如果第 n 次取得红球，即 A_n 发生，则前 $n-1$ 次取的都是白球，即 $\overline{A_1}\,\overline{A_2}\cdots\overline{A_{n-1}}$ 发生，因此 $A_n \subset \overline{A_1}\,\overline{A_2}\cdots\overline{A_{n-1}}$，进而有 $A_n = \overline{A_1}\,\overline{A_2}\cdots\overline{A_{n-1}}A_n$，所以由乘法公式，得

$$P(A_n) = P(\overline{A_1}\,\overline{A_2}\cdots\overline{A_{n-1}}A_n)$$
$$= P(\overline{A_1})P(\overline{A_2} \mid \overline{A_1})P(\overline{A_3} \mid \overline{A_1}\,\overline{A_2})\cdots$$
$$P(\overline{A_{n-1}} \mid \overline{A_1}\,\overline{A_2}\cdots\overline{A_{n-2}})P(A_n \mid \overline{A_1}\,\overline{A_2}\cdots\overline{A_{n-1}})$$
$$= \frac{9}{10} \times \frac{8}{9} \times \frac{7}{8} \times \cdots \times \frac{11-n}{12-n} \times \frac{1}{11-n} = \frac{1}{10}.$$

【注释】本题的一个关键点是通过事件的分析，得到 $A_n = \overline{A_1}\,\overline{A_2}\cdots\overline{A_{n-1}}A_n$，为运用乘法公式提供基础.

【易错点】本题容易误解成所求概率为 $P(A_n \mid \overline{A_1}\,\overline{A_2}\cdots\overline{A_{n-1}})$，两者不同. 在 $P(A_n \mid \overline{A_1}\,\overline{A_2}\cdots\overline{A_{n-1}})$ 中，$\overline{A_1}\,\overline{A_2}\cdots\overline{A_{n-1}}$ 是已经发生的事件. 而在 $P(\overline{A_1}\,\overline{A_2}\cdots\overline{A_{n-1}}A_n)$ 中，$\overline{A_1}\,\overline{A_2}\cdots\overline{A_{n-1}}$ 表示并未发生的，而期望发生的事件.

10. 知识点：0110 贝叶斯公式

分析 本题运用贝叶斯公式.由于分母相同,因此只需比较分子即可.

解 设 A_1 表示此人乘坐高铁,A_2 表示此人乘坐飞机,A_3 表示此人乘坐汽车,B 表示此人开会迟到,则 $P(A_1) = 0.5, P(A_2) = 0.35, P(A_3) = 0.15, P(B \mid A_1) = 0.001, P(B \mid A_2) = 0.002, P(B \mid A_3) = 0.01$,故

$$P(A_1)P(B \mid A_1) = 0.0005,$$
$$P(A_2)P(B \mid A_2) = 0.0007,$$
$$P(A_3)P(B \mid A_3) = 0.0015,$$

其中 $P(A_3)P(B \mid A_3)$ 最大,所以最有可能乘坐的交通工具为汽车.

三、解答题

11. 知识点：0103 事件的关系和运算,0109 概率的基本公式

分析 本题关键是如何建立含 p 的方程,然后从中解出 p.

解 由于 $C \subset A \cup B - AB$,所以 $C \subset A \cup B, ABC = \varnothing$,进而 $A \cup B \cup C = A \cup B, P(ABC) = 0$.又 A, B, C 两两独立,所以 $P(AB) = P(A)P(B) = p^2$,同理 $P(AC) = P(BC) = p^2$.有

$$P(A \cup B) = P(A) + P(B) - P(AB) = 2p - p^2,$$
$$P(A \cup B \cup C) = P(A) + P(B) + P(C) - P(AB)$$
$$- P(AC) - P(BC) + P(ABC)$$
$$= 3p - 3p^2.$$

由 $P(A \cup B \cup C) = P(A \cup B)$ 得

$$3p - 3p^2 = 2p - p^2, p = 2p^2,$$

考虑到 $p > 0$,所以 $p = \dfrac{1}{2}$.

12. 知识点：等比级数,0103 事件的关系和运算,0111 独立性,0105 对称性

解法 1 设 A_i, B_i 分别表示甲、乙在各自的第 i 次射击中射中目标,$i = 1, 2, \cdots$,C 表示甲首先击中,则 $P(A_i) = 0.5, P(B_i) = 0.6, i = 1, 2, \cdots$,且

$$C = A_1 \cup \overline{A_1}\overline{B_1}A_2 \cup \overline{A_1}\overline{B_1}\,\overline{A_2}\overline{B_2}A_3 \cup \cdots,$$

其中 $A_1, B_1, A_2, B_2, A_3, B_3, \cdots$ 相互独立,故

$$P(C) = P(A_1) + P(\overline{A_1}\overline{B_1}A_2)$$
$$+ P(\overline{A_1}\overline{B_1}\,\overline{A_2}\overline{B_2}A_3) + \cdots$$
$$= P(A_1) + P(\overline{A_1})P(\overline{B_1})P(A_2)$$
$$+ P(\overline{A_1})P(\overline{B_1})P(\overline{A_2})P(\overline{B_2})P(A_3) + \cdots$$
$$= 0.5 + 0.5 \times 0.4 \times 0.5 + 0.5 \times 0.4 \times 0.5$$
$$\times 0.4 \times 0.5 + \cdots$$
$$= 0.5 \times (1 + 0.2 + 0.2^2 + \cdots)$$
$$= 0.5 \times \frac{1}{1 - 0.2} = \frac{5}{8}.$$

解法 2 设 A_i, B_i 分别表示甲、乙在各自的第 i 次射击中射中目标,$i = 1, 2, \cdots$,C 表示甲首先击中,则 $P(A_1) = 0.5, P(B_1) = 0.6, A_1, B_1$ 相互独立.如果甲乙各自的第一次射击都没有击中目标,则回到了最初的第一次射击时的状态.由对称性,$P(C) = P(A_1) + P(\overline{A_1}\overline{B_1})P(C)$,其中

$$P(A_1) = 0.5,$$
$$P(\overline{A_1}\overline{B_1}) = P(\overline{A_1})P(\overline{B_1}) = 0.5 \times 0.4 = 0.2,$$

所以 $P(C) = 0.5 + 0.2P(C)$,得 $P(C) = \dfrac{5}{8}$.

13. 知识点：0103 事件的关系和运算,0112 伯努利概型

解 设 A_i, B_i 分别表示甲、乙进了 i 个球,$i = 0, 1, 2$；C 表示甲比乙进球数多,则 $C = A_1B_0 \cup A_2B_0 \cup A_2B_1$.

由于 A_1B_0, A_2B_0, A_2B_1 两两互斥,且 $A_i, B_j(i, j = 0, 1, 2)$ 相互独立,所以

$$P(C) = P(A_1B_0) + P(A_2B_0) + P(A_2B_1)$$
$$= P(A_1)P(B_0) + P(A_2)P(B_0)$$
$$+ P(A_2)P(B_1)$$

又 $P(A_i) = C_2^i 0.7^i 0.3^{2-i}, P(B_i) = C_2^i 0.6^i 0.4^{2-i}, i = 0, 1, 2$,代入上式可算出

$$P(C) = 0.0672 + 0.0784 + 0.2352 = 0.3808.$$

14. 知识点：0112 伯努利概型

解 由于"试验成功奇数次"$\cup$"试验成功偶数

次"为必然事件,故 $s + t = 1$,且

$$t - s = C_n^0 p^0 (1 - p)^n - C_n^1 p^1 (1 - p)^{n-1} + \cdots$$
$$+ (-1)^i C_n^i p^i (1 - p)^{n-i} + \cdots$$
$$+ (-1)^n C_n^n p^n (1 - p)^0$$
$$= \sum_{i=0}^{n} (-1)^i C_n^i p^i (1 - p)^{n-i}$$
$$= \sum_{i=0}^{n} C_n^i (-p)^i (1 - p)^{n-i}$$
$$= (-p + 1 - p)^n = (1 - 2p)^n,$$

解得 $s = \dfrac{1}{2}[1 - (1 - 2p)^n]$, $t = \dfrac{1}{2}[1 + (1 - 2p)^n]$.

【注释】 本题通过构造方程组进行求解.

15. **知识点**: 0109 概率基本公式, 0111 事件的独立性

解 设配置 n 门高射炮同时射击, 令 A_i 表示第 i 门高射炮命中敌机, $i = 1, 2 \cdots, n$, 则由题意知 A_1, $A_2, \cdots, A_n$ 相互独立, 且 $P(A_i) = 0.4, i = 1, 2, \cdots, n$.

事件"击中敌机"即"敌机被击中" $= \bigcup_{i=1}^{n} A_i$, 其概率为

$$P\left(\bigcup_{i=1}^{n} A_i\right) = 1 - P\left(\overline{\bigcup_{i=1}^{n} A_i}\right) = 1 - P(\overline{A_1}\,\overline{A_2}\cdots\overline{A_n})$$
$$= 1 - P(\overline{A_1})P(\overline{A_2})\cdots P(\overline{A_n}) = 1 - 0.6^n,$$

又由题意得

$$1 - (0.6)^n \geqslant 0.99, \text{ 即 } (0.6)^n \leqslant 0.01,$$

解得

$$n \geqslant \frac{\ln 0.01}{\ln 0.6} \approx 9.015.$$

所以至少要配置 10 门高射炮同时射击, 才能以不低于 99% 的概率击中敌机.

16. **知识点**: 0111 事件的独立性, 0109 概率基本公式

分析 通过事件独立的定义知 $A - B$ 与 C 相互独立指 $P((A - B)C) = [P(A) - P(B)]P(C)$.

证 由于 $B \subset A$, 所以 $AB = B$. 因为 A, B 分别与 C 相互独立, 故

$$P((A - B)C) = P(A\overline{B}C) = P(AC\overline{B})$$

$$= P(AC) - P(ABC)$$
$$= P(AC) - P(BC)$$
$$= P(A)P(C) - P(B)P(C)$$
$$= [P(A) - P(B)]P(C),$$

又

$$P(A - B)P(C) = [P(A) - P(AB)]P(C)$$
$$= [P(A) - P(B)]P(C).$$

综上得 $P((A - B)C) = P(A - B)P(C)$, 所以 $A - B$ 与 C 相互独立.

17. **知识点**: 0108 条件概率, 0110 全概率公式

分析 本题所求概率为条件概率. 在计算过程中, 对其分子和分母分别运用全概率公式.

解 设 A_i 表示从第 i 箱中取产品, $i = 1, 2, 3, 4$, B 表示第一次所取产品为正品, C 表示第二次所取产品为正品, 则 $P(A_i) = \dfrac{1}{4}$, $i = 1, 2, 3, 4$; $P(B \mid A_1) = 1$,

$P(B \mid A_2) = \dfrac{9}{10}$, $P(B \mid A_3) = \dfrac{8}{10}$, $P(B \mid A_4) = \dfrac{7}{10}$;

$P(BC \mid A_1) = 1$, $P(BC \mid A_2) = \left(\dfrac{9}{10}\right)^2$, $P(BC \mid A_3) = \left(\dfrac{8}{10}\right)^2$, $P(BC \mid A_4) = \left(\dfrac{7}{10}\right)^2$, 由条件概率和全概率公式得所求概率为

$$P(C \mid B) = \frac{P(BC)}{P(B)} = \frac{\displaystyle\sum_{i=1}^{4} P(A_i)P(BC \mid A_i)}{\displaystyle\sum_{i=1}^{4} P(A_i)P(B \mid A_i)}$$

$$= \frac{\dfrac{1}{4} \times 1 + \dfrac{1}{4} \times \left(\dfrac{9}{10}\right)^2 + \dfrac{1}{4} \times \left(\dfrac{8}{10}\right)^2 + \dfrac{1}{4} \times \left(\dfrac{7}{10}\right)^2}{\dfrac{1}{4} \times 1 + \dfrac{1}{4} \times \dfrac{9}{10} + \dfrac{1}{4} \times \dfrac{8}{10} + \dfrac{1}{4} \times \dfrac{7}{10}}$$

$$= \frac{\dfrac{147}{200}}{\dfrac{17}{20}} = \frac{147}{170}.$$

【易错点】 本题不可对 $P(C \mid B)$ 运用贝叶斯公式.

第二章　随机变量及其分布同步测试(A卷)习题精解

一、单项选择题

题号	1	2	3	4	5
答案	(C)	(C)	(D)	(B)	(A)

1. 知识点: 0202 分布函数的性质

解　由于 $F(x)$ 单调不减,故排除选项(A).由于 $F(x)$ 处处右连续,故排除选项(B).由于 $0 \leqslant F(x) \leqslant 1$,故排除选项(D).应选(C).

2. 知识点: 0206 密度函数的性质

解　由题意知

$$f_1(x) = \begin{cases} 1, & 0 \leqslant x \leqslant 1, \\ 0, & 其他, \end{cases}$$

$$f_2(x) = \begin{cases} \dfrac{1}{2}, & 0 \leqslant x \leqslant 2, \\ 0, & 其他. \end{cases}$$

当 $1 < x \leqslant 2$ 时,$2f_1(x) - f_2(x) = -\dfrac{1}{2} < 0$,因此 $2f_1(x) - f_2(x)$ 不是密度函数.应选(C).

3. 知识点: 0207 指数分布,0206 密度函数,0202 分布函数

解　X 的密度函数为 $f(x) = \begin{cases} e^{-x}, & x \geqslant 0, \\ 0, & x < 0, \end{cases}$ 分布函数为 $F(x) = \begin{cases} 1 - e^{-x}, & x \geqslant 0, \\ 0, & x < 0. \end{cases}$ 由于

$$\lim_{x \to -\infty} F(x) = 0, \quad \lim_{x \to +\infty} F(x) = 1,$$

且 $y = F(x)$ 无垂直渐近线,故(A)正确.

仅 $x = 0$ 为 $y = f(x)$ 的跳跃间断点,故(B)正确.

因为 $\lim\limits_{x \to +\infty} \dfrac{F(x) - 1}{\dfrac{1}{x}} = -\lim\limits_{x \to +\infty} xe^{-x} = -\lim\limits_{x \to +\infty} \dfrac{x}{e^x} = 0$,

故(C)正确.

由于 $\lim\limits_{x \to 0^+} \dfrac{f(x) - 1}{x} = \lim\limits_{x \to 0^+} \dfrac{e^{-x} - 1}{x} = -1 \neq 1$,故(D)

不正确.应选(D).

4. 知识点: 0207 指数分布,0105 概率计算

解　由 $\int_{-\infty}^{+\infty} f(x) \mathrm{d}x = \int_{\lambda}^{+\infty} k e^{-x} \mathrm{d}x = 1$ 得 $k = e^{\lambda}$,所以

$$f(x) = \begin{cases} e^{\lambda - x}, & x \geqslant \lambda, \\ 0, & x < \lambda, \end{cases}$$ 故

$$P\{\lambda < X < \lambda + a\} = \int_{\lambda}^{\lambda + a} e^{\lambda - x} \mathrm{d}x = 1 - e^{-a}.$$

故选(B).

5. 知识点: 0204 泊松分布,0207 均匀分布、指数分布、正态分布,0208 随机变量函数的分布

解　若 $X \sim P(\lambda)$,则 X 的取值为 $0,1,2,\cdots$,此时 $2X$ 的取值为 $0,2,4,\cdots$,故 $2X \sim P(2\lambda)$ 不正确.

另外可以直接计算或利用常见分布的性质知(B),(C),(D)均正确.应选(A).

【注释】本题牵涉常见分布的性质.如果熟悉常见分布的性质,则问题就变得很简单.

二、填空题

6. 知识点: 无穷级数求和,0203 离散型随机变量分布律的性质

分析　本题随机变量 X 的取值为可列无穷多个情形,所以利用分布律的性质,将问题转化为无穷级数求和来解决.

解　由分布律的性质知 $\sum\limits_{k=1}^{\infty} \dfrac{a}{k(k+1)} = 1$,而

$$\sum_{k=1}^{\infty} \frac{1}{k(k+1)} = \lim_{n \to \infty} \sum_{k=1}^{n} \frac{1}{k(k+1)}$$

$$= \lim_{n \to \infty} \sum_{k=1}^{n} \left(\frac{1}{k} - \frac{1}{k+1} \right)$$

$$= \lim_{n \to \infty} \left(1 - \frac{1}{n+1} \right) = 1,$$

故解得 $a = 1$.

7. 知识点: 0207 均匀分布,0105 概率计算

分析　一维均匀分布随机变量的概率计算为相应的区间长度之比.

解　由 $P\{X \geq 1\} = \frac{1}{2}$ 知 $\frac{a+b}{2} = 1$.

由 $P\{-2 \leq X \leq 2\} = \frac{3}{4}$ 得

（1）$a < 2 < b$. 显然有 $a < \frac{a+b}{2} = 1 < 2$.（如果 $b \leq 2$，则 $P\{-2 \leq X \leq 2\} = 1$，矛盾.）

（2）$a > -2$.（如果 $a \leq -2$，则 $P\{-2 \leq X \leq 2\} = \frac{2-(-2)}{b-a} = \frac{4}{b-a} = \frac{3}{4}$，与 $\frac{a+b}{2} = 1$ 联立解得 $b = \frac{11}{3}$，$a = -\frac{5}{3} > -2$，矛盾.）

因此

$$P\{-2 \leq X \leq 2\} = P\{a \leq X \leq 2\} = \frac{2-a}{b-a} = \frac{3}{4},$$

与 $\frac{a+b}{2} = 1$ 联立解得 $b = 3$，$a = -1$，所以区间 $[a, b]$ 为 $[-1, 3]$.

8. 知识点：一元二次方程的根，0105 概率计算

分析　一元二次方程有实根的充要条件为判别式 $\Delta \geq 0$.

解　方程 $x^2 + x + X = 0$ 有实根的概率为

$$P\{1^2 - 4X \geq 0\} = P\left\{X \leq \frac{1}{4}\right\} = \int_{-\infty}^{\frac{1}{4}} f(x)\,dx$$
$$= \int_0^{\frac{1}{4}} 2x\,dx = \frac{1}{16}.$$

9. 知识点：0208 随机变量函数的分布，0202 分布函数法

解　Y 的分布函数为
$$F_Y(y) = P\{Y \leq y\} = P\{4X - 1 \leq y\}$$
$$= P\left\{X \leq \frac{y+1}{4}\right\} = \int_{-\infty}^{\frac{y+1}{4}} f(x)\,dx,$$

所以 Y 的密度函数为
$$f_Y(y) = F_Y'(y) = f\left(\frac{y+1}{4}\right) \times \frac{1}{4} = \frac{1}{4}f\left(\frac{y+1}{4}\right).$$

10. 知识点：0205 泊松分布，0208 随机变量函数的分布，0203 离散型随机变量

分析　虽然 X 为连续型随机变量，但由于 $Y = [X]$ 的取值为 $0, 1, 2, \cdots$，所以 Y 为离散型随机变量.

解　由于 X 的密度函数为 $f_X(x) = \begin{cases} e^{-x}, & x \geq 0, \\ 0, & x < 0, \end{cases}$
所以 Y 的分布律为
$$P\{Y = k\} = P\{[X] = k\} = P\{k \leq X < k+1\}$$
$$= \int_k^{k+1} e^{-x}\,dx = e^{-k}(1 - e^{-1}), k = 0, 1, 2, \cdots.$$

三、解答题

11. 知识点：0203 分布律的性质，0202 分布函数，0108 条件概率

解　（1）由 $4P\{X = 0\} = P\{|X| = 1\}$ 得 $4a = 0.2 + b$，由分布律的性质得 $0.2 + a + b = 1$，解得 $a = 0.2$，$b = 0.6$.

（2）由于 $X \sim \begin{pmatrix} -1 & 0 & 1 \\ 0.2 & 0.2 & 0.6 \end{pmatrix}$，所以 X 的分布函数为 $F(x) = P\{X \leq x\} = \begin{cases} 0, & x < -1, \\ 0.2, & -1 \leq x < 0, \\ 0.4, & 0 \leq x < 1, \\ 1, & x \geq 1. \end{cases}$

（3）$P\{X \leq 0 \mid X \geq 0\} = \frac{P\{X \leq 0, X \geq 0\}}{P\{X \geq 0\}} = \frac{P\{X = 0\}}{P\{X = 0\} + P\{X = 1\}} = \frac{0.2}{0.2 + 0.6} = \frac{1}{4}.$

12. 知识点：0105 概率计算，0204 二项分布

分析　通过实际背景，判断出 Y_n 服从二项分布.

解　在 n 次独立重复试验中，事件 $\left\{X \leq \frac{\pi}{6}\right\}$ 发生的次数 $Y_n \sim B(n, p)$，其中参数
$$p = P\left\{X \leq \frac{\pi}{6}\right\} = \int_{-\infty}^{\frac{\pi}{6}} f(x)\,dx = \int_0^{\frac{\pi}{6}} \cos x\,dx = \frac{1}{2},$$

故 $Y_n \sim B\left(n, \frac{1}{2}\right)$，即 Y_n 的分布律为
$$P\{Y_n = k\} = C_n^k \left(\frac{1}{2}\right)^k \times \left(1 - \frac{1}{2}\right)^{n-k}$$

$$= \frac{1}{2^n} C_n^k, k = 0, 1, 2, \cdots, n.$$

进而 $P\{Y_3 = 2\} = \frac{1}{2^3} C_3^2 = \frac{3}{8}.$

13. **知识点**: 0105 概率的性质, 0111 事件独立性

（1）**证** 如果 $a \le 0$, 则 $P(A) = P(B) = 1$, 所以 $P(A \cup B) = 1$, 与 $P(A \cup B) = \frac{3}{4}$ 矛盾.

如果 $a \ge 2$, 则 $P(A) = P(B) = 0$, 所以 $P(AB) = 0$, 进而 $P(A \cup B) = 0$, 与 $P(A \cup B) = \frac{3}{4}$ 矛盾.

综上 a 应满足 $0 < a < 2$.

（2）**解** 由于 X 和 Y 服从同一分布, 所以 $P(A) = P(B)$. 又 A 和 B 相互独立, 知 $P(AB) = P(A)P(B)$, 且

$$P(A \cup B) = P(A) + P(B) - P(AB)$$
$$= 2P(A) - [P(A)]^2 = \frac{3}{4},$$

或

$$P(\overline{A}\,\overline{B}) = P(\overline{A})P(\overline{B}) = [P(\overline{A})]^2 = \frac{1}{4},$$

解得 $P(A) = \frac{1}{2}$. 又

$$P(A) = P\{X > a\} = \int_a^{+\infty} f(x) \mathrm{d}x = \frac{3}{8} \int_a^2 x^2 \mathrm{d}x$$
$$= \frac{1}{8} x^3 \Big|_a^2 = 1 - \frac{a^3}{8} = \frac{1}{2},$$

解得 $a = \sqrt[3]{4}$.

14. **知识点**: 0207 正态分布

分析 本题先求出正态分布的参数 σ^2, 然后计算所求概率.

解 由题意, 设 $X \sim N(72, \sigma^2)$, 所以

$$P\{X > 96\} = P\left\{\frac{X - 72}{\sigma} > \frac{24}{\sigma}\right\}$$
$$= 1 - \Phi\left(\frac{24}{\sigma}\right) = 0.023,$$

$\Phi\left(\frac{24}{\sigma}\right) = 0.977 = \Phi(2)$, 由于 $\Phi(x)$ 为单调增加函数, 所以 $\frac{24}{\sigma} = 2, \sigma = 12.$

由于 $X \sim N(72, 12^2)$, 所以

$$P\{60 < X < 84\} = P\left\{-1 < \frac{X - 72}{12} < 1\right\}$$
$$= \Phi(1) - \Phi(-1) = 2\Phi(1) - 1$$
$$= 2 \times 0.841 - 1 = 0.682.$$

【**注释**】$\Phi(1) = 0.841, \Phi(2) = 0.977.$

15. **知识点**: 0105 概率计算, 0207 指数分布, 0111 独立性

解 设 X_i 表示第 i 个元件的寿命, A_i 表示在仪器使用的最初的 200 小时内第 i 个元件损坏, $i = 1, 2, 3$, 由题意知 A_1, A_2, A_3 相互独立, 且

$$P(\overline{A_i}) = P\{X_i \ge 200\} = \int_{200}^{+\infty} \frac{1}{600} \mathrm{e}^{-\frac{x}{600}} \mathrm{d}x$$
$$= \mathrm{e}^{-\frac{1}{3}}, i = 1, 2, 3,$$

因此, 所求概率

$$p = P(A_1 \cup A_2 \cup A_3) = 1 - P(\overline{A_1}\,\overline{A_2}\,\overline{A_3})$$
$$= 1 - P(\overline{A_1})P(\overline{A_2})P(\overline{A_3}) = 1 - (\mathrm{e}^{-\frac{1}{3}})^3$$
$$= 1 - \mathrm{e}^{-1}.$$

16. **知识点**: 0207 正态分布, 0208 随机变量函数的分布, 0202 分布函数法

分析 本题可以采用分布函数法求, 或者利用公式法证明.

证法 1 "$\Rightarrow$" $F_U(u) = P\{U \le u\} = P\{\ln X \le u\} = P\{X \le \mathrm{e}^u\} = F_X(\mathrm{e}^u).$

$$f_U(u) = F_U'(u) = f_X(\mathrm{e}^u) \cdot \mathrm{e}^u = \frac{1}{\sqrt{2\pi}\,\sigma \mathrm{e}^u} \mathrm{e}^{-\frac{(u-\mu)^2}{2\sigma^2}} \cdot \mathrm{e}^u$$
$$= \frac{1}{\sqrt{2\pi}\,\sigma} \mathrm{e}^{-\frac{(u-\mu)^2}{2\sigma^2}}, \quad -\infty < u < +\infty,$$

故 $U \sim N(\mu, \sigma^2)$.

"$\Leftarrow$" $F_X(x) = P\{X \le x\} = P\{\mathrm{e}^U \le x\}$, 当 $x \le 0$ 时, $F_X(x) = 0$; 当 $x > 0$ 时, $F_X(x) = P\{U \le \ln x\} = \int_{-\infty}^{\ln x} \frac{1}{\sqrt{2\pi}\,\sigma} \mathrm{e}^{-\frac{(t-\mu)^2}{2\sigma^2}} \mathrm{d}t$. 则

$$f_X(x) = F_X'(x) = \begin{cases} \dfrac{1}{\sqrt{2\pi}\,\sigma x} \mathrm{e}^{-\frac{(\ln x - \mu)^2}{2\sigma^2}}, & x > 0, \\ 0, & x \le 0. \end{cases}$$

所以 X 服从参数为 (μ,σ^2) 的对数正态分布.

证法 2　"$\Rightarrow$" $u=\ln x$ 的反函数为 $x=e^u$，且 $\dfrac{\mathrm{d}x}{\mathrm{d}u}=$

e^u，所以 U 的密度函数为

$$f_U(u)=f_X(e^u)\,|\,e^u\,|\ =\frac{1}{\sqrt{2\pi}\,\sigma e^u}e^{-\frac{(u-\mu)^2}{2\sigma^2}}\cdot e^u$$

$$=\frac{1}{\sqrt{2\pi}\,\sigma}e^{-\frac{(u-\mu)^2}{2\sigma^2}},\ -\infty<u<+\infty,$$

故 $U\sim N(\mu,\sigma^2)$.

"$\Leftarrow$" $X=e^U$ 的取值范围为 $(0,+\infty)$. $x=e^u$ 的反函

数为 $u=\ln x$，且 $\dfrac{\mathrm{d}u}{\mathrm{d}x}=\dfrac{1}{x}$，所以 X 的密度函数为

$$f_X(x)=\begin{cases}f_U(\ln x)\,\left|\,\dfrac{1}{x}\,\right|,&x>0,\\[2mm]0,&x\leqslant 0,\end{cases}$$

$$=\begin{cases}\dfrac{1}{\sqrt{2\pi}\,\sigma x}e^{-\frac{(\ln x-\mu)^2}{2\sigma^2}},&x>0,\\[3mm]0,&x\leqslant 0,\end{cases}$$

所以 X 服从参数为 (μ,σ^2) 的对数正态分布.

【注释】本题中 $U=\ln X$ 或 $X=e^U$ 为单调函数，因此可采用分布函数法求，或者利用公式法证明.如果随机变量的函数不是单调函数，通常采用分布函数法求解.

17. 知识点：0202 分布函数法,0110 全概率公式,0207 均匀分布

解　由全概率公式，Y 的分布函数为

$$F_Y(y)=P\{Y\leqslant y\}=P\{X=1\}P\{Y\leqslant y\mid X=1\}$$
$$+P\{X=2\}P\{Y\leqslant y\mid X=2\}$$

$$=\frac{1}{2}P\{Y\leqslant y\mid X=1\}+\frac{1}{2}P\{Y\leqslant y\mid X=2\}.$$

当 $y<0$ 时，

$$P\{Y\leqslant y\mid X=1\}=0,P\{Y\leqslant y\mid X=2\}=0；$$

当 $0\leqslant y<1$ 时，

$$P\{Y\leqslant y\mid X=1\}=y,P\{Y\leqslant y\mid X=2\}=\frac{1}{2}y；$$

当 $1\leqslant y<2$ 时，

$$P\{Y\leqslant y\mid X=1\}=1,P\{Y\leqslant y\mid X=2\}=\frac{1}{2}y；$$

当 $y\geqslant 2$ 时，

$$P\{Y\leqslant y\mid X=1\}=1,P\{Y\leqslant y\mid X=2\}=1,$$

所以

$$F_Y(y)=\begin{cases}0,&y<0,\\[2mm]\dfrac{1}{2}y+\dfrac{1}{2}\times\dfrac{1}{2}y,&0\leqslant y<1,\\[2mm]\dfrac{1}{2}\times 1+\dfrac{1}{2}\times\dfrac{1}{2}y,&1\leqslant y<2,\\[2mm]1,&y\geqslant 2\end{cases}$$

$$=\begin{cases}0,&y<0,\\[2mm]\dfrac{3}{4}y,&0\leqslant y<1,\\[2mm]\dfrac{1}{2}+\dfrac{1}{4}y,&1\leqslant y<2,\\[2mm]1,&y\geqslant 2,\end{cases}$$

进而 Y 的密度函数为

$$f_Y(y)=F_Y'(y)=\begin{cases}\dfrac{3}{4},&0\leqslant y<1,\\[2mm]\dfrac{1}{4},&1\leqslant y<2,\\[2mm]0,&其他.\end{cases}$$

第二章　随机变量及其分布同步测试（B 卷）习题精解

一、单项选择题

题号	1	2	3	4	5
答案	(A)	(A)	(D)	(C)	(D)

1. 知识点：0206 密度函数的性质,0202 分布函数的

性质,0206 分布函数与密度函数之间的关系

解　$f(2x)\geqslant 0$，但 $\displaystyle\int_{-\infty}^{+\infty}f(2x)\mathrm{d}x\xlongequal{t=2x}\int_{-\infty}^{+\infty}f(t)\frac{1}{2}\mathrm{d}t=$

$\dfrac{1}{2}$，(A) 不正确；进而可知 $2f(2x)$ 为某随机变量的

密度函数,故选(A).事实上,$f(x+1) \geqslant 0$,

$$\int_{-\infty}^{+\infty} f(x+1) \mathrm{d}x \xlongequal{t=x+1} \int_{-\infty}^{+\infty} f(t) \mathrm{d}t = 1,$$

(B)正确.

$$\int_{-\infty}^{x} 2f(2t) \mathrm{d}t = \int_{-\infty}^{x} f(2t) \mathrm{d}(2t) = F(2t) \Big|_{-\infty}^{x} = F(2x),$$

(C)正确.

$$\int_{-\infty}^{x} f(t+1) \mathrm{d}t = \int_{-\infty}^{x} f(t+1) \mathrm{d}(t+1)$$
$$= F(t+1) \Big|_{-\infty}^{x} = F(x+1),$$

(D)正确.

2. 知识点:0108 条件概率的计算,0204 常见分布,0207 指数分布的无记忆性

解 ① 由指数分布的无记忆性,
$$P\{X > s+t \mid X > s\} = P\{X > t\},$$
与 s 无关,正确.

② X 的分布律为 $P\{X=k\} = p(1-p)^{k-1}$,$k=1$,$2,\cdots$,所以

$$P\{X > m+n \mid X > m\} = \frac{P\{X > m+n, X > m\}}{P\{X > m\}}$$

$$= \frac{P\{X > m+n\}}{P\{X > m\}} = \frac{\sum\limits_{k=m+n+1}^{\infty} p(1-p)^{k-1}}{\sum\limits_{k=m+1}^{\infty} p(1-p)^{k-1}}$$

$$= \frac{(1-p)^{m+n}}{(1-p)^m} = (1-p)^n,$$

与 m 无关,正确.故选(A).

3. 知识点:0206 连续型随机变量取任意一点的概率为 0

分析 概率为 0 的事件未必是不可能事件,概率为 1 的事件未必是必然事件.

解 设 $X \sim U[0,1]$.取 $A = \{X=0\} \cup \{X=1\}$,$B = \{0 < X \leqslant 1\}$,则 $P(A) = 0$,$P(B) = 1$,但是 $A \neq \varnothing$,$B \neq \Omega$,排除(A);$A \not\subset B$,排除(B);$AB = \{X=1\} \neq \varnothing$,排除(C).

因为 $P(A) = 0$,且 $AB \subset A$,所以 $0 \leqslant P(AB) \leqslant P(A) = 0$,得 $P(AB) = 0$,所以 $P(B-A) = P(B) -$

$P(AB) = 1 - 0 = 1$,(D)正确.

【易错点】 对于某些同学而言,如不仔细审题,可能觉得(A),(B),(C),(D)都正确,甚至怀疑题目有误.

4. 知识点:0202 分布函数

分析 $P\{X = x_0\} = F(x_0) - \lim\limits_{x \to x_0^-} F(x)$.

解 $P\{X = 1\} = F(1) - \lim\limits_{x \to 1^-} F(x)$

$$= (1 - e^{-1}) - \frac{1}{2} = \frac{1}{2} - e^{-1}.$$

应选(C).

5. 知识点:0204 0-1 分布,0207 均匀分布,0207 正态分布,0203 离散型随机变量函数的分布

解 由 $X \sim \begin{pmatrix} 0 & 1 \\ \dfrac{1}{2} & \dfrac{1}{2} \end{pmatrix}$,可求得

$$1 - X \sim \begin{pmatrix} 1-0 & 1-1 \\ \dfrac{1}{2} & \dfrac{1}{2} \end{pmatrix},$$

即 $1 - X \sim \begin{pmatrix} 0 & 1 \\ \dfrac{1}{2} & \dfrac{1}{2} \end{pmatrix}$.

由 $X \sim U(-1,2)$,可得 $1 - X \sim U(1-2, 1-(-1))$,即 $1 - X \sim U(-1, 2)$.

由 $X \sim N\left(\dfrac{1}{2}, 1\right)$,可求得

$$1 - X \sim N\left(1 - \frac{1}{2}, (-1)^2\right),$$

即 $1 - X \sim N\left(\dfrac{1}{2}, 1\right)$.

可见对于上述三个分布,均有 X 与 $1-X$ 服从同一分布.应选(D).

二、填空题

6. 知识点:0205 泊松分布

分析 利用 $P\{X=1\} = P\{X=2\}$ 求出 λ,再计算 $P\{X=3\}$.

解 由 $P\{X=1\} = P\{X=2\}$ 得 $\dfrac{\lambda}{1!} e^{-\lambda} = \dfrac{\lambda^2}{2!} e^{-\lambda}$,

$2\lambda = \lambda^2$,考虑到 $\lambda > 0$,所以 $\lambda = 2$.因此 $X \sim P(2)$,

故 $P\{X = 3\} = \dfrac{2^3}{3!}e^{-2} = \dfrac{4}{3}e^{-2}$.

7. 知识点：0204 二项分布

解法 1　利用结论,设 $X \sim B(n,p)$,则 $P\{X = [(n+1)p]\}$ 最大,其中 $[\cdot]$ 表示取整函数.由此

$$m = [(13 + 1) \times 0.3] = 4.$$

解法 2　$P\{X = k\} - P\{X = k - 1\}$

$$= C_{13}^k 0.3^k 0.7^{13-k} - C_{13}^{k-1} 0.3^{k-1} 0.7^{13-k+1}$$

$$= \frac{13!}{k!(14-k)!} 0.3^{k-1} 0.7^{13-k}(4.2 - k)$$

$$\begin{cases} \geqslant 0, & k \leqslant 4.2, \\ \leqslant 0, & k > 4.2, \end{cases} k = 1,2,\cdots,13.$$

故 $P\{X = 0\}, P\{X = 1\},\cdots, P\{X = 4\}$ 单调增加,$P\{X = 4\}, P\{X = 5\},\cdots, P\{X = 13\}$ 单调减少,所以 $P\{X = 4\}$ 最大,故 $m = 4$.

8. 知识点：积分计算,0207 正态分布

分析　这是高等数学中的积分问题.由于被积函数的原函数不能用初等函数表示,因此利用高等数学方法求解有点复杂.这里介绍利用概率论中密度函数性质来计算的方法.

解法 1　利用分部积分法,

$$\int_{-\infty}^{+\infty} x^2 e^{-\frac{1}{2}x^2} dx = -\int_{-\infty}^{+\infty} x e^{-\frac{1}{2}x^2} d\left(-\frac{1}{2}x^2\right)$$

$$= -\int_{-\infty}^{+\infty} x d(e^{-\frac{1}{2}x^2})$$

$$= -x e^{-\frac{1}{2}x^2}\Big|_{-\infty}^{+\infty} + \int_{-\infty}^{+\infty} e^{-\frac{1}{2}x^2} dx$$

$$= \int_{-\infty}^{+\infty} e^{-\frac{1}{2}x^2} dx.$$

由于 $\dfrac{1}{\sqrt{2\pi}} e^{-\frac{1}{2}x^2}$ 为 $N(0,1)$ 的密度函数,所以

$$\int_{-\infty}^{+\infty} \frac{1}{\sqrt{2\pi}} e^{-\frac{1}{2}x^2} dx = 1,$$

进而

$$\int_{-\infty}^{+\infty} x^2 e^{-\frac{1}{2}x^2} dx = \sqrt{2\pi} \int_{-\infty}^{+\infty} \frac{1}{\sqrt{2\pi}} e^{-\frac{1}{2}x^2} dx = \sqrt{2\pi}.$$

解法 2　$\displaystyle\int_{-\infty}^{+\infty} x^2 e^{-\frac{1}{2}x^2} dx = \sqrt{2\pi} \int_{-\infty}^{+\infty} x^2 \frac{1}{\sqrt{2\pi}\cdot 1} e^{-\frac{x^2}{2\cdot 1^2}} dx$

$$= \sqrt{2\pi} E(X^2)\ (\text{注：其中 } X \sim N(0,1))$$

$$= \sqrt{2\pi}[DX + (EX)^2] = \sqrt{2\pi}(1 + 0^2) = \sqrt{2\pi}.$$

【注释】解法 1 在概率论中经常运用,解法 2 用到第四章的知识.

9. 知识点：0207 指数分布

解　$P\left\{\max\left\{X, \dfrac{1}{X}\right\} \leqslant 2\right\} = P\left\{X \leqslant 2, \dfrac{1}{X} \leqslant 2\right\}$

$$= P\left\{\frac{1}{2} \leqslant X \leqslant 2\right\} = \int_{\frac{1}{2}}^{2} e^{-x} dx = e^{-\frac{1}{2}} - e^{-2}.$$

10. 知识点：0208 随机变量函数的分布,0202 分布函数法

解法 1　当 $y \in (0,4)$ 时,

$$F_Y(y) = P\{Y \leqslant y\} = P\{X^2 \leqslant y\} = P\{X \leqslant \sqrt{y}\} = \frac{\sqrt{y}}{2},$$

所以 Y 在 $(0,4)$ 内的密度函数为 $f_Y(y) = F_Y'(y) = \dfrac{1}{4\sqrt{y}}$.

解法 2　X 的密度函数为

$$f_X(x) = \begin{cases} \dfrac{1}{2}, & 0 < x < 2, \\ 0, & 其他. \end{cases}$$

$y = x^2$ 在 $(0,2)$ 内的反函数为 $x = \sqrt{y}, \dfrac{dx}{dy} = \dfrac{1}{2\sqrt{y}}$,所以 Y 在 $(0,4)$ 内的密度函数为

$$f_Y(y) = f_X(\sqrt{y}) \left|\frac{dx}{dy}\right| = \frac{1}{2} \times \frac{1}{2\sqrt{y}} = \frac{1}{4\sqrt{y}}.$$

三、解答题

11. 知识点：0206 密度函数的性质,0105 概率计算,0202 分布函数

解　(1) 由密度函数性质,可得

$$\int_{-\infty}^{+\infty} f(x) dx = k\int_{-\infty}^{+\infty} e^{-|x|} dx = 2k\int_{0}^{+\infty} e^{-x} dx$$

$$= -2k e^{-x}\Big|_{0}^{+\infty} = 2k = 1,$$

解得 $k = \dfrac{1}{2}$,故 $f(x) = \dfrac{1}{2}e^{-|x|}, -\infty < x < +\infty$.

(2) $P\{0 < X < \ln 2\} = \displaystyle\int_{0}^{\ln 2} f(x) dx =$

$$\int_0^{\ln 2} \frac{1}{2}e^{-|x|}dx = \frac{1}{2}\int_0^{\ln 2} e^{-x}dx = -\frac{1}{2}e^{-x}\Big|_0^{\ln 2} = \frac{1}{4}.$$

$$(3)\ F(x) = \int_{-\infty}^x f(t)dt = \frac{1}{2}\int_{-\infty}^x e^{-|t|}dt$$

$$= \begin{cases} \dfrac{1}{2}\displaystyle\int_{-\infty}^x e^t dt, & x < 0, \\[2mm] \dfrac{1}{2}\displaystyle\int_{-\infty}^0 e^t dt + \dfrac{1}{2}\displaystyle\int_0^x e^{-t}dt, & x \geqslant 0 \end{cases}$$

$$= \begin{cases} \dfrac{1}{2}e^x, & x < 0, \\[2mm] \dfrac{1}{2} + \dfrac{1}{2}(1 - e^{-x}), & x \geqslant 0 \end{cases}$$

$$= \begin{cases} \dfrac{1}{2}e^x, & x < 0, \\[2mm] 1 - \dfrac{1}{2}e^{-x}, & x \geqslant 0. \end{cases}$$

12. 知识点：0202 分布函数，0203 离散型随机变量，0208 随机变量函数的分布

分析 由于 X 的分布函数为阶梯函数，所以 X 为离散型随机变量.

解

$$P\{X = -1\} = F(-1) - F(-1 - 0) = 0.2 - 0 = 0.2,$$
$$P\{X = 0\} = F(0) - F(0 - 0) = 0.4 - 0.2 = 0.2,$$
$$P\{X = 1\} = F(1) - F(1 - 0) = 1 - 0.4 = 0.6,$$

所以 X 的分布律为 $X \sim \begin{pmatrix} -1 & 0 & 1 \\ 0.2 & 0.2 & 0.6 \end{pmatrix}$，即

X	-1	0	1
P	0.2	0.2	0.6

下面列表计算

X	-1	0	1
P	0.2	0.2	0.6
$Y = X^2$	1	0	1
$Z = F(X)$	0.2	0.4	1

所以 $Y \sim \begin{pmatrix} 0 & 1 \\ 0.2 & 0.8 \end{pmatrix}$，$Z \sim \begin{pmatrix} 0.2 & 0.4 & 1 \\ 0.2 & 0.2 & 0.6 \end{pmatrix}$，因此 $Y = X^2$ 和 $Z = F(X)$ 的分布函数分别为

$$F_Y(y) = \begin{cases} 0, & y < 0, \\ 0.2, & 0 \leqslant y < 1, \\ 1, & y \geqslant 1, \end{cases}$$

$$F_Z(z) = \begin{cases} 0, & z < 0.2, \\ 0.2, & 0.2 \leqslant z < 0.4, \\ 0.4, & 0.4 \leqslant z < 1, \\ 1, & z \geqslant 1. \end{cases}$$

13. 知识点：0207 正态分布，0105 概率计算，0111 全概率公式，0111 贝叶斯公式

解 （1）设事件 A_1, A_2, A_3 分别表示电压"不超过 200V""200V ~ 240V"和"超过 240V"，B 表示"该电子元件损坏"，则

$$P(A_1) = P\{X \leqslant 200\} = \Phi\left(\frac{200 - 220}{25}\right) = \Phi(-0.8)$$
$$= 1 - \Phi(0.8) = 0.212,$$
$$P(A_2) = P\{200 < X \leqslant 240\} = \Phi(0.8) - \Phi(-0.8)$$
$$= 2\Phi(0.8) - 1 = 0.576,$$
$$P(A_3) = P\{X > 240\} = 1 - \Phi(0.8)$$
$$= 0.212\,(\Phi(0.8) = 0.788);$$

又 $P(B|A_1) = 0.1, P(B|A_2) = 0.001, P(B|A_3) = 0.2$，由全概率公式可得

$$\alpha = P(B) = \sum_{k=1}^3 P(A_k)P(B|A_k)$$
$$= 0.212 \times 0.1 + 0.576 \times 0.001 + 0.212 \times 0.2$$
$$\approx 0.0642.$$

（2）由贝叶斯公式可得

$$\beta = P(A_2|B) = \frac{P(A_2)P(B|A_2)}{P(B)}$$
$$\approx \frac{0.576 \times 0.001}{0.0642} \approx 0.009.$$

14. 知识点：0206 密度函数，0202 分布函数，0105 概率计算

解 当 $x \leqslant 0$ 时，由 $f(x) + F(x) = k_1$ 及 $F(x)$ 连续知 $f(x) = k_1 - F(x)$ 连续，进而 $F(x) = \int_{-\infty}^x f(t)dt$ 可导，且 $F'(x) = f(x)$. 故有 $F'(x) + F(x) = k_1$. 解得

$$F(x) = k_1 - C_1 e^{-x}, \quad x \leqslant 0.$$

由于 $\lim\limits_{x\to-\infty} F(x) = \lim\limits_{x\to-\infty}(k_1 - C_1 e^{-x}) = 0$，所以有 $C_1 = 0$ 和 $k_1 = 0$.得 $F(x) = 0, x \leqslant 0$.

同理，当 $x > 0$ 时，$F(x) = \int_{-\infty}^{x} f(t)\,\mathrm{d}t$ 也可导，且 $F'(x) = f(x)$.由 $F'(x) + F(x) = k_2$，解得 $F(x) = k_2 - C_2 e^{-x}$.由 $\lim\limits_{x\to+\infty} F(x) = \lim\limits_{x\to+\infty}(k_2 - C_2 e^{-x}) = 1$ 得 $k_2 = 1$.

故 $F(x) = 1 - C_2 e^{-x}$.又 $F(x)$ 连续，所以 $\lim\limits_{x\to0^+} F(x) = F(0)$，得 $1 - C_2 = 0$，即 $C_2 = 1$.得

$$F(x) = 1 - e^{-x}, x > 0.$$

由上知 $F(x) = \begin{cases} 0, & x \leqslant 0, \\ 1 - e^{-x}, & x > 0, \end{cases}$ 所以

$$f(x) = F'(x) = \begin{cases} 0, & x \leqslant 0, \\ e^{-x}, & x > 0. \end{cases}$$

15. 知识点： 0205 泊松分布，0206 密度函数

解　由于 $N(t) \sim P(\lambda t)$，所以

$$P\{N(t) = k\} = \frac{(\lambda t)^k}{k!} e^{-\lambda t}, k = 0, 1, 2, \cdots.$$

记 T 的分布函数为 $F(t)$.

当 $t < 0$ 时，由于 T 非负，故 $F(t) = P\{T \leqslant t\} = 0$；

当 $t \geqslant 0$ 时，由于 $\{T > t\} = \{N(t) = 0\}$，故

$$F(t) = P\{T \leqslant t\} = 1 - P\{T > t\}$$
$$= 1 - P\{N(t) = 0\} = 1 - e^{-\lambda t},$$

所以 T 的分布函数为 $F(t) = \begin{cases} 1 - e^{-\lambda t}, & t \geqslant 0, \\ 0, & t < 0, \end{cases}$ 进而其密度函数为

$$f(t) = F'(t) = \begin{cases} \lambda e^{-\lambda t}, & t \geqslant 0, \\ 0, & t < 0. \end{cases}$$

16. 知识点： 0208 随机变量函数的分布，0202 分布函数法，0207 指数分布

分析　首先 $Y = X - [X]$ 并非单调函数，故采用分布函数法.另外要关注到 $0 \leqslant Y < 1$ 及 $[X]$ 为离散型随机变量.

解　$Y = X - [X]$ 的分布函数为 $F_Y(y) = P\{Y \leqslant y\} = P\{X - [X] \leqslant y\}$.

当 $y < 0$ 时，$F_Y(y) = 0$；当 $0 \leqslant y < 1$ 时，

$$F_Y(y) = P\{[X] = 0, X - [X] \leqslant y\}$$
$$+ P\{[X] = 1, X - [X] \leqslant y\}$$
$$+ P\{[X] = 2, X - [X] \leqslant y\} + \cdots$$
$$= P\{0 \leqslant X \leqslant y\} + P\{1 \leqslant X \leqslant 1 + y\}$$
$$+ P\{2 \leqslant X \leqslant 2 + y\} + \cdots$$
$$= \int_0^y e^{-x}\,\mathrm{d}x + \int_1^{1+y} e^{-x}\,\mathrm{d}x + \int_2^{2+y} e^{-x}\,\mathrm{d}x + \cdots$$
$$= (1 - e^{-y}) + (e^{-1} - e^{-(1+y)}) + (e^{-2} - e^{-(2+y)}) + \cdots$$
$$= (1 - e^{-y})(1 + e^{-1} + e^{-2} + \cdots) = \frac{1 - e^{-y}}{1 - e^{-1}};$$

当 $y \geqslant 1$ 时，$F_Y(y) = 1$，所以

$$f_Y(y) = F'_Y(y) = \begin{cases} \dfrac{e^{-y}}{1 - e^{-1}}, & 0 \leqslant y < 1, \\ 0, & 其他. \end{cases}$$

17. 知识点： 0208 随机变量函数的分布，0202 分布函数法

解　$F_Y(y) = P\{Y \leqslant y\} = P\{F(X) \leqslant y\}$.

当 $y < 0$ 时，$F_Y(y) = 0$；

当 $0 \leqslant y < \dfrac{1}{2}$ 时，

$$F_Y(y) = P\{X \leqslant 2y\} = F(2y) = y;$$

当 $\dfrac{1}{2} \leqslant y < 1$ 时，

$$F_Y(y) = P\{X < 1\} = F(1 - 0) = \frac{1}{2};$$

当 $y \geqslant 1$ 时，$F_Y(y) = 1$，综上可得

$$F_Y(y) = \begin{cases} 0, & y < 0, \\ y, & 0 \leqslant y < \dfrac{1}{2}, \\ \dfrac{1}{2}, & \dfrac{1}{2} \leqslant y < 1, \\ 1, & y \geqslant 1. \end{cases}$$

【注释】本题中随机变量 X 既非连续型随机变量，也非离散型随机变量，但不影响运用分布函数法求解.

第三章　多维随机变量及其分布同步测试(A卷)习题精解

一、单项选择题

题号	1	2	3	4	5
答案	(A)	(B)	(B)	(D)	(C)

1. 知识点: 0303 分布律的性质, 0304 分布函数

解　由分布律的性质知 $\frac{1}{4} + a + b + \frac{1}{6} = 1$, 所以

$a + b = \frac{7}{12}$. 又

$$F(0,1) = P\{X \leqslant 0, Y \leqslant 1\} = P\{X = 0, Y = 0\}$$
$$+ P\{X = 0, Y = 1\} = \frac{1}{4} + a = \frac{1}{2},$$

解得 $a = \frac{1}{4}, b = \frac{1}{3}$. 故选(A).

2. 知识点: 0303 分布律, 0111 独立性, 0109 乘法公式

解　由乘法公式

$$P\{X_1 = m, X_2 = n\}$$
$$= P\{X_1 = m\} P\{X_2 = n \mid X_1 = m\}$$
$$= (1 - p)^{m-1} p \times (1 - p)^{n-m-1} p$$
$$= p^2 (1 - p)^{n-2},$$

其中 $m = 1, 2, 3, \cdots; n = m + 1, m + 2, \cdots$. 应选(B).

3. 知识点: 0305 独立性, 0103 事件的关系, 0105 概率的性质

分析　本题的关键是判断事件的关系.

解　因为 X 和 Y 相互独立, 所以 $p_3 = P\{X \leqslant 1, Y \leqslant 1\}$. 又

$\{X^2 + Y^2 \leqslant 1\} \subset \{X \leqslant 1, Y \leqslant 1\} \subset \{X + Y \leqslant 2\}$,

故 $p_1 \leqslant p_3 \leqslant p_2$. 应选(B).

4. 知识点: 0202 分布函数的性质, 0206 密度函数的性质, 0305 随机变量的独立性

解　由于 $\int_{-\infty}^{+\infty} [f_1(x) + f_2(x)] \mathrm{d}x = 2$, 所以(A)不正确.

由于 $\lim_{x \to +\infty} [F_1(x) + F_2(x)] = 2$, 所以(C)不正确.

如果 $X_1 \sim U[0,1]$, $X_2 \sim U[2,3]$, 则 $f_1(x) f_2(x) = 0$, 所以(B)不正确. 应选(D).

【注释】 $F_1(x) F_2(x)$ 为 X 和 Y 相互独立时 $\max\{X, Y\}$ 的分布函数.

5. 知识点: 0307 随机变量函数的分布, 0304 分布函数法

解　$P\{\max\{X, Y\} \leqslant x\} = P\{X \leqslant x, Y \leqslant x\}$
$$= F(x, x).$$

应选(C).

【易错点】 由于忽略了独立性问题, 本题容易误选(A).

【注释】 $F_X(x) F_Y(x)$ 为 X 和 Y 相互独立时 $\max\{X, Y\}$ 的分布函数, $F_X(x) F_Y(y)$ 为 X 和 Y 相互独立时 (X, Y) 的分布函数, $F(x, y)$ 为 (X, Y) 的分布函数.

二、填空题(每小题 3 分, 共 15 分)

6. 知识点: 0303 二维离散型随机变量的分布律

解　由于 $Y = X^2$, 所以

$P\{X = -1, Y = 0\} = P\{X = 0, Y = 1\}$
$= P\{X = 1, Y = 0\} = 0.$

$P\{X = -1, Y = 1\} = P\{X = -1\} = \frac{1}{3}$,

$P\{X = 0, Y = 0\} = P\{X = 0\} = \frac{1}{3}$,

$P\{X = 1, Y = 1\} = P\{X = 1\} = \frac{1}{3}$,

从而 (X, Y) 的分布律为

$$(X, Y) \sim \begin{pmatrix} (-1,1) & (0,0) & (1,1) \\ \dfrac{1}{3} & \dfrac{1}{3} & \dfrac{1}{3} \end{pmatrix}.$$

7. 知识点: 0306 二维均匀分布, 0108 条件概率

解　由均匀分布的面积之比知 $P\left\{X < \frac{1}{2}\right\} = \frac{3}{4}$,

$$P\left\{X < \frac{1}{2}, Y > \frac{1}{2}\right\} = \frac{1}{2},\text{所以}$$

$$P\left\{Y > \frac{1}{2} \,\middle|\, X < \frac{1}{2}\right\} = \frac{P\left\{X < \frac{1}{2}, Y > \frac{1}{2}\right\}}{P\left\{X < \frac{1}{2}\right\}} = \frac{\dfrac{1}{2}}{\dfrac{3}{4}}$$

$$= \frac{2}{3}.$$

8. 知识点：0304 边缘密度函数,0304 条件密度函数

解 当 $y \leqslant 0$ 时,$f_Y(y) = 0$；当 $y > 0$ 时,$f_Y(y) = \int_y^{+\infty} e^{-x}\mathrm{d}x = e^{-y}$,故 $f_Y(y) = \begin{cases} e^{-y}, & y > 0, \\ 0, & y \leqslant 0, \end{cases}$ 所以,当 $y > 0$ 时,

$$f_{X|Y}(x \mid y) = \frac{f(x,y)}{f_Y(y)} = \begin{cases} e^{y-x}, & x > y, \\ 0, & x \leqslant y. \end{cases}$$

9. 知识点：0303 分布律

分析 由于 Z 只取 0 和 1 两个值,所以 Z 是离散型的.

解 由于 Z 是离散型随机变量,且

$$P\{Z = 1\} = P\{X > 0, Y > 0\}$$

$$= \int_0^1 \mathrm{d}x \int_0^1 \frac{1}{4}(1 + x)\mathrm{d}y$$

$$= \int_0^1 \frac{1}{4}(1 + x)\mathrm{d}x = \frac{3}{8},$$

$$P\{Z = 0\} = 1 - \frac{3}{8} = \frac{5}{8},$$

所以,Z 的分布律为 $Z \sim \begin{pmatrix} 0 & 1 \\ \dfrac{5}{8} & \dfrac{3}{8} \end{pmatrix}$.

10. 知识点：0306 二维正态分布,0306 二维正态分布的性质

分析 本题主要考查二维正态分布的性质.

解 由于 $\rho = 0$,因此 X 和 Y 相互独立.又 $X \sim N(0,1)$,$Y \sim N(0,1)$,故有 $X + Y \sim N(0,2)$.

三、解答题

11. 知识点：0303 分布律,0306 常见分布

解 （1）X 的密度函数为

$$f_X(x) = \begin{cases} 2e^{-2x}, & x > 0, \\ 0, & \text{其他}, \end{cases}$$

Y 的密度函数为

$$f_Y(y) = \begin{cases} e^{-y}, & y > 0, \\ 0, & \text{其他}. \end{cases}$$

又 X 和 Y 相互独立,所以

$$f(x,y) = f_X(x)f_Y(y) = \begin{cases} 2e^{-2x-y}, & x > 0, y > 0, \\ 0, & \text{其他}. \end{cases}$$

故

$$P\{U = 1, V = 1\} = P\{X \leqslant Y, 2X \leqslant Y\}$$

$$= P\{2X \leqslant Y\} = \int_0^{+\infty} \mathrm{d}x \int_{2x}^{+\infty} 2e^{-2x-y}\mathrm{d}y$$

$$= \int_0^{+\infty} 2e^{-4x}\mathrm{d}x = \frac{1}{2},$$

$$P\{U = 1, V = 0\} = P\{X \leqslant Y, 2X > Y\}$$

$$= P\{X \leqslant Y < 2X\} = \int_0^{+\infty} \mathrm{d}x \int_x^{2x} 2e^{-2x-y}\mathrm{d}y$$

$$= \int_0^{+\infty} 2e^{-2x}(e^{-x} - e^{-2x})\mathrm{d}x = \frac{2}{3} - \frac{1}{2} = \frac{1}{6},$$

$$P\{U = 0, V = 0\} = P\{X > Y, 2X > Y\}$$

$$= P\{X > Y\} = \int_0^{+\infty} \mathrm{d}x \int_0^x 2e^{-2x-y}\mathrm{d}y$$

$$= \int_0^{+\infty} 2e^{-2x}(1 - e^{-x})\mathrm{d}x = 1 - \frac{2}{3} = \frac{1}{3},$$

$$P\{U = 0, V = 1\} = 0.$$

因此 (U, V) 的分布律为

$$(U,V) \sim \begin{pmatrix} (0,0) & (0,1) & (1,0) & (1,1) \\ \dfrac{1}{3} & 0 & \dfrac{1}{6} & \dfrac{1}{2} \end{pmatrix}.$$

（2）$P\{X + Y \leqslant 1\} = \int_0^1 \mathrm{d}x \int_0^{1-x} 2e^{-2x-y}\mathrm{d}y$

$$= \int_0^1 2e^{-2x}(1 - e^{x-1})\mathrm{d}x$$

$$= \int_0^1 (2e^{-2x} - 2e^{-1-x})\mathrm{d}x$$

$$= 1 + \frac{1}{e^2} - \frac{2}{e},$$

$$P\{U + V \leqslant 1\} = 1 - P\{U = 1, V = 1\} = 1 - \frac{1}{2} = \frac{1}{2}.$$

12. 知识点：0303 分布律, 0305 独立性, 0303 边缘分布

解

X	Y			$P\{X=x_i\}$
	y_1	y_2	y_3	$=p_{i\cdot}$
x_1	$\frac{1}{24}$①	$\frac{1}{8}$	$\frac{1}{12}$⑥	$\frac{1}{4}$②
x_2	$\frac{1}{8}$	$\frac{3}{8}$⑤	$\frac{1}{4}$⑦	$\frac{3}{4}$③
$P\{Y=y_j\}$ $=p_{\cdot j}$	$\frac{1}{6}$	$\frac{1}{2}$④	$\frac{1}{3}$⑧	1

【注释】本题的计算次序很多，上表中的编号为一种计算次序.

13. 知识点：0303 联合分布律, 0305 独立性.

解 （1）由 $P\{X_1X_2=0\}=1$ 知, $P\{X_1X_2\neq 0\}=0$, 所以 $P\{X_1=-1,X_2=1\}=P\{X_1=1,X_2=1\}=0$. 根据 X_1 的分布律得

$$P\{X_1=-1,X_2=0\}=P\{X_1=1,X_2=0\}=\frac{1}{4}.$$

又根据 X_2 的分布律得

$$P\{X_1=0,X_2=0\}=0, P\{X_1=0,X_2=1\}=\frac{1}{2}.$$

综上，X_1 和 X_2 的联合分布律为

X_2	X_1			$p_{\cdot j}$
	-1	0	1	
0	$\frac{1}{4}$	0	$\frac{1}{4}$	$\frac{1}{2}$
1	0	$\frac{1}{2}$	0	$\frac{1}{2}$
$p_{i\cdot}$	$\frac{1}{4}$	$\frac{1}{2}$	$\frac{1}{4}$	1

（2）因为

$$P\{X_1=-1,X_2=0\}=\frac{1}{4}$$

$$\neq P\{X_1=-1\}P\{X_2=0\}=\frac{1}{8},$$

所以 X_1 和 X_2 不相互独立.

14. 知识点：0305 独立性, 0303 离散型随机变量函

数组的分布律

解 （1）因为 $P\{X=-1,Y=-1\}=0.25\neq P\{X=-1\}P\{Y=-1\}=0.25^2$, 所以 X 和 Y 不相互独立.

（2）由题意得

$$P\{X^2=0,Y^2=0\}=P\{X=0,Y=0\}=0.25,$$

$$P\{X^2=0,Y^2=1\}=P\{X=0,Y=-1\}+P\{X=0,Y=1\}$$

$$=0.25.$$

同理可得 $P\{X^2=1,Y^2=0\}=0.25, P\{X^2=1,Y^2=1\}=0.25$. 因此 (X^2,Y^2) 的分布律和边缘分布律为

Y^2	X^2		$p_{\cdot j}$
	0	1	
0	0.25	0.25	0.5
1	0.25	0.25	0.5
$p_{i\cdot}$	0.5	0.5	1

由此容易验证 X^2 和 Y^2 相互独立.

【注释】本题表明，虽然 X^2 和 Y^2 相互独立，但 X 和 Y 不相互独立.

15. 知识点：0304 边缘密度函数, 0305 独立性

解 （1）$f_X(x)=\displaystyle\int_{-\infty}^{+\infty}f(x,y)\mathrm{d}y$

$$=\begin{cases}|x|, & -1\leq x\leq 1,\\ 0, & \text{其他}.\end{cases}$$

$$f_Y(y)=\int_{-\infty}^{+\infty}f(x,y)\mathrm{d}x=\begin{cases}|y|, & -1\leq y\leq 1,\\ 0, & \text{其他}.\end{cases}$$

由于 $f(x,y)=f_X(x)f_Y(y)$, 因此 X 和 Y 相互独立.

（2）由于对于任意的 $y, \displaystyle\int_{-\infty}^{+\infty}\varphi(x,y)\mathrm{d}x=0$, 对于任意的 $x, \displaystyle\int_{-\infty}^{+\infty}\varphi(x,y)\mathrm{d}y=0$, 所以

$$g_U(x)=\int_{-\infty}^{+\infty}[f(x,y)+\varphi(x,y)]\mathrm{d}y=f_X(x),$$

$$g_V(y)=\int_{-\infty}^{+\infty}[f(x,y)+\varphi(x,y)]\mathrm{d}x=f_Y(y),$$

由于 $g(x,y)\neq g_U(x)g_V(y)$, 因此 U 和 V 不相互独立.

【注释】本题表明边缘分布不能唯一确定联合分布.

16. 知识点：0204 两点分布,0303 联合分布律,0305 随机变量独立性,0111 随机事件独立性

解　(1) 由题意知,

$$X \sim \begin{pmatrix} 0 & 1 \\ 1-p & p \end{pmatrix}, Y \sim \begin{pmatrix} 0 & 1 \\ 1-q & q \end{pmatrix},$$

且 $P\{X=1, Y=1\} = P(AB) = r$.

进而可得 $P\{X=1, Y=0\} = p - r$, $P\{X=0, Y=1\} = q - r$, $P\{X=0, Y=0\} = 1 - p - q + r$, 所以 X 和 Y 的联合分布律为

Y	X		$p_{\cdot j}$
	0	1	
0	$1-p-q+r$	$p-r$	$1-q$
1	$q-r$	r	q
$p_{i\cdot}$	$1-p$	p	1

(2) 必要性：设随机变量 X 和 Y 相互独立,则由(1) 知,有 $r = pq$,即 $P(AB) = P(A)P(B)$,所以随机事件 A 和 B 相互独立.

充分性：设随机事件 A 和 B 相互独立,则有 $P(AB) = P(A)P(B)$,即 $r = pq$,将此代入(1) 中,此时,X 和 Y 的联合分布律为

Y	X		$p_{\cdot j}$
	0	1	
0	$(1-p)(1-q)$	$p(1-q)$	$1-q$
1	$(1-p)q$	pq	q
$p_{i\cdot}$	$1-p$	p	1

从中即得 X 和 Y 相互独立.

【注释】本题(2) 可以描述为：设随机变量 $X \sim B(1,p), Y \sim B(1,q)$,则 X 和 Y 相互独立的充要条件为事件$\{X=1\}$ 和 $\{Y=1\}$ 相互独立.此结论可以直接使用.

17. 知识点：0307 随机变量函数的分布,0202 分布函数法

解　$Z = 2X - Y$ 的分布函数为 $F_Z(z) = P\{Z \leq z\} = P\{2X - Y \leq z\}$.

当 $z < 0$ 时,$F_Z(z) = 0$;当 $z \geq 2$ 时,$F_Z(z) = 1$;当 $0 \leq z < 2$ 时,

$$P\{Z > z\} = P\{2X - Y > z\} = \iint\limits_{2x-y>z} f(x,y)\,\mathrm{d}x\mathrm{d}y$$

$$= \int_{\frac{z}{2}}^{1} \mathrm{d}x \int_{0}^{2x-z} \mathrm{d}y = 1 - z + \frac{z^2}{4},$$

$$F_Z(z) = P\{Z \leq z\} = 1 - P\{Z > z\} = z - \frac{z^2}{4},$$

所以

$$F_Z(z) = \begin{cases} 0, & z < 0, \\ z - \dfrac{z^2}{4}, & 0 \leq z < 2, \\ 1, & z \geq 2, \end{cases}$$

进而 Z 的密度函数为

$$f_Z(z) = F_Z'(z) = \begin{cases} 1 - \dfrac{z}{2}, & 0 \leq z < 2, \\ 0, & \text{其他}. \end{cases}$$

第三章　多维随机变量及其分布同步测试(B 卷)习题精解

一、单项选择题

题号	1	2	3	4	5
答案	(C)	(C)	(B)	(B)	(D)

1. 知识点：0305 独立性

解　$P\{X = Y\}$

$= P\{X = -1, Y = -1\} + P\{X = 1, Y = 1\}$

$= P\{X = -1\}P\{Y = -1\} + P\{X = 1\}P\{Y = 1\}$

$= \dfrac{1}{2} \times \dfrac{1}{2} + \dfrac{1}{2} \times \dfrac{1}{2} = \dfrac{1}{2}$.

应选(C).

【易错点】随机变量 X 和 Y 独立同分布与 $X=Y$ 并不是一回事. 事实上在本题中,如果 $X=Y$,则必有 $P\{X=Y\}=1$,与单选题不符.

2. **知识点**:0105 概率计算,0305 独立性

分析 本题先要求出 X 和 Y 的联合分布律,然后求出相应的概率.

解 设 $P\{X=-1,Y=1\}=p$,则 X 和 Y 的联合分布律为

Y	X		$p_{\cdot j}$
	-1	1	
-1	$\dfrac{1}{2}-p$	p	$\dfrac{1}{2}$
1	p	$\dfrac{1}{2}-p$	$\dfrac{1}{2}$
$p_{i\cdot}$	$\dfrac{1}{2}$	$\dfrac{1}{2}$	1

故由 $P\{X+Y=0\}=P\{X=-1,Y=1\}+P\{X=1,Y=-1\}=p+p=2p=\dfrac{1}{3}$,得 $p=\dfrac{1}{6}$. 因此

Y	X		$p_{\cdot j}$
	-1	1	
-1	$\dfrac{1}{3}$	$\dfrac{1}{6}$	$\dfrac{1}{2}$
1	$\dfrac{1}{6}$	$\dfrac{1}{3}$	$\dfrac{1}{2}$
$p_{i\cdot}$	$\dfrac{1}{2}$	$\dfrac{1}{2}$	1

所以 $P\{X=Y\}=P\{X=-1,Y=-1\}+P\{X=1,Y=1\}=\dfrac{1}{3}+\dfrac{1}{3}=\dfrac{2}{3}$. 应选(C).

3. **知识点**:0307 分布函数,0303 边缘分布,0305 独立性

分析 本题中如果将分布函数 $F(x,y)$ 再表示明确一些,问题可能会变得简单一点.

解 由于 $F(x,y)=\begin{cases}0, & x<0 \text{ 或 } y<0, \\ y, & 0\leqslant y<1, 0<y<x, \\ x, & 0\leqslant x<1, 0<x\leqslant y, \\ 1, & x\geqslant 1, y\geqslant 1,\end{cases}$

因此求得

$$F_X(x)=F(x,+\infty)=\begin{cases}0, & x<0, \\ x, & 0\leqslant x<1, \\ 1, & x\geqslant 1,\end{cases}$$

$$F_Y(y)=F(y,+\infty)=\begin{cases}0, & y<0, \\ y, & 0\leqslant y<1, \\ 1, & y\geqslant 1,\end{cases}$$

所以 X 和 Y 均服从 $[0,1]$ 上的均匀分布,由于

$$F(x,y)\neq F_X(x)F_Y(y),$$

故 X 和 Y 不相互独立. 故选(B).

4. **知识点**:间断点,0202 分布函数法,0110 全概率公式,0305 独立性

分析 本题是分布函数法、全概率公式和高等数学中间断点知识的综合应用.

解法 1 由分布函数的定义,$F_Z(z)=P\{Z\leqslant z\}=P\{XY\leqslant z\}$. 再由全概率公式和独立性,有

$F_Z(z)=P\{Y=0\}P\{XY\leqslant z\mid Y=0\}$
$\qquad\qquad +P\{Y=1\}P\{XY\leqslant z\mid Y=1\}$

$\quad =\dfrac{1}{2}[P\{0\cdot X\leqslant z\mid Y=0\}+P\{X\leqslant z\mid Y=1\}]$

$\quad =\dfrac{1}{2}[P\{0\leqslant z\}+P\{X\leqslant z\}]$

$\quad =\begin{cases}\dfrac{1}{2}\Phi(z), & z<0, \\[2mm] \dfrac{1}{2}[1+\Phi(z)], & z\geqslant 0,\end{cases}$

$$\lim_{z\to 0^-}F_Z(z)=\lim_{z\to 0^-}\dfrac{1}{2}\Phi(z)=\dfrac{1}{4},$$

$$\lim_{z\to 0^+}F_Z(z)=\lim_{z\to 0^+}\dfrac{1+\Phi(z)}{2}=\dfrac{3}{4},$$

进而得点 $z=0$ 为其间断点.

解法 2 由 $P\{Z=a\}=F_Z(a)-F_Z(a-0)$ 知:$F_Z(z)$ 在点 $z=a$ 处连续的充要条件为 $P\{Z=a\}=0$,

或 $F_Z(z)$ 在 $z = a$ 处间断 $\Leftrightarrow P\{Z = a\} \neq 0$.

（1）$P\{Z = 0\} = P\{XY = 0\} \geqslant P\{Y = 0\} = \dfrac{1}{2} > 0$，所以 $F_Z(z)$ 在点 $z = 0$ 处间断.

（2）对任意的 $a \neq 0$，$P\{Z = a\} = P\{XY = a\} = P\{X = a, Y = 1\} = P\{X = a\}P\{Y = 1\} = 0 \times \dfrac{1}{2} = 0$，所以 $F_Z(z)$ 在点 $z = a(a \neq 0)$ 处连续.

综上，$F_Z(z)$ 有且仅有一个间断点 $z = 0$. 应选（B）.

【注释】本题的结论表明随机变量 Z 既非离散型随机变量，也非连续型随机变量.

5. 知识点：0307 随机变量函数的分布，0202 分布函数法

分析 本题为求二维连续型随机变量函数组的分布，亦然适应分布函数法.

解 $U = X$ 和 $V = X + Y$ 的联合分布函数为

$F_{UV}(u,v) = P\{U \leqslant u, V \leqslant v\} = P\{X \leqslant u, X + Y \leqslant v\}$

$$= \int_{-\infty}^{u} \mathrm{d}x \int_{-\infty}^{v-x} f(x,y)\,\mathrm{d}y,$$

有

$$\frac{\partial F_{UV}(u,v)}{\partial u} = \int_{-\infty}^{v-u} f(u,y)\,\mathrm{d}y,$$

所以 U 和 V 的联合密度函数为

$$\frac{\partial^2 F_{UV}(u,v)}{\partial u \partial v} = f(u, v - u).$$

二、填空题

6. 知识点：0304 联合概率密度函数的性质，0302 联合分布函数

分析 本题需要先求常数 k，然后求 $F_{UV}\left(1, \dfrac{\pi}{4}\right)$. 另外在计算二重积分时采用极坐标方式计算.

解 由于

$$\int_{-\infty}^{+\infty}\int_{-\infty}^{+\infty} f(x,y)\,\mathrm{d}x\mathrm{d}y = \int_{0}^{+\infty}\mathrm{d}x\int_{0}^{+\infty} k\mathrm{e}^{-\sqrt{x^2+y^2}}\,\mathrm{d}y$$

$$= \int_{0}^{\frac{\pi}{2}}\mathrm{d}\theta\int_{0}^{+\infty} k\mathrm{e}^{-r}\cdot r\,\mathrm{d}r = \frac{\pi}{2}k = 1,$$

解得 $k = \dfrac{2}{\pi}$. 进而

$$f(x,y) = \begin{cases} \dfrac{2}{\pi}\mathrm{e}^{-\sqrt{x^2+y^2}}, & x > 0, y > 0, \\ 0, & \text{其他}, \end{cases}$$

所以

$$F_{UV}\left(1, \frac{\pi}{4}\right) = P\left\{U \leqslant 1, V \leqslant \frac{\pi}{4}\right\}$$

$$= P\left\{\sqrt{X^2 + Y^2} \leqslant 1, \arctan\frac{Y}{X} \leqslant \frac{\pi}{4}\right\}$$

$$= P\{X^2 + Y^2 \leqslant 1, Y \leqslant X\}$$

$$= \iint\limits_{\substack{x^2+y^2 \leqslant 1, \\ 0 < y \leqslant x}} \frac{2}{\pi}\mathrm{e}^{-\sqrt{x^2+y^2}}\,\mathrm{d}x\mathrm{d}y$$

$$= \int_{0}^{\frac{\pi}{4}}\mathrm{d}\theta\int_{0}^{1} \frac{2}{\pi}\mathrm{e}^{-r}\cdot r\,\mathrm{d}r = \frac{1}{2}\left(1 - \frac{2}{\mathrm{e}}\right).$$

7. 知识点：0303 联合分布律，0108 条件概率

解 注意到 $P\{X = 1, Y = 2\} = 0$，所以

$$P\{Y = 2\} = \sum_{m=2}^{\infty} P\{X = m, Y = 2\} = \sum_{m=2}^{\infty} \frac{1}{2^{m+1}} = \frac{1}{4}.$$

故 $P\{X = 3 \mid Y = 2\} = \dfrac{P\{X = 3, Y = 2\}}{P\{Y = 2\}} = \dfrac{\dfrac{1}{2^4}}{\dfrac{1}{4}} = \dfrac{1}{4}.$

8. 知识点：0305 独立性，0207 正态分布的分布对称性

解 $P\{\min\{X, Y\} \leqslant 2 \leqslant \max\{X, Y\}\}$

$= P\{X \geqslant 2, Y \leqslant 2\} + P\{X \leqslant 2, Y \geqslant 2\}$

$= P\{X \geqslant 2\}P\{Y \leqslant 2\} + P\{X \leqslant 2\}P\{Y \geqslant 2\}$

$= \dfrac{1}{2} \times \dfrac{1}{2} + \dfrac{1}{2} \times \dfrac{1}{2} = \dfrac{1}{2}.$

9. 知识点：最值函数，0307 随机变量函数，0304 密度函数，0305 独立性，0207 均匀分布

分析 本题主要运用最值函数分布的结论.

解 由于 X_1, X_2, X_3 均服从 $[0,1]$ 上的均匀分布，当 $0 \leqslant x \leqslant 1$ 时，X_1, X_2, X_3 的分布函数均为 $F(x) = x$. 进而 $\max\{X_1, X_2\}$ 的分布函数为 $F^2(x) = x^2$，$X = \min\{\max\{X_1, X_2\}, X_3\}$ 的分布函数为

$$1 - [1 - F^2(x)][1 - F(x)]$$

$$= 1 - (1 - x^2)(1 - x) = x + x^2 - x^3,$$

所以当 $0 \leqslant x \leqslant 1$ 时, X 的密度函数为

$$f_X(x) = 1 + 2x - 3x^2.$$

10. 知识点：同分布, 0305 相互独立

分析　本题先求出 (X, Y) 的密度函数, 然后利用二重积分求出相应的概率.

解　由题意, (X, Y) 的密度函数为

$$f(x)f(y) = \begin{cases} 4xy, & 0 \leqslant x \leqslant 1, 0 \leqslant y \leqslant 1, \\ 0, & \text{其他.} \end{cases}$$

所以

$$P\{X + Y \leqslant 1\} = \iint\limits_{x+y\leqslant 1} f(x)f(y)\,\mathrm{d}x\mathrm{d}y$$

$$= \int_0^1 \mathrm{d}x \int_0^{1-x} 4xy\,\mathrm{d}y = \frac{1}{6}.$$

三、解答题

11. 知识点：0302 二维随机变量分布函数的性质

（1）**解**　由 $F(+\infty, +\infty) = 1$ 得

$$a\left(b + \frac{\pi}{2}\right)(c - 0) = 1. \qquad ①$$

对任意给定的 $y > 0$, 由于 $F(-\infty, y) = 0$, 故

$$a\left(b - \frac{\pi}{2}\right)(c - e^{-y}) = 0. \qquad ②$$

对任意给定的 x, 将 $F(x, y)$ 视为 y 的一元函数, $F(x, y)$ 在点 $y = 0$ 处右连续, 所以 $F(x, 0+0) = F(x, 0)$, 得

$$a(b + \arctan x)(c - 1) = 0. \qquad ③$$

联立①②③, 解得 $a = \dfrac{1}{\pi}, b = \dfrac{\pi}{2}, c = 1$.

（2）**解法 1**　$F(x, y) =$

$$\begin{cases} \dfrac{1}{\pi}\left(\dfrac{\pi}{2} + \arctan x\right)(1 - e^{-y}), & -\infty < x < +\infty, y > 0, \\ 0, & \text{其他,} \end{cases}$$

所以

$$P\{0 < X < 1, Y > 1\} = P\{0 < X < 1, 1 < Y < +\infty\}$$

$$= F(1, +\infty) - F(1, 1) - F(0, +\infty) + F(0, 1)$$

$$= \frac{1}{\pi}\left(\frac{\pi}{2} + \frac{\pi}{4}\right)(1 - 0) - \frac{1}{\pi}\left(\frac{\pi}{2} + \frac{\pi}{4}\right)(1 - e^{-1})$$

$$- \frac{1}{\pi}\left(\frac{\pi}{2} + 0\right)(1 - 0) + \frac{1}{\pi}\left(\frac{\pi}{2} + 0\right)(1 - e^{-1})$$

$$= \frac{1}{4}e^{-1}.$$

解法 2　由 $F(x, y) =$

$$\begin{cases} \dfrac{1}{\pi}\left(\dfrac{\pi}{2} + \arctan x\right)(1 - e^{-y}), & -\infty < x < +\infty, y > 0, \\ 0, & \text{其他} \end{cases}$$

计算得

$$F_X(x) = F(x, +\infty) = \frac{1}{2} + \frac{1}{\pi}\arctan x,$$

$$-\infty < x < +\infty;$$

$$F_Y(y) = F(+\infty, y) = \begin{cases} 1 - e^{-y}, & y > 0, \\ 0, & \text{其他,} \end{cases}$$

有 $F(x, y) = F_X(x)F_Y(y)$, 所以 X 和 Y 相互独立, 于是

$$P\{0 < X < 1, Y > 1\} = P\{0 < X < 1\}P\{Y > 1\}$$

$$= [F_X(1 - 0) - F_X(0)][1 - F_Y(1)]$$

$$= \left(\frac{3}{4} - \frac{1}{2}\right)[1 - (1 - e^{-1})] = \frac{1}{4}e^{-1}.$$

12. 知识点：0301 二维随机变量, 0304 密度函数, 0302 分布函数

分析　本题需要分块讨论.

解　由于分布函数 $F(x, y) = \displaystyle\int_{-\infty}^x \int_{-\infty}^y f(u, v)\,\mathrm{d}u\mathrm{d}v$, $-\infty < x < +\infty, -\infty < y < +\infty$, 且

$$f(x, y) = \begin{cases} e^{-x}, & 0 < y < x, \\ 0, & \text{其他,} \end{cases}$$

所以需将整个平面划分为

① $x \leqslant 0$ 或 $y \leqslant 0$；② $0 < y < x$, ③ $0 < x \leqslant y$

三个区域（图（a））后, 分别在每个区域上分别计算 $F(x, y)$.

由于在计算积分 $\displaystyle\int_{-\infty}^x \int_{-\infty}^y f(u, v)\,\mathrm{d}u\mathrm{d}v$ 时, 积分变量为 u 和 v, 因此相应将 x 轴换为 u 轴, y 轴换为 v 轴, 并且将密度函数 $f(x, y) = \begin{cases} e^{-x}, & 0 < y < x, \\ 0, & \text{其他} \end{cases}$ 换为

$$f(u, v) = \begin{cases} e^{-u}, & 0 < v < u, \\ 0, & \text{其他.} \end{cases}$$

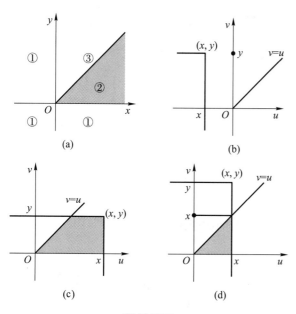

第 12 题图

① 当 $x \leqslant 0$ 或 $y \leqslant 0$ 时（图（b）），由于 $u \leqslant x$，$v \leqslant y$，故 $f(u,v) = 0$，所以

$$F(x,y) = \int_{-\infty}^{x} \int_{-\infty}^{y} 0 \mathrm{d}u \mathrm{d}v = 0.$$

② 当 $0 < y < x$ 时（图（c）），由于 $0 \leqslant v \leqslant y$，$v \leqslant u \leqslant x$，$f(u,v) = \mathrm{e}^{-u}$，所以

$$F(x,y) = \int_{0}^{y} \mathrm{d}v \int_{v}^{x} \mathrm{e}^{-u} \mathrm{d}u = \int_{0}^{y} (\mathrm{e}^{-v} - \mathrm{e}^{-x}) \mathrm{d}v$$
$$= 1 - \mathrm{e}^{-y} - y\mathrm{e}^{-x}.$$

③ 当 $0 < x \leqslant y$ 时（图（d）），由于 $0 \leqslant v \leqslant x$，$v \leqslant u \leqslant x$，$f(u,v) = \mathrm{e}^{-u}$，所以

$$F(x,y) = \int_{0}^{x} \mathrm{d}v \int_{v}^{x} \mathrm{e}^{-u} \mathrm{d}u = \int_{0}^{x} (\mathrm{e}^{-v} - \mathrm{e}^{-x}) \mathrm{d}v$$
$$= 1 - (1 + x) \mathrm{e}^{-x}.$$

故 (X,Y) 的分布函数为

$$F(x,y) = \begin{cases} 0, & x \leqslant 0 \text{ 或 } y \leqslant 0, \\ 1 - \mathrm{e}^{-y} - y\mathrm{e}^{-x}, & 0 < y < x, \\ 1 - (1 + x)\mathrm{e}^{-x}, & 0 < x \leqslant y. \end{cases}$$

【易错点】 从计算的角度来看，本题存在一定的难度. 第一，要正确分块；第二要正确写出相应的二重积分.

13. 知识点： 0303 二维离散型随机变量，0303 联合分布律，0303 条件分布律

解 （1）由乘法公式，$P\{X = x_2, Y = y_1\} = P\{X = x_2\} P\{Y = y_1 \mid X = x_2\} = \dfrac{3}{4} \times \dfrac{2}{3} = \dfrac{1}{2}$.

记 $P\{Y = y_1\} = p$，由 $P\{X = x_1 \mid Y = y_1\} = \dfrac{1}{6}$ 得

$$P\{X = x_1, Y = y_1\} = \frac{1}{6}p.$$

又 $P\{Y = y_1\} = P\{X = x_1, Y = y_1\} + P\{X = x_2, Y = y_1\}$ 得 $p = \dfrac{1}{6}p + \dfrac{1}{2}$，解得 $p = \dfrac{3}{5}$，所以

$$P\{X = x_1, Y = y_1\} = \frac{1}{6} \times \frac{3}{5} = \frac{1}{10}.$$

由 $P\{X = x_2\} = \dfrac{3}{4}$ 知 $P\{X = x_1\} = \dfrac{1}{4}$，所以

$$P\{X = x_1, Y = y_2\} = P\{X = x_1\} - P\{X = x_1, Y = y_1\} = \frac{1}{4} - \frac{1}{10} = \frac{3}{20}.$$

综上，(X,Y) 的分布律为

Y	X		$p_{\cdot j}$
	x_1	x_2	
y_1	$\dfrac{1}{10}$	$\dfrac{1}{2}$	$\dfrac{3}{5}$
y_2	$\dfrac{3}{20}$	$\dfrac{1}{4}$	$\dfrac{2}{5}$
$p_{i\cdot}$	$\dfrac{1}{4}$	$\dfrac{3}{4}$	1

（2）由于

$$P\{Y = y_1 \mid X = x_1\} = \frac{P\{X = x_1, Y = y_1\}}{P\{X = x_1\}} = \frac{\dfrac{1}{10}}{\dfrac{1}{4}} = \frac{2}{5},$$

$$P\{Y = y_2 \mid X = x_1\} = \frac{P\{X = x_1, Y = y_2\}}{P\{X = x_1\}} = \frac{\dfrac{3}{20}}{\dfrac{1}{4}} = \frac{3}{5}.$$

所以当 $X = x_1$ 时，Y 的条件分布律为 $\begin{pmatrix} y_1 & y_2 \\ \dfrac{2}{5} & \dfrac{3}{5} \end{pmatrix}$.

14. **知识点**：0304 二维连续型随机变量，0307 随机变量函数的分布，0305 独立性及其性质

解 （1）由于

$$f_X(x) = \int_{-\infty}^{+\infty} f(x,y)\,dy = \begin{cases} 2x, & 0 < x < 1, \\ 0, & 其他, \end{cases}$$

$$f_Y(y) = \int_{-\infty}^{+\infty} f(x,y)\,dx = \begin{cases} 2y, & 0 < y < 1, \\ 0, & 其他, \end{cases}$$

所以 $f(x,y) = f_X(x)f_Y(y)$，故 X 和 Y 相互独立．

（2） $F_U(u) = P\{U \le u\} = P\{X^2 \le u\}$

$= P\{X^2 \le u, -\infty < Y < +\infty\}$

$$= \begin{cases} 0, & u < 0, \\ \int_0^{\sqrt{u}} dx \int_0^1 4xy\,dy, & 0 \le u \le 1, \\ \int_0^1 dx \int_0^1 4xy\,dy, & u > 1 \end{cases}$$

$$= \begin{cases} 0, & u < 0, \\ u, & 0 \le u \le 1, \\ 1, & u > 1, \end{cases}$$

所以 $f_U(u) = F_U'(u) = \begin{cases} 1, & 0 \le u \le 1, \\ 0, & 其他. \end{cases}$ 同理

$$f_V(v) = \begin{cases} 1, & 0 \le v \le 1, \\ 0, & 其他. \end{cases}$$

由于 X 和 Y 相互独立，所以 $U = X^2$ 和 $V = Y^2$ 也相互独立．从而 (U, V) 的密度函数为

$$f_{UV}(u,v) = f_U(u)f_V(v)$$

$$= \begin{cases} 1, & 0 \le u \le 1, 0 \le v \le 1, \\ 0, & 其他. \end{cases}$$

由此表明 (U, V) 服从区域 $D_{UV}: 0 \le u \le 1, 0 \le v \le 1$ 上的均匀分布．

（3）由于 (U, V) 服从区域 $D_{UV}: 0 \le u \le 1, 0 \le v \le 1$ 上的均匀分布，故

$$P\{U^2 + V^2 \le 1\}$$

$$= \frac{\{U^2 + V^2 \le 1, U \ge 0, V \ge 0\}\ 的面积}{D_{UV}\ 的面积} = \frac{\pi}{4}.$$

15. **知识点**：0304 边缘密度函数，0304 条件密度函数

分析 本题将条件密度函数公式 $f_{Y|X}(y \mid x) =$

$\dfrac{f(x,y)}{f_X(x)}$ 转化为 $f(x,y) = f_X(x)f_{Y|X}(y \mid x)$ 后运用．

解 （1） X 的密度函数为

$$f_X(x) = \begin{cases} 1, & 0 < x < 1, \\ 0, & 其他, \end{cases}$$

在 $X = x(0 < x < 1)$ 的条件下，Y 的条件密度函数为

$$f_{Y|X}(y \mid x) = \begin{cases} \dfrac{1}{x}, & 0 < y < x, \\ 0, & 其他. \end{cases}$$

所以 (X, Y) 的密度函数为

$$f(x,y) = f_X(x)f_{Y|X}(y \mid x)$$

$$= \begin{cases} \dfrac{1}{x}, & 0 < y < x < 1, \\ 0, & 其他. \end{cases}$$

（2）当 $0 < y < 1$ 时，

$$f_Y(y) = \int_{-\infty}^{+\infty} f(x,y)\,dx = \int_y^1 \frac{1}{x}\,dx = \ln\frac{1}{y},$$

当 $y \le 0$ 或 $y \ge 1$ 时，$f_Y(y) = 0$，所以关于 Y 的边缘密度函数

$$f_Y(y) = \begin{cases} \ln\dfrac{1}{y}, & 0 < y < 1, \\ 0, & 其他. \end{cases}$$

16. **知识点**：0205 泊松分布，0305 独立性，0303 条件分布律

解 （1）证明

$$P\{X + Y = n\} = \sum_{k=0}^{n} P\{X = k, Y = n - k\}$$

$$= \sum_{k=0}^{n} P\{X = k\} P\{Y = n - k\}$$

$$= \sum_{k=0}^{n} \frac{\lambda_1^k}{k!} e^{-\lambda_1} \cdot \frac{\lambda_2^{n-k}}{(n-k)!} e^{-\lambda_2}$$

$$= e^{-\lambda_1} e^{-\lambda_2} \frac{1}{n!} \sum_{k=0}^{n} \frac{n!}{k!\,(n-k)!} \lambda_1^k \lambda_2^{n-k}$$

$$= e^{-(\lambda_1 + \lambda_2)} \frac{1}{n!} \sum_{k=0}^{n} C_n^k \lambda_1^k \lambda_2^{n-k}$$

$$= \frac{(\lambda_1 + \lambda_2)^n}{n!} e^{-(\lambda_1 + \lambda_2)}, \quad n = 0, 1, 2, \cdots,$$

所以有 $X + Y \sim P(\lambda_1 + \lambda_2)$.

（2）由题意有

$$P\{X = k \mid X + Y = n\} = \frac{P\{X = k, X + Y = n\}}{P\{X + Y = n\}}$$

$$= \frac{P\{X = k, Y = n - k\}}{P\{X + Y = n\}} = \frac{P\{X = k\}P\{Y = n - k\}}{P\{X + Y = n\}}$$

$$= \frac{\dfrac{\lambda_1^k}{k!}e^{-\lambda_1} \cdot \dfrac{\lambda_2^{n-k}}{(n - k)!}e^{-\lambda_2}}{\dfrac{(\lambda_1 + \lambda_2)^n}{n!}e^{-(\lambda_1 + \lambda_2)}}$$

$$= C_n^k \left(\frac{\lambda_1}{\lambda_1 + \lambda_2}\right)^k \left(\frac{\lambda_2}{\lambda_1 + \lambda_2}\right)^{n-k}$$

$$= C_n^k p^k (1 - p)^{n-k}, k = 0, 1, \cdots, n,$$

其中 $p = \dfrac{\lambda_1}{\lambda_1 + \lambda_2}$，所以 $(X \mid X + Y = n) \sim B(n, p)$.

17. 知识点：0307 随机变量函数的分布，0202 分布函数法

分析　考虑到直线 $x + y = z$ 与正方形区域 $0 < x < 1, 0 < y < 1$ 的相交情况，本题在运用分布函数法的过程中，需要分四段讨论.

解法 1（采用分布函数法）　$Z = X + Y$ 的分布函数为 $F_Z(z) = P\{Z \leqslant z\} = P\{X + Y \leqslant z\}$.

当 $z < 0$ 时，$F_Z(z) = 0$；

当 $0 \leqslant z < 1$ 时，

$$F_Z(z) = \int_0^z \mathrm{d}x \int_0^{z-x} (2 - x - y) \mathrm{d}y = z^2 - \frac{1}{3}z^3;$$

当 $1 \leqslant z < 2$ 时，

$$F_Z(z) = 1 - \int_{z-1}^1 \mathrm{d}x \int_{z-x}^1 (2 - x - y) \mathrm{d}y$$

$$= \frac{1}{3}z^3 - 2z^2 + 4z - \frac{5}{3};$$

当 $z \geqslant 2$ 时，$F_Z(z) = 1$，故

$$F_Z(z) = \begin{cases} 0, & z < 0, \\ z^2 - \dfrac{1}{3}z^3, & 0 \leqslant z < 1, \\ \dfrac{1}{3}z^3 - 2z^2 + 4z - \dfrac{5}{3}, & 1 \leqslant z < 2, \\ 1, & z \geqslant 2, \end{cases}$$

所以，Z 的密度函数为

$$f_Z(z) = F_Z'(z)$$

$$= \begin{cases} 2z - z^2, & 0 < z < 1 \\ z^2 - 4z + 4 & 1 \leqslant z < 2, \\ 0, & \text{其他} \end{cases}$$

$$= \begin{cases} z(2 - z), & 0 < z < 1, \\ (2 - z)^2, & 1 \leqslant z < 2, \\ 0, & \text{其他}. \end{cases}$$

解法 2（采用公式法）　$Z = X + Y$ 的密度函数为

$$f_Z(z) = \int_{-\infty}^{+\infty} f(x, z - x) \mathrm{d}x,\text{其中}$$

$$f(x, z - x) = \begin{cases} 2 - z, & 0 < x < 1, z - 1 < x < z, \\ 0, & \text{其他}. \end{cases}$$

当 $z \leqslant 0$ 或 $z \geqslant 2$ 时，$f(x, z - x) = 0$，故 $f_Z(z) = 0$；

当 $0 < z < 1$ 时，$0 < x < z, f(x, z - x) = 2 - z$，故

$$f_Z(z) = \int_0^z (2 - z) \mathrm{d}x = z(2 - z);$$

当 $1 \leqslant z < 2$ 时，$z - 1 < x < 1, f(x, z - x) = 2 - z$，有

$$f_Z(z) = \int_{z-1}^1 (2 - z) \mathrm{d}x = (2 - z)^2,$$

所以 Z 的密度函数为

$$f_Z(z) = \begin{cases} z(2 - z), & 0 < z < 1, \\ (2 - z)^2, & 1 \leqslant z < 2, \\ 0, & \text{其他}. \end{cases}$$

【注释】 在分布函数法中，究竟自变量应该分几种情况讨论，应视具体情况而定，最好配合图形进行分析.通常为三段式讨论，在此基础上，可引申到两段式讨论、四段式讨论，等等.

【易错点】 在公式法中，讨论与确定积分区间时需要思路清晰，否则将会造成计算错误.

第四章 随机变量的数字特征同步测试（A卷）习题精解

一、单项选择题

题号	1	2	3	4	5
答案	（D）	（B）	（B）	（A）	（C）

1. 知识点：绝对收敛，条件收敛，0401 数学期望的定义

解 选项（A）：由于 $\sum_{k=1}^{\infty} kP\{X=k\} = \sum_{k=1}^{\infty} \frac{1}{k+1}$ 发散，故 X 的数学期望不存在.

选项（B）：由于 $\sum_{k=1}^{\infty} (-1)^k k \cdot P\{X=(-1)^k k\} = \sum_{k=1}^{\infty} (-1)^k \frac{1}{k+1}$ 条件收敛，故 X 的数学期望不存在.

选项（C）：由于 $\int_{-\infty}^{+\infty} xf(x)\,\mathrm{d}x = \int_{1}^{+\infty} \frac{1}{x}\,\mathrm{d}x$ 发散，故 X 的数学期望不存在.

选项（D）：由于 X 为连续型随机变量，其密度函数为 $f(x) = \begin{cases} \dfrac{2}{x^3}, & x \geqslant 1, \\ 0, & x < 1 \end{cases}$ 且 $\int_{-\infty}^{+\infty} xf(x)\,\mathrm{d}x = 2\int_{1}^{+\infty} \frac{1}{x^2}\,\mathrm{d}x$

绝对收敛，故 X 的数学期望存在.从而应选（D）.

> **【易错点】** 选项（B）中，
> $$\sum_{k=1}^{\infty} (-1)^k k \cdot P\{X=(-1)^k k\} = \sum_{k=1}^{\infty} (-1)^k \frac{1}{k+1}$$
> 条件收敛，不能说明 X 的数学期望存在.

2. 知识点：0203 分布律，0401 数学期望

分析 先求出奖金额的分布律.

解 设 X 为此人所得奖金额，则 X 的取值为 $6,9,$ 12，且 $P\{X=6\} = C_8^3/C_{10}^3 = \frac{7}{15}$，同理可求得

$$P\{X=9\} = \frac{7}{15}, \quad P\{X=12\} = \frac{1}{15},$$

所以

$$X \sim \begin{pmatrix} 6 & 9 & 12 \\ \dfrac{7}{15} & \dfrac{7}{15} & \dfrac{1}{15} \end{pmatrix}.$$

于是 $EX = 6 \times \dfrac{7}{15} + 9 \times \dfrac{7}{15} + 12 \times \dfrac{1}{15} = 7.8$.

3. 知识点：0306 二维均匀分布，0305 独立性，0401 数学期望

解 $X \sim U[0,60]$，$Y \sim U[0,60]$，且 X 和 Y 相互独立，所以 (X,Y) 的密度函数为 $f(x,y)=f_X(x)f_Y(y)$

$$= \begin{cases} \dfrac{1}{3600}, & 0 \leqslant x \leqslant 60, 0 \leqslant y \leqslant 60, \\ 0, & \text{其他}, \end{cases}$$

即 (X,Y) 服从区域 $D:0 \leqslant x \leqslant 60, 0 \leqslant y \leqslant 60$ 上的均匀分布.又先到者的等待时间为 $|X-Y|$，故先到者的平均等待时间为

$$E|X-Y| = \iint_{\substack{0 \leqslant x \leqslant 60, \\ 0 \leqslant y \leqslant 60}} |x-y| \times \frac{1}{3600}\,\mathrm{d}x\mathrm{d}y$$

$$= \frac{1}{3600} \times 2 \iint_{\substack{0 \leqslant x \leqslant 60, \\ 0 \leqslant y \leqslant x}} (x-y)\,\mathrm{d}x\mathrm{d}y$$

$$= \frac{1}{1800}\int_0^{60}\mathrm{d}x\int_0^x (x-y)\,\mathrm{d}y = 20.$$

4. 知识点：0403 方差，0403 方差的性质，0401 数学期望的性质

解 由于 X 在 $[0,1]$ 中取值，所以 $\left|X - \dfrac{1}{2}\right| \leqslant \dfrac{1}{2}$，$\left(X - \dfrac{1}{2}\right)^2 \leqslant \dfrac{1}{4}$，故

$$DX = D\left(X - \frac{1}{2}\right) = E\left[\left(X-\frac{1}{2}\right)^2\right] - \left[E\left(X-\frac{1}{2}\right)\right]^2$$

$$\leqslant E\frac{1}{4} = \frac{1}{4}.$$

又若 $X \sim \begin{pmatrix} 0 & 1 \\ 1/2 & 1/2 \end{pmatrix}$，则 $DX = \dfrac{1}{4}$.

故选（A）.

> **【易错点】** 随机变量 X 在 $[0,1]$ 中取值，并不意味着 X 在 $[0,1]$ 上服从均匀分布.

5. 知识点：0405 协方差的性质，0305 独立性，0401 数学期望，0403 方差

解 由于 X 和 Y 相互独立，故

$\mathrm{Cov}(XY,X+Y)=\mathrm{Cov}(XY,X)+\mathrm{Cov}(XY,Y)$

$=E(X^2Y)-E(XY)EX+E(XY^2)-E(XY)EY$

$=E(X^2)EY-(EX)^2EY+EX\cdot E(Y^2)-EX(EY)^2$

$=DX\cdot EY+EX\cdot DY.$

故选（C）.

二、填空题

6. 知识点：0207 指数分布，0401 数学期望，0403 方差

分析 $X\sim E(\lambda)$，则有 $EX=\dfrac{1}{\lambda},DX=\dfrac{1}{\lambda^2}.$

解 $P\{|X-EX|<\sqrt{DX}\}$

$=P\left\{\left|X-\dfrac{1}{\lambda}\right|<\dfrac{1}{\lambda}\right\}=P\left\{0<X<\dfrac{2}{\lambda}\right\}$

$=\displaystyle\int_0^{\frac{2}{\lambda}}\lambda e^{-\lambda x}\mathrm{d}x=-\left.e^{-\lambda x}\right|_0^{\frac{2}{\lambda}}=1-e^{-2}.$

7. 知识点：0205 泊松分布，0401 数学期望

分析 $X\sim P(\lambda)$，则有 $EX=\lambda,DX=\lambda.$

解 $E[(X-1)(X-2)]=E(X^2-3X+2)=DX+$ $(EX)^2-3EX+2$，即 $\lambda+\lambda^2-3\lambda+2=1$，解得 $\lambda=1.$

8. 知识点：0403 方差，0207 均匀分布，0203 离散型随机变量

分析 由于 Y 的取值为 $1,0,-1$，所以 Y 为离散型随机变量.因此本题可用下列两种解法.

解法 1 Y 的分布律为 $P\{Y=1\}=\dfrac{2}{3}$，$P\{Y=0\}=$

$0,P\{Y=-1\}=\dfrac{1}{3}$，故

$EY=1\times\dfrac{2}{3}+(-1)\times\dfrac{1}{3}=\dfrac{1}{3},$

$E(Y^2)=1^2\times\dfrac{2}{3}+(-1)^2\times\dfrac{1}{3}=1,$

所以 $DY=E(Y^2)-(EY)^2=1-\dfrac{1}{9}=\dfrac{8}{9}.$

解法 2 Y 为 X 的符号函数，即 $Y=\mathrm{sgn}(X).$又 X 的

密度函数为 $f(x)=\begin{cases}\dfrac{1}{3},&-1\leqslant x\leqslant 2,\\[2mm]0,&\text{其他},\end{cases}$ 所以

$EY=\displaystyle\int_{-\infty}^{+\infty}\mathrm{sgn}(x)f(x)\mathrm{d}x$

$=\displaystyle\int_{-1}^0(-1)\times\dfrac{1}{3}\mathrm{d}x+\int_0^2 1\times\dfrac{1}{3}\mathrm{d}x$

$=-\dfrac{1}{3}+\dfrac{2}{3}=\dfrac{1}{3},$

$E(Y^2)=\displaystyle\int_{-\infty}^{+\infty}[\mathrm{sgn}(x)]^2f(x)\mathrm{d}x$

$=\displaystyle\int_{-1}^0(-1)^2\times\dfrac{1}{3}\mathrm{d}x+\int_0^2 1^2\times\dfrac{1}{3}\mathrm{d}x$

$=\dfrac{1}{3}+\dfrac{2}{3}=1,$

所以 $DY=E(Y^2)-(EY)^2=1-\dfrac{1}{9}=\dfrac{8}{9}.$

9. 知识点：0405 协方差，0301 二维连续型随机变量

解 $EX=\displaystyle\int_0^1\mathrm{d}x\int_0^1 x(x+y)\mathrm{d}y=\int_0^1 x\left(x+\dfrac{1}{2}\right)\mathrm{d}x=$

$\dfrac{1}{3}+\dfrac{1}{4}=\dfrac{7}{12}$，由对称性 $EY=\dfrac{7}{12}.$而

$E(XY)=\displaystyle\int_0^1\mathrm{d}x\int_0^1 xy(x+y)\mathrm{d}y=\int_0^1 x\left(\dfrac{1}{2}x+\dfrac{1}{3}\right)\mathrm{d}x$

$=\dfrac{1}{6}+\dfrac{1}{6}=\dfrac{1}{3},$

所以 $\mathrm{Cov}(X,Y)=\dfrac{1}{3}-\dfrac{7}{12}\times\dfrac{7}{12}=-\dfrac{1}{144}.$

10. 知识点：0405 相关系数，0401 数字特征的性质

解法 1 由于 $X+Y=n$，所以 $Y=-X+n$，由相关系数的性质 $\rho_{XY}=-1.$

解法 2 $\rho_{XY}=\dfrac{\mathrm{Cov}(X,Y)}{\sqrt{DX}\sqrt{DY}}=\dfrac{\mathrm{Cov}(X,-X+n)}{\sqrt{DX}\sqrt{D(-X+n)}}$

$=\dfrac{-DX}{\sqrt{DX}\sqrt{DX}}=-1.$

三、解答题

11. 知识点：0303 二维离散型随机变量的分布律，0406 不相关，0305 随机变量的独立性

解 （1）由于 $P\{X=1,Y=-1\}=P\{X=1,Y=1\}=$

p,所以

$$P\{X=0,Y=1\}=P\{X=0,Y=-1\}=\frac{1}{3}-p,$$

$$P\{X=0,Y=0\}=\frac{1}{2}-2\left(\frac{1}{3}-p\right)=2p-\frac{1}{6},$$

$$P\{X=1,Y=0\}=\frac{1}{2}-2p,$$

故 (X,Y) 的分布律为

X	Y			$p_{i\cdot}$
	-1	0	1	
0	$\dfrac{1}{3}-p$	$2p-\dfrac{1}{6}$	$\dfrac{1}{3}-p$	$\dfrac{1}{2}$
1	p	$\dfrac{1}{2}-2p$	p	$\dfrac{1}{2}$
$p_{\cdot j}$	$\dfrac{1}{3}$	$\dfrac{1}{3}$	$\dfrac{1}{3}$	1

（2）$EX=\dfrac{1}{2}$,$EY=0$,$E(XY)=-p+p=0$,故 $\mathrm{Cov}(X,Y)=E(XY)-EX\cdot EY=0$,所以 X 与 Y 不相关.

（3）如果 X 和 Y 相互独立,则 $P\{X=1,Y=1\}=P\{X=1\}P\{Y=1\}$,得 $p=\dfrac{1}{2}\times\dfrac{1}{3}=\dfrac{1}{6}$.反之,当 $p=\dfrac{1}{6}$ 时,(X,Y) 的分布律为

X	Y			$p_{i\cdot}$
	-1	0	1	
0	$\dfrac{1}{6}$	$\dfrac{1}{6}$	$\dfrac{1}{6}$	$\dfrac{1}{2}$
1	$\dfrac{1}{6}$	$\dfrac{1}{6}$	$\dfrac{1}{6}$	$\dfrac{1}{2}$
$p_{\cdot j}$	$\dfrac{1}{3}$	$\dfrac{1}{3}$	$\dfrac{1}{3}$	1

显然 X 和 Y 相互独立.故 X 和 Y 相互独立的充要条件为 $p=\dfrac{1}{6}$.

12. 知识点：0401 数学期望的计算,0205 泊松分布,0207 指数分布

解 由 $X\sim P(\lambda)$ 得 $EX=DX=\lambda$.由 $Y\sim E(\lambda)$ 得 $EY=\dfrac{1}{\lambda}$.由于 $EX=EY$,即 $\lambda=\dfrac{1}{\lambda}$,且 $\lambda>0$,解得 $\lambda=1$,所以 $X\sim P(1)$,$Y\sim E(1)$.

因为 X 和 Y 相互独立,所以 X^2 和 2^Y 相互独立,从而 $E(X^2 2^Y)=E(X^2)E(2^Y)$,其中

$$E(X^2)=D(X)+[E(X)]^2=1+1^2=2,$$

$$E(2^Y)=\int_0^{+\infty}2^y\mathrm{e}^{-y}\mathrm{d}y=\int_0^{+\infty}\left(\frac{2}{\mathrm{e}}\right)^y\mathrm{d}y$$

$$=\frac{1}{\ln\dfrac{2}{\mathrm{e}}}\left(\frac{2}{\mathrm{e}}\right)^y\Big|_0^{+\infty}=\frac{1}{1-\ln 2},$$

于是,$E(X^2 2^Y)=\dfrac{2}{1-\ln 2}$.

13. 知识点：0401 数学期望,0203 离散型随机变量,0204 几何分布

解 （1）由离散型随机变量的数学期望定义,有

$$EX=\sum_{k=0}^{\infty}kP\{X=k\}=\sum_{k=1}^{\infty}kP\{X=k\}$$

$$=\sum_{k=1}^{\infty}\sum_{i=1}^{k}P\{X=k\}=\sum_{i=1}^{\infty}\sum_{k=i}^{\infty}P\{X=k\}$$

$$=\sum_{i=1}^{\infty}P\{X\geqslant i\}.$$

（2）由于 $P\{X=k\}=(1-p)^{k-1}p,k=1,2,\cdots$,所以

$$P\{X\geqslant i\}=\sum_{k=i}^{\infty}(1-p)^{k-1}p=\frac{(1-p)^{i-1}p}{1-(1-p)}$$

$$=(1-p)^{i-1},i=1,2,\cdots,$$

利用（1）的结论,

$$EX=\sum_{i=1}^{\infty}(1-p)^{i-1}=\frac{1}{1-(1-p)}=\frac{1}{p}.$$

14. 知识点：0207 指数分布,0401 数学期望

解 $g(t)=\int_0^{+\infty}|x-t|\cdot\lambda\mathrm{e}^{-\lambda x}\mathrm{d}x$

$$=\int_0^{t}(t-x)\cdot\lambda\mathrm{e}^{-\lambda x}\mathrm{d}x$$

$$+\int_t^{+\infty}(x-t)\cdot\lambda\mathrm{e}^{-\lambda x}\mathrm{d}x$$

$$=t+\frac{2}{\lambda}\mathrm{e}^{-\lambda t}-\frac{1}{\lambda},$$

进而 $g'(t) = 1 - 2e^{-\lambda t}$. 令 $g'(t) = 0$, 解得 $t = \dfrac{1}{\lambda}\ln 2$.

当 $0 < t < \dfrac{1}{\lambda}\ln 2$ 时, $g'(t) < 0$; 当 $\dfrac{1}{\lambda}\ln 2 < t < +\infty$ 时, $g'(t) > 0$, 所以当 $t = \dfrac{1}{\lambda}\ln 2$ 时, $g(t)$ 取最小值, 且最小值点 $t_0 = \dfrac{1}{\lambda}\ln 2$.

$$P\{X \geqslant t_0\} = P\left\{X \geqslant \frac{1}{\lambda}\ln 2\right\} = \int_{\frac{1}{\lambda}\ln 2}^{+\infty} \lambda e^{-\lambda x}\,\mathrm{d}x$$

$$= -e^{-\lambda x}\Big|_{\frac{1}{\lambda}\ln 2}^{+\infty} = \frac{1}{2}.$$

15. 知识点: 0306 二维正态分布, 0207 正态分布的性质

解 由于 $\rho_{X_1 X_2} = 0$, 所以 X_1 与 X_2 相互独立. 并且 $EX_1 = EX_2 = 0, DX_1 = DX_2 = 1$.

记正交矩阵 $A = \begin{pmatrix} a_{11} & a_{12} \\ a_{21} & a_{22} \end{pmatrix}$, 则 $a_{11}^2 + a_{21}^2 = 1, a_{12}^2 + a_{22}^2 = 1, a_{11}a_{12} + a_{21}a_{22} = 0$, 且 $Y_1 = a_{11}X_1 + a_{21}X_2, Y_2 = a_{12}X_1 + a_{22}X_2$.

由于 $|A| \neq 0$, 所以由二维正态分布的性质, (Y_1, Y_2) 服从二维正态分布.

$EY_1 = a_{11}EX_1 + a_{21}EX_2 = 0$, 同理 $EY_2 = 0$.

$DY_1 = a_{11}^2 DX_1 + a_{21}^2 DX_2 = a_{11}^2 + a_{21}^2 = 1$, 同理 $DY_2 = 1$.

$\mathrm{Cov}(Y_1, Y_2) = \mathrm{Cov}(a_{11}X_1 + a_{21}X_2, a_{12}X_1 + a_{22}X_2) = a_{11}a_{12} + a_{21}a_{22} = 0$, 进而 $\rho_{Y_1 Y_2} = 0$.

综上, $(Y_1, Y_2) \sim N(0, 0, 1, 1, 0)$.

16. 知识点: 最值函数, 0207 正态分布, 0401 数学期望

分析 本题可以首先分别求出 $U = \max\{X, Y\}$ 和 $V = \min\{X, Y\}$ 的密度函数, 然后依此求得 EU, EV. 但此方法计算量比较大, 不宜采用.

解 由于 $U + V = X + Y, U - V = |X - Y|$, 故

$$EU + EV = EX + EY = 2\mu, \qquad ①$$

记 $Z = X - Y$, 则 $Z \sim N(0, 2\sigma^2)$, 所以

$$EU - EV = E(|X - Y|) = E(|Z|)$$

$$= \int_{-\infty}^{+\infty} |z| \frac{1}{2\sigma\sqrt{\pi}} e^{-\frac{z^2}{4\sigma^2}}\,\mathrm{d}z$$

$$= 2\int_0^{+\infty} z \cdot \frac{1}{2\sigma\sqrt{\pi}} e^{-\frac{z^2}{4\sigma^2}}\,\mathrm{d}z$$

$$= -\frac{2\sigma}{\sqrt{\pi}} e^{-\frac{z^2}{4\sigma^2}}\Big|_0^{+\infty} = \frac{2\sigma}{\sqrt{\pi}}, \qquad ②$$

联立 ① 和 ②, 解得 $EU = \mu + \dfrac{\sigma}{\sqrt{\pi}}, EV = \mu - \dfrac{\sigma}{\sqrt{\pi}}$.

17. 知识点: 0401 数学期望的性质, 0403 方差的性质

解 (1) 由于 $-|X| \leqslant X \leqslant |X|$, 所以 $-E|X| \leqslant EX \leqslant E|X|$, 即 $|EX| \leqslant E|X|$. 又

$$E(X^2) = E(|X|^2) = D|X| + (E|X|)^2 \geqslant (E|X|)^2,$$

且 $E|X| \geqslant 0$, 得 $E|X| \leqslant \sqrt{E(X^2)}$. 故

$$|EX| \leqslant E|X| \leqslant \sqrt{E(X^2)}.$$

(2) 在 (1) 中将 X 换成 $X - EX$, 则有

$$0 = |E(X - EX)| \leqslant E|X - EX|$$

$$\leqslant \sqrt{E(X - EX)^2} = \sqrt{DX},$$

即得 $E|X - EX| \leqslant \sqrt{DX}$.

第四章 随机变量的数字特征同步测试（B 卷）习题精解

一、单项选择题

题号	1	2	3	4	5
答案	（A）	（D）	（B）	（B）	（C）

1. 知识点: 0204 0—1 分布, 0405 协方差, 0401 数学

期望

分析 由于 X 和 Y 均服从 0—1 分布, 所以 $E(XY) = P\{X = 1, Y = 1\}$, 这是本题的一个关键点.

解 $EX = \dfrac{3}{4}, EY = \dfrac{1}{2}, E(XY) = EX \cdot EY + \mathrm{Cov}(X, Y) =$

$\dfrac{3}{4} \cdot \dfrac{1}{2} + \dfrac{1}{8} = \dfrac{1}{2}$, 从而 $P\{X = 1, Y = 1\} = E(XY) = \dfrac{1}{2}$. 故

$$P\{Y = 1 \mid X = 1\} = \frac{P\{X = 1, Y = 1\}}{P\{X = 1\}} = \frac{\dfrac{1}{2}}{\dfrac{3}{4}} = \frac{2}{3}.$$

2. 知识点： 0203 离散型随机变量, 0401 数学期望的性质

分析 本题可以采用多种方法求解. 首先想到的方法应该是求出 X 的分布律, 然后求出 EX. 对于任意取值的 n, 此方法计算量较大, 但作为选择题, 可以取 n 为具体的值, 简化计算. 还有另外一种方法就是利用对称性求解.

解法 1 取 $n = 4$, 则计算得 X 的分布律为

$$X \sim \begin{pmatrix} 2 & 3 \\ \dfrac{1}{2} & \dfrac{1}{2} \end{pmatrix},$$

进而得 $EX = \dfrac{5}{2} = \dfrac{4+1}{2}$, 故应选择 $EX = \dfrac{n+1}{2}$.

解法 2 如果从第 n 号盒子开始往回逐个打开, 直到出现两个黄球为止, 并记 Y 为所打开的盒子数, 则 $X + Y = n + 1$, 故 $EX + EY = n + 1$. 由对称性知 $EX = EY$, 所以 $2EX = n + 1$, 得 $EX = \dfrac{n+1}{2}$.

【注释】 对称性是指：从左到右和从右到左对称.

3. 知识点： 0401 数学期望, 定积分比较定理

解法 1 以 X 为连续型随机变量为例. 设 X 的密度函数为 $f(x)$, 由于 X 是非负随机变量, 则 $\displaystyle\int_0^{+\infty} f(t)\,\mathrm{d}t = 1$, $EX = \displaystyle\int_0^{+\infty} tf(t)\,\mathrm{d}t$, 故

$$P\{X \leqslant 1\} = \int_0^1 f(t)\,\mathrm{d}t = 1 - \int_1^{+\infty} f(t)\,\mathrm{d}t$$
$$\geqslant 1 - \int_1^{+\infty} tf(t)\,\mathrm{d}t \geqslant 1 - \int_0^{+\infty} tf(t)\,\mathrm{d}t$$
$$= 1 - EX = 1 - \mu.$$

解法 2 通过举反例, 采用排除法.

如果 $X \sim \begin{pmatrix} 0 & 1 \\ \dfrac{1}{2} & \dfrac{1}{2} \end{pmatrix}$, 则 $EX = \dfrac{1}{2}$, $P\{X \leqslant 1\} = 1$, 排除 (C) 和 (D).

如果 $X \sim \begin{pmatrix} 1 & 2 \\ \dfrac{1}{2} & \dfrac{1}{2} \end{pmatrix}$, 则 $EX = \dfrac{3}{2}$, $P\{X \leqslant 1\} = \dfrac{1}{2}$, 排除 (A). 应选 (B).

【注释】 解法 1 中, 如果以 X 为离散型随机变量为例, 则类似可证. 同理, 在解法 2 中, 也可通过列举连续型随机变量分布的反例, 得到相同的结果.

4. 知识点： 0406 不相关, 0401 数学期望的计算

解 (2) 和 (3) 正确, (1) 和 (4) 不正确.

对于 (2), 当 $f(-x, y) = f(x, y)$ 时, 由二重积分的对称性知 $E(XY) = \displaystyle\iint_{\mathbf{R}^2} xyf(x, y)\,\mathrm{d}\sigma = 0$, $EX = \displaystyle\iint_{\mathbf{R}^2} xf(x, y)\,\mathrm{d}\sigma = 0$, 所以 $E(XY) = EX \cdot EY = 0$, X 与 Y 不相关.

同理, 对于 (3) 由对称性知, 当 $f(x, -y) = f(x, y)$ 时, X 与 Y 也不相关.

对于 (1) 和 (4), 反例：设 (X, Y) 在 $D : x^2 + y^2 \leqslant 1, xy \geqslant 0$ 上服从均匀分布, 则 (X, Y) 的密度函数为

$$f(x, y) = \begin{cases} \dfrac{2}{\pi}, & (x, y) \in D \\ 0, & \text{其他}, \end{cases}$$

满足 $f(x, y) = f(y, x)$

和 $f(-x, -y) = f(x, y)$. 又计算得 $E(XY) = \dfrac{1}{2\pi}$, $EX = EY = 0$, $E(XY) \neq EX \cdot EY$, 故 X 与 Y 不是不相关. 故选 (B).

【注释】 本题的一个重要工作就是二重积分的计算, 包括二重积分的奇偶对称性, 以及利用极坐标计算二重积分, 这些是高等数学的知识.

5. 知识点： 0305 随机变量的相互独立, 0406 不相关

解 由 $X^2 + Y^2 = 1$ 知 (D) 不正确, 由此可知 (B) 不正确, 进而 (A) 不正确. 另外, 由于 $EX = EY = E(XY) = 0$, 故 $E(XY) = EX \cdot EY$, 所以可知 (C) 是正确的.

【注释】本题要求熟练掌握独立性和不相关的相关结论.

二、填空题

6. 知识点：0402 随机变量函数的期望

解　由题意有

$E(\min\{|X|,1\})$

$= \displaystyle\int_{-\infty}^{+\infty} \min\{|x|,1\} f(x)\mathrm{d}x$

$= \displaystyle\int_{-\infty}^{+\infty} \min\{|x|,1\} \frac{1}{\pi(1+x^2)}\mathrm{d}x$

$= \displaystyle\int_{|x|\le 1} |x| \frac{1}{\pi(1+x^2)}\mathrm{d}x + \int_{|x|>1} 1\cdot \frac{1}{\pi(1+x^2)}\mathrm{d}x$

$= \displaystyle\int_{-1}^{1} |x| \frac{1}{\pi(1+x^2)}\mathrm{d}x + \int_{-\infty}^{-1} \frac{1}{\pi(1+x^2)}\mathrm{d}x$

$\displaystyle\quad + \int_{1}^{+\infty} \frac{1}{\pi(1+x^2)}\mathrm{d}x$

$= \dfrac{1}{\pi}\ln 2 + \dfrac{1}{2}.$

【注释】本题中，$\min\{|X|,1\}$ 既非连续型随机变量，也非离散型随机变量.

7. 知识点：0403 方差的计算，0202 分布函数的性质

分析　本题首先利用分布函数的性质求出常数 k，然后求出 DX.

解　由于 X 为连续型随机变量，故 $F(x)$ 处处连续，从而有 $F(1-0)=F(1+0)=F(1)$，得 $1-k=0$，即 $k=1$，所以

$$F(x)=\begin{cases}1-\dfrac{1}{x^3}, & x\ge 1,\\[2mm] 0, & x<1.\end{cases}$$

得

$$f(x)=F'(x)=\begin{cases}\dfrac{3}{x^4}, & x\ge 1,\\[2mm] 0, & x<1.\end{cases}$$

有

$EX = \displaystyle\int_{1}^{+\infty} x\cdot\frac{3}{x^4}\mathrm{d}x = 3\int_{1}^{+\infty}\frac{1}{x^3}\mathrm{d}x = 3\cdot\left(-\frac{1}{2x^2}\right)\Big|_{1}^{+\infty}$

$= \dfrac{3}{2},$

$E(X^2) = \displaystyle\int_{1}^{+\infty} x^2\cdot\frac{3}{x^4}\mathrm{d}x = 3\int_{1}^{+\infty}\frac{1}{x^2}\mathrm{d}x$

$= 3\cdot\left(-\dfrac{1}{x}\right)\Big|_{1}^{+\infty} = 3,$

故 $DX = 3 - \left(\dfrac{3}{2}\right)^2 = \dfrac{3}{4}.$

【易错点】如果没有利用连续型随机变量分布函数的连续性求出 $k=1$，而是直接用上述方法求解，是不正确的.事实上，当 $0<k<1$ 时，由于 $F(x)$ 在点 $x=1$ 处不连续，所以 X 不是连续型随机变量，从而 X 没有密度函数.顺便指出，X 也不是离散型随机变量.当 $k=0$ 时，$X\sim\begin{pmatrix}1\\1\end{pmatrix}$，$DX=0$，但此与 X 为连续型随机变量.矛盾.

8. 知识点：0401 数学期望的计算，0207 正态分布

解　由题意有

$EX = \displaystyle\int_{0}^{+\infty} x\frac{1}{\sqrt{2\pi x}\,\sigma}\mathrm{e}^{-\frac{x}{2\sigma^2}}\mathrm{d}x \xlongequal{t=\sqrt{x}} 2\int_{0}^{+\infty} t^2\frac{1}{\sqrt{2\pi}\,\sigma}\mathrm{e}^{-\frac{t^2}{2\sigma^2}}\mathrm{d}t.$

设 $T\sim N(0,\sigma^2)$，则

$$E(T^2)=DT+(ET)^2=\sigma^2+0^2=\sigma^2.$$

又

$E(T^2)=\displaystyle\int_{-\infty}^{+\infty} t^2\frac{1}{\sqrt{2\pi}\,\sigma}\mathrm{e}^{-\frac{t^2}{2\sigma^2}}\mathrm{d}t = 2\int_{0}^{+\infty} t^2\frac{1}{\sqrt{2\pi}\,\sigma}\mathrm{e}^{-\frac{t^2}{2\sigma^2}}\mathrm{d}t,$

所以 $EX=E(T^2)=\sigma^2.$

【注释】此方法经常被运用，考生应熟练掌握.

9. 知识点：0203 分布律，0401 数学期望，0110 全概率公式

分析　因为 X 的取值为 $0,1,2,3$ 四种情况，故采用全概率公式求解.

解　设 $X\sim\begin{pmatrix}0 & 1 & 2 & 3\\ p_0 & p_1 & p_2 & p_3\end{pmatrix}$，则

$$EX = p_1 + 2p_2 + 3p_3 = \frac{3}{2}.$$

设 A 表示该产品为次品，由全概率公式，得

$$P(A) = \sum_{i=0}^{3} P\{X = i\} P\{A \mid X = i\}$$

$$= \sum_{i=0}^{3} p_i \cdot \frac{i}{3} = \frac{EX}{3} = \frac{1}{2}.$$

10. 知识点: 0405 相关系数, 0404 泊松分布的方差

解 $\mathrm{Cov}(X, Y) = \rho_{XY} \sqrt{DX} \sqrt{DY} = \frac{1}{2} \sqrt{\lambda} \sqrt{\lambda} = \frac{1}{2}\lambda.$

$$DU = D(2X + Y) = 4DX + DY + 4\mathrm{Cov}(X, Y)$$

$$= 4\lambda + \lambda + 4 \times \frac{1}{2}\lambda = 7\lambda,$$

由对称性, 同理可得 $DV = 3\lambda.$ 则

$$\mathrm{Cov}(U, V) = \mathrm{Cov}(2X + Y, X - 2Y)$$

$$= 2DX - 2DY - 3\mathrm{Cov}(X, Y)$$

$$= 2\lambda - 2\lambda - 3 \times \frac{1}{2}\lambda = -\frac{3}{2}\lambda,$$

故 $\rho_{UV} = \dfrac{\mathrm{Cov}(U, V)}{\sqrt{DU}\sqrt{DV}} = \dfrac{-\dfrac{3}{2}\lambda}{\sqrt{21}\lambda} = -\dfrac{\sqrt{21}}{14}.$

三、解答题

11. 知识点: 积分不等式, 0401 数学期望, 0403 分差

证 补充定义: 当 $x \notin [0, 1]$ 时, $f(x) = 0$, 则 $f(x)$ 在 $(-\infty, +\infty)$ 内非负可积, 且

$$\int_{-\infty}^{+\infty} f(x)\,dx = \int_{0}^{1} f(x)\,dx = 1,$$

因此 $f(x)$ 可视为随机变量 X 的密度函数. 进而有

$$EX = \int_{-\infty}^{+\infty} x f(x)\,dx = \int_{0}^{1} x f(x)\,dx,$$

$$E(X^2) = \int_{-\infty}^{+\infty} x^2 f(x)\,dx = \int_{0}^{1} x^2 f(x)\,dx.$$

由于

$$DX = E(X^2) - (EX)^2$$

$$= \int_{0}^{1} x^2 f(x)\,dx - \left(\int_{0}^{1} x f(x)\,dx\right)^2 \geqslant 0,$$

所以 $\left(\displaystyle\int_{0}^{1} x f(x)\,dx\right)^2 \leqslant \displaystyle\int_{0}^{1} x^2 f(x)\,dx.$

12. 知识点: 0401 数学期望, 0403 方差, 0203 分布律

分析 本题介绍直接计算和分解计算两种计算方法.

解法 1 设 $A_i = $"第 i 次打开锁", $i = 1, 2, \cdots, n$, 则

$$P\{X = i\} = P(\overline{A_1}\,\overline{A_2}\cdots\overline{A_{i-1}}A_i)$$

$$= \frac{n-1}{n} \cdot \frac{n-2}{n-1} \cdot \cdots \cdot \frac{n-i+1}{n-i+2} \cdot \frac{1}{n-i+1}$$

$$= \frac{1}{n}, i = 1, 2, \cdots, n,$$

得 $X \sim \begin{pmatrix} 1 & 2 & \cdots & n \\ \dfrac{1}{n} & \dfrac{1}{n} & \cdots & \dfrac{1}{n} \end{pmatrix}.$ 故

$$EX = \sum_{i=1}^{n} i \cdot \frac{1}{n} = \frac{n+1}{2},$$

$$E(X^2) = \sum_{i=1}^{n} i^2 \cdot \frac{1}{n} = \frac{(n+1)(2n+1)}{6},$$

$$DX = \frac{(n+1)(2n+1)}{6} - \left(\frac{n+1}{2}\right)^2 = \frac{n^2-1}{12}.$$

解法 2 令 $X_i = \begin{cases} i, & \text{第 } i \text{ 次打开锁}, \\ 0, & \text{第 } i \text{ 次未打开锁}, \end{cases}$ 则

$$P\{X_i = i\} = \frac{n-1}{n} \cdot \frac{n-2}{n-1} \cdot \cdots$$

$$\cdot \frac{n-i+1}{n-i+2} \cdot \frac{1}{n-i+1} = \frac{1}{n},$$

$$P\{X_i = 0\} = 1 - \frac{1}{n},$$

所以 $X_i \sim \begin{pmatrix} 0 & i \\ 1 - \dfrac{1}{n} & \dfrac{1}{n} \end{pmatrix}$, 故 $EX_i = \dfrac{i}{n}, i = 1, 2, \cdots, n.$

因为 $X = \displaystyle\sum_{i=1}^{n} X_i$, 所以

$$EX = E\left(\sum_{i=1}^{n} X_i\right) = \sum_{i=1}^{n} EX_i = \sum_{i=1}^{n} \frac{i}{n} = \frac{n+1}{2}.$$

当 $i, j = 1, 2, \cdots, n$, 且 $i \neq j$ 时, $X_i X_j = 0$, 得 $E(X_i X_j)$

$= 0.$ 又 $E(X_i^2) = \dfrac{i^2}{n}, i = 1, 2, \cdots, n$, 所以

$$E(X^2) = E\left[\left(\sum_{i=1}^{n} X_i\right)^2\right]$$

$$= \sum_{i=1}^{n} E(X_i^2) + \sum_{i=1}^{n}\sum_{\substack{j=1, \\ j \neq i}}^{n} E(X_i X_j)$$

$$= \sum_{i=1}^{n} \frac{i^2}{n} = \frac{(n+1)(2n+1)}{6},$$

因此 $DX = \dfrac{(n+1)(2n+1)}{6} - \left(\dfrac{n+1}{2}\right)^2 = \dfrac{n^2-1}{12}$.

【注释】解法 2 为分解计算方法,此方法不需要求 X 的分布律,只需要利用 X 的部分量 X_i 的分布律计算数学期望和方差,再配合数学期望和方差的性质即可求得.因此当 X 的分布律不易求得时,可采用此方法.

【易错点】解法 2 中,当 $i,j = 1,2,\cdots,n$,且 $i \neq j$ 时, X_i 和 X_j 并非相互独立.

13. 知识点: 0207 正态分布的性质,0305 独立性, 0108 条件概率

解 (1) 由于 $DX = DY = 1,\mathrm{Cov}(X,Y) = 0$,所以

$$\begin{aligned}\mathrm{Cov}(U,V) &= \mathrm{Cov}(X+2Y, X+aY)\\ &= DX + 2aDY + (2+a)\mathrm{Cov}(X,Y)\\ &= 1 + 2a,\end{aligned}$$

故当 $a = -\dfrac{1}{2}$ 时,$\mathrm{Cov}(U,V) = 0, U$ 与 V 不相关.

此时 $U = X+2Y, V = X - \dfrac{1}{2}Y$.又由题意知 $(X,Y) \sim$

$N(0,0;1,1;0)$,且 $\begin{vmatrix} 1 & 2 \\ 1 & -\dfrac{1}{2} \end{vmatrix} \neq 0$,所以 (U,V) 服从

二维正态分布.故当 $a = -\dfrac{1}{2}$ 时,U 和 V 相互独立.

(2) 由 $U = X+2Y, V = X - \dfrac{1}{2}Y$ 得 $X = \dfrac{1}{5}U + \dfrac{4}{5}V$,

所以

$$P\{X > 0 \mid X+2Y = 2\} = P\left\{\dfrac{1}{5}U + \dfrac{4}{5}V > 0 \,\Big|\, U = 2\right\}$$

$$= P\left\{V > -\dfrac{1}{2} \,\Big|\, U = 2\right\}.$$

因为 U 和 V 相互独立,所以 $P\{X > 0 \mid X+2Y = 2\}$

$$= P\left\{V > -\dfrac{1}{2}\right\}.$$

又计算得 $EV = 0, DV = \dfrac{5}{4}$,所以 $V \sim N\left(0, \dfrac{5}{4}\right)$,故

$$P\{X > 0 \mid X+2Y = 2\} = P\left\{\dfrac{V}{\sqrt{5}/2} > -\dfrac{1}{\sqrt{5}}\right\}$$

$$= 1 - \Phi\left(-\dfrac{1}{\sqrt{5}}\right) = \Phi\left(\dfrac{1}{\sqrt{5}}\right).$$

14. 知识点: 0406 不相关,0305 独立性,0304 密度函数的性质

解 (1) 由密度函数的性质知

$$\int_{-\infty}^{+\infty}\mathrm{d}x\int_{-\infty}^{+\infty}f(x,y)\mathrm{d}y = a\int_{-1}^{1}\int_{-1}^{1}(x+1)(y+1)\mathrm{d}x\mathrm{d}y +$$

$$b\iint\limits_{x^2+y^2 \leqslant 1}\dfrac{1}{\pi}\mathrm{d}x\mathrm{d}y = 1,$$

解得 $4a + b = 1$,故 $b = 1 - 4a$,所以

$$f(x,y) = \begin{cases} a(x+1)(y+1) + (1-4a)\varphi(x,y), \\ \qquad\qquad |x| \leqslant 1, |y| \leqslant 1, \\ 0, \qquad\qquad 其他. \end{cases}$$

且

$$\begin{aligned} EX &= a\int_{-1}^{1}\int_{-1}^{1}x(x+1)(y+1)\mathrm{d}x\mathrm{d}y + \\ &\quad (1-4a)\iint\limits_{x^2+y^2\leqslant 1} x\cdot\dfrac{1}{\pi}\mathrm{d}x\mathrm{d}y \\ &= \dfrac{4a}{3}, \end{aligned}$$

由对称性,$EY = \dfrac{4a}{3}$.则

$$\begin{aligned} E(XY) &= a\int_{-1}^{1}\int_{-1}^{1}xy(x+1)(y+1)\mathrm{d}x\mathrm{d}y \\ &\quad + (1-4a)\iint\limits_{x^2+y^2\leqslant 1} xy\cdot\dfrac{1}{\pi}\mathrm{d}x\mathrm{d}y = \dfrac{4}{9}a. \end{aligned}$$

由于 X 和 Y 不相关等价于 $E(XY) = EX \cdot EY$,得 $\dfrac{4}{9}a$

$= \left(\dfrac{4}{3}a\right)^2$,解得 $a = 0$ 或 $a = \dfrac{1}{4}$,所以当 $a = 0, b = 1$

或 $a = \dfrac{1}{4}, b = 0$ 时,X 和 Y 不相关.

(2) 当 $a = 0, b = 1$ 时,$f(x,y) = \varphi(x,y)$,其边缘密度函数分别为

$$f_X(x) = \begin{cases} \dfrac{2}{\pi}\sqrt{1-x^2}, & |x| \leqslant 1, \\ 0, & 其他, \end{cases}$$

$$f_Y(y) = \begin{cases} \dfrac{2}{\pi}\sqrt{1-y^2}, & |y| \leqslant 1, \\ 0, & 其他, \end{cases}$$

由于 $f(x,y) \neq f_X(x)f_Y(y)$,所以 X 和 Y 不相互独立.

当 $a = \dfrac{1}{4}, b = 0$ 时,

$$f(x,y) = \begin{cases} \dfrac{1}{4}(x+1)(y+1), & |x| \leqslant 1, |y| \leqslant 1, \\ 0, & \text{其他}. \end{cases}$$

其边缘密度函数分别为

$$f_X(x) = \begin{cases} \dfrac{x+1}{2}, & |x| \leqslant 1, \\ 0, & \text{其他}, \end{cases}$$

$$f_Y(y) = \begin{cases} \dfrac{y+1}{2}, & |y| \leqslant 1, \\ 0, & \text{其他}, \end{cases}$$

由于 $f(x,y) = f_X(x)f_Y(y)$,所以此时 X 和 Y 相互独立.

15. 知识点:0403 方差,0405 协方差,0207 正态分布,0305 独立性

解法 1 (1) 由于 $Y_i = X_i - \overline{X} = \left(1 - \dfrac{1}{n}\right)X_i - \dfrac{1}{n}\sum_{\substack{j=1 \\ j \neq i}}^{n} X_j, X_1, X_2, \cdots, X_n$ 相互独立,且 $DX_i = 1, i = 1, 2, \cdots, n$,所以

$$DY_i = D\left[\left(1 - \dfrac{1}{n}\right)X_i - \dfrac{1}{n}\sum_{\substack{j=1 \\ j \neq i}}^{n} X_j\right]$$

$$= \left(1 - \dfrac{1}{n}\right)^2 DX_i + \left(-\dfrac{1}{n}\right)^2 \sum_{\substack{j=1 \\ j \neq i}}^{n} DX_j$$

$$= \dfrac{(n-1)^2}{n^2} + \dfrac{n-1}{n^2} = \dfrac{n-1}{n}.$$

(2) 由于当 $i, j = 1, 2, \cdots, n$,且 $i \neq j$ 时,$\mathrm{Cov}(X_i, X_j) = 0$,于是有

$$\mathrm{Cov}(Y_1, Y_n) = \mathrm{Cov}\left[\left(1 - \dfrac{1}{n}\right)X_1 - \dfrac{1}{n}X_2 - \cdots - \dfrac{1}{n}X_n,\right.$$

$$\left. -\dfrac{1}{n}X_1 - \dfrac{1}{n}X_2 - \cdots + \left(1 - \dfrac{1}{n}\right)X_n\right]$$

$$= \left(1 - \dfrac{1}{n}\right) \times \left(-\dfrac{1}{n}\right)DX_1$$

$$+ \left(-\dfrac{1}{n}\right)^2 DX_2 + \cdots + \left(-\dfrac{1}{n}\right)^2 DX_{n-1}$$

$$+ \left(-\dfrac{1}{n}\right) \times \left(1 - \dfrac{1}{n}\right)DX_n$$

$$= -\dfrac{2}{n}\left(1 - \dfrac{1}{n}\right) + (n-2) \times \dfrac{1}{n^2} = -\dfrac{1}{n}.$$

解法 2 $D\overline{X} = D\left(\dfrac{1}{n}(X_1 + X_2 + \cdots + X_n)\right)$

$$= \dfrac{1}{n^2}(DX_1 + DX_2 + \cdots + DX_n)$$

$$= \dfrac{1}{n^2} \times n = \dfrac{1}{n},$$

$$\mathrm{Cov}(X_i, \overline{X}) = \mathrm{Cov}\left(X_i, \dfrac{1}{n}(X_1 + X_2 + \cdots + X_n)\right)$$

$$= \dfrac{1}{n}DX_i = \dfrac{1}{n}, i = 1, 2, \cdots, n.$$

(1) $DY_i = D(X_i - \overline{X}) = DX_i + D\overline{X} - 2\mathrm{Cov}(X_i, \overline{X})$

$$= 1 + \dfrac{1}{n} - 2 \times \dfrac{1}{n} = 1 - \dfrac{1}{n}.$$

(2) $\mathrm{Cov}(Y_1, Y_n) = \mathrm{Cov}(X_1 - \overline{X}, X_n - \overline{X})$

$$= \mathrm{Cov}(X_1, X_n) - \mathrm{Cov}(X_1, \overline{X}) - \mathrm{Cov}(X_n, \overline{X}) + D\overline{X}$$

$$= 0 - \dfrac{1}{n} - \dfrac{1}{n} + \dfrac{1}{n} = -\dfrac{1}{n}.$$

16. 知识点:幂级数的逐项积分与逐项求导,0401 数学期望,0402 方差,0203 分布律

分析 本题先求出 X 的分布律,然后利用幂级数的逐项积分与逐项求导性质,求 EX 和 DX.

解 X 的取值为 $2, 4, 6, \cdots$,故 X 为离散型随机变量.

设 A_i 表示第 i 盘甲胜,故 $P(A_i) = \dfrac{2}{3}, i = 1, 2, \cdots$,且 $A_1, A_2, A_3, \cdots$ 相互独立,则 X 的分布律为

$$P\{X = 2k\} = P\{(A_1\overline{A_2} \cup \overline{A_1}A_2) \cdots$$

$$(A_{2k-3}\,\overline{A_{2k-2}} \cup \overline{A_{2k-3}}A_{2k-2}) \cdot$$

$$(A_{2k}A_{2k-1} \cup \overline{A_{2k-1}}\,\overline{A_{2k}})\}$$

$$= \left(\dfrac{4}{9}\right)^{k-1} \cdot \dfrac{5}{9}, \quad k = 1, 2, \cdots.$$

记 $S_1(x) = \sum_{k=1}^{\infty} kx^{k-1}, S_2(x) = \sum_{k=1}^{\infty} k^2 x^{k-1}, 0 < x < 1,$

则

$$S_1(x) = \sum_{k=1}^{\infty} (x^k)' = \left(\sum_{k=1}^{\infty} x^k\right)' = \left(\frac{x}{1-x}\right)' = \frac{1}{(1-x)^2},$$

$$S_2(x) = x\sum_{k=2}^{\infty} k(k-1)x^{k-2} + \sum_{k=1}^{\infty} kx^{k-1}$$

$$= x\sum_{k=2}^{\infty} (x^k)'' + \sum_{k=1}^{\infty} kx^{k-1} = x\left(\sum_{k=2}^{\infty} x^k\right)'' + S_1(x)$$

$$= x\left(\frac{x}{1-x}\right)'' + \frac{1}{(1-x)^2} = \frac{2x}{(1-x)^3} + \frac{1}{(1-x)^2}$$

$$= \frac{1+x}{(1-x)^3},$$

所以

$$EX = \sum_{k=1}^{\infty} 2k\left(\frac{4}{9}\right)^{k-1} \cdot \frac{5}{9} = \frac{10}{9}S_1\left(\frac{4}{9}\right)$$

$$= \frac{10}{9}\frac{1}{\left(1-\frac{4}{9}\right)^2} = \frac{18}{5},$$

$$E(X^2) = \sum_{k=1}^{\infty} (2k)^2\left(\frac{4}{9}\right)^{k-1} \cdot \frac{5}{9} = \frac{20}{9}S_2\left(\frac{4}{9}\right)$$

$$= \frac{20}{9}\frac{1+\frac{4}{9}}{(1-\frac{4}{9})^3} = \frac{4\times9\times13}{25},$$

$$DX = E(X^2) - (EX)^2 = \frac{4\times9\times13}{25} - \left(\frac{18}{5}\right)^2 = \frac{144}{25}.$$

17. 知识点：0403 方差，0405 相关系数，0207 均匀分布

分析　由于 $X \sim U\left[\frac{1}{2}, \frac{5}{2}\right]$，所以 X 为连续型随机变量．而 $[X]$ 的取值为 $0,1,2$，所以 $[X]$ 为离散型随机变量．

解　X 的密度函数为 $f(x) = \begin{cases} \frac{1}{2}, & \frac{1}{2} \leqslant x \leqslant \frac{5}{2}, \\ 0, & \text{其他}, \end{cases}$

且 $EX = \frac{3}{2}, DX = \frac{2^2}{12} = \frac{1}{3}.$

（1）由于 $[X] \sim \begin{pmatrix} 0 & 1 & 2 \\ \frac{1}{4} & \frac{1}{2} & \frac{1}{4} \end{pmatrix}$，进而得 $E[X] = 1, E([X]^2) = \frac{3}{2}$，故 $D[X] = \frac{3}{2} - 1^2 = \frac{1}{2}.$

（2）由于 $E(X[X]) = \int_{\frac{1}{2}}^{\frac{5}{2}} x[x] \cdot \frac{1}{2}dx = \int_{\frac{1}{2}}^{1} 0dx + \int_{1}^{2} \frac{1}{2}xdx + \int_{2}^{\frac{5}{2}} xdx = \frac{3}{4} + \frac{9}{8} = \frac{15}{8}$，故

$$\text{Cov}(X,[X]) = E(X[X]) - EX \cdot E[X]$$

$$= \frac{15}{8} - \frac{3}{2} \times 1 = \frac{3}{8}.$$

所以

$$D(X-[X]) = DX + D[X] - 2\text{Cov}(X,[X])$$

$$= \frac{1}{3} + \frac{1}{2} - 2 \times \frac{3}{8} = \frac{1}{12}.$$

（3）$\rho = \frac{\text{Cov}(X,[X])}{\sqrt{DX}\sqrt{D[X]}} = \frac{\frac{3}{8}}{\sqrt{\frac{1}{3}}\sqrt{\frac{1}{2}}} = \frac{3\sqrt{6}}{8}.$

【注释】 由于 X 为连续型随机变量，$[X]$ 为离散型随机变量，故本题（2）和（3）中的计算应该注重方法，不能简单地运用二维离散型随机变量的分布律，或者二维连续型随机变量的密度函数进行计算．

第五章　大数定律及中心极限定理同步测试（A卷）习题精解

一、单项选择题

题号	1	2	3	4	5
答案	(D)	(C)	(A)	(C)	(A)

1. 知识点：0501 切比雪夫不等式

解　$EX_i = 0.1i, DX_i = 0.09i, i = 1,2,\cdots,15$，故

$$E\left(\sum_{i=1}^{15} X_i\right) = \sum_{i=1}^{15} EX_i = \sum_{i=1}^{15} 0.1i = 12,$$

$$D\left(\sum_{i=1}^{15} X_i\right) = \sum_{i=1}^{15} DX_i = \sum_{i=1}^{15} 0.09i = 10.8,$$

所以,由切比雪夫不等式

$$P\left\{8 < \sum_{i=1}^{15} X_i < 16\right\} = P\left\{\left|\sum_{i=1}^{15} X_i - 12\right| < 4\right\}$$

$$= P\left\{\left|\sum_{i=1}^{15} X_i - E\left(\sum_{i=1}^{15} X_i\right)\right| < 4\right\}$$

$$\geqslant 1 - \frac{D\left(\sum_{i=1}^{15} X_i\right)}{4^2} = 1 - \frac{10.8}{16}$$

$$= 0.325.$$

2. 知识点:0501 切比雪夫不等式

解 由条件 $P\{8 < X < 16\} \geqslant \dfrac{1}{2}$,得

$$P\{|X - 12| < 4\} \geqslant 1 - \frac{8}{4^2}.$$

对照 $X \sim B(n,p)$ 时的切比雪夫不等式

$$P\{|X - np| < \varepsilon\} \geqslant 1 - \frac{np(1-p)}{\varepsilon^2},$$

得 $\varepsilon = 4$, $np = 12$, $np(1-p) = 8$,解得 $n = 36$, $p = \dfrac{1}{3}$.

3. 知识点:0504 辛钦大数定律

解 由于 $X_1, X_2, \cdots, X_n, \cdots$ 独立同分布,故 X_1^2, $X_2^2, \cdots, X_n^2, \cdots$ 也独立同分布,且

$$E(X_i^2) = DX_i + (EX_i)^2 = \lambda + \lambda^2.$$

因此,根据辛钦大数定律,有

$$\lim_{n \to \infty} P\left\{\left|\frac{1}{n}\sum_{i=1}^{n} X_i^2 - (\lambda + \lambda^2)\right| \geqslant \varepsilon\right\} = 0.$$

4. 知识点:0507 中心极限定理,0401 数学期望,0403 方差,0207 指数分布

分析 本题主要考察中心极限定理的四个条件.

解 莱维 - 林德伯格中心极限定理要求随机变量 $X_1, X_2, \cdots, X_n$ 独立同分布,而选项(A)和选项(B)中没有表明 $X_1, X_2, \cdots, X_n$ 同分布,故排除选项(A)和选项(B).

另外,莱维 - 林德伯格中心极限定理要求 $X_i(i = 1, 2, \cdots, n)$ 的数学期望和方差均存在,而离散型随机变量的数学期望和方差未必存在,故排除选项(D).

而选项(C)中,$X_1, X_2, \cdots, X_n$ 独立同分布,且 $X_i(i =$

$1, 2, \cdots, n)$ 的数学期望和方差均存在.故选(C).

5. 知识点:0506 中心极限定理,0205 泊松定理,0505 伯努利大数定律

解 由中心极限定理知,$X \overset{近似}{\sim} N(np, np(1-p))$,有

$$\frac{X}{n} \overset{近似}{\sim} N\left(p, \frac{1}{n}p(1-p)\right),$$

所以选项(B)正确.

由泊松定理知(C)正确;由伯努利大数定律知(D)正确.故选(A).事实上,由于 $X \sim B(n, p)$,故存在 $X_1, X_2, \cdots, X_n$ 相互独立,$X_i \sim B(1, p)$, $i = 1, 2,$ $\cdots, n$,使得 $X = \sum_{i=1}^{n} X_i$,所以选项(A)不正确.

二、填空题

6. 知识点:0501 切比雪夫不等式,0204 泊松分布

分析 每年发生交通事故次数 X 服从泊松分布.

解 由 $EX = 10$ 知 $X \sim P(10)$,则 $DX = 10$,根据切比雪夫不等式得

$$P\{5 < X < 15\} = P\{|X - 10| < 5\}$$

$$\geqslant 1 - \frac{10}{5^2} = 0.6.$$

7. 知识点:0501 切比雪夫不等式

分析 将 $3X - 2Y$ 视为一个整体,运用切比雪夫不等式.

解 $E(3X - 2Y) = 3EX - 2EY = 3 \times 2 - 2 \times 3 = 0$;

$D(3X - 2Y) = 9DX + 4DY - 12\text{Cov}(X, Y)$

$$= 9DX + 4DY - 12[E(XY) - EXEY]$$

$$= 9 \times 4 + 4 \times 16 - 12(14 - 2 \times 3) = 4.$$

所以,由切比雪夫不等式

$$P\{|3X - 2Y| \geqslant 3\}$$

$$= P\{|3X - 2Y - E(3X - 2Y)| \geqslant 3\}$$

$$\leqslant \frac{D(3X - 2Y)}{3^2} = \frac{4}{9}.$$

8. 知识点:0504 辛钦大数定律,0207 指数分布

解 由题意知 $X_1^2, X_2^2, \cdots, X_n^2, \cdots$ 也相互独立同分布,且

$$E(X_i^2) = DX_i + (EX_i)^2 = \frac{1}{4} + \left(\frac{1}{2}\right)^2 = \frac{1}{2},$$
$$i = 1, 2, \cdots.$$

由辛钦大数定律，当 $n \to \infty$ 时，$Y_n = \dfrac{1}{n}\sum\limits_{i=1}^{n} X_i^2$ 依概率收敛于 $\dfrac{1}{2}$.

9. 知识点：0204 二项分布，0506 中心极限定理

解 设 X 表示系统正常运行时无损坏工作的电子元件个数，则 $X \sim B(100, 0.9)$. 由中心极限定理知 $X \overset{近似}{\sim} N(90, 9)$，所以系统正常运行的概率为

$$P\{X \geqslant 84\} = P\left\{ \frac{X-90}{\sqrt{9}} \geqslant \frac{84-90}{\sqrt{9}} \right\}$$
$$= P\left\{ \frac{X-90}{\sqrt{9}} \geqslant -2 \right\} \approx 1 - \varPhi(-2)$$
$$= \varPhi(2) = 0.9772.$$

10. 知识点：0207 均匀分布，0507 中心极限定理

解 设 X_i 表示第 i 个数的舍入误差，则 $X_i \sim U(-0.5, 0.5)$，从而 $EX_i = 0$，$DX_i = \dfrac{(0.5+0.5)^2}{12} = \dfrac{1}{12}$，$i = 1, 2, \cdots, 1500$. 记 X 为误差总和，由中心极限定理知 $X = \sum\limits_{i=1}^{1500} X_i \overset{近似}{\sim} N(0, 125)$，所以

$$P\{|X| > 15\} = P\left\{ \left| \frac{X-0}{\sqrt{125}} \right| > \frac{15}{\sqrt{125}} = \frac{3}{\sqrt{5}} \right\}$$
$$= 2P\left\{ \frac{X-0}{\sqrt{125}} > \frac{3}{\sqrt{5}} \right\}$$
$$\approx 2\left[1 - \varPhi\left(\frac{3}{\sqrt{5}}\right) \right] = 0.1802.$$

三、解答题

11. 知识点：0501 切比雪夫不等式

解 设抛 n 次硬币，X_n 为抛 n 次硬币中正面出现次数，则 $X_n \sim B(n, 0.5)$，且得 $EX_n = 0.5n$，$DX_n = 0.25n$. 由切比雪夫不等式可得

$$P\left\{ \left| \frac{X_n}{n} - 0.5 \right| \geqslant 0.04 \right\} = P\{ |X_n - 0.5n| \geqslant 0.04n \}$$

$$= P\{ |X_n - EX_n| \geqslant 0.04n \}$$
$$\leqslant \frac{DX_n}{0.04^2 \times n^2} = \frac{0.25n}{0.04^2 \times n^2} = \frac{0.25}{0.04^2 n} \leqslant 0.01,$$

从而有 $n \geqslant \dfrac{0.25}{0.01 \times 0.04^2} = 15\,625$，即至少连抛 $15\,625$ 次硬币，才能保证正面出现频率与 0.5 之差的绝对值不小于 0.04 的概率不超过 0.01.

12. 知识点：0401 数学期望

分析 本题的证明方法与切比雪夫不等式的证明方法类似.

证 设 X 的分布律为 $P\{X = x_i\} = p_i$，$i = 1, 2, \cdots$，则 $P\{X \geqslant \varepsilon\} = \sum\limits_{x_i \geqslant \varepsilon} p_i$.

由于 $g(x)$ 为正值单增函数，故当 $x_i \geqslant \varepsilon$ 时，有 $g(x_i) \geqslant g(\varepsilon) > 0$，$\dfrac{g(x_i)}{g(\varepsilon)} \geqslant 1$，所以

$$P\{X \geqslant \varepsilon\} = \sum_{x_i \geqslant \varepsilon} p_i \leqslant \sum_{x_i \geqslant \varepsilon} \frac{g(x_i)}{g(\varepsilon)} p_i = \frac{\sum\limits_{x_i \geqslant \varepsilon} g(x_i) p_i}{g(\varepsilon)}$$
$$\leqslant \frac{\sum\limits_{i} g(x_i) p_i}{g(\varepsilon)} = \frac{Eg(X)}{g(\varepsilon)}.$$

【注释】 当 $g(x) = x$ 时，则有 $P\{X \geqslant \varepsilon\} \leqslant \dfrac{EX}{\varepsilon}$，称为马尔可夫不等式.

13. 知识点：0507 中心极限定理

解 设 X_i 表示第 i 个产品所花的时间（单位：s），则

$$X_i = \begin{cases} 10, & \text{第 } i \text{ 个产品不需要重复检查,} \\ 20, & \text{第 } i \text{ 个产品需要重复检查,} \end{cases}$$
$$i = 1, 2, \cdots, 1900.$$

由题意知 $X_1, X_2, \cdots, X_{1900}$ 独立，且

$$X_i \sim \begin{pmatrix} 10 & 20 \\ \dfrac{1}{2} & \dfrac{1}{2} \end{pmatrix}, EX_i = 15, DX_i = 25, i = 1, 2, \cdots, 1900.$$

检查 1900 个产品所需总时间 $X = \sum\limits_{i=1}^{1900} X_i$. 且 $EX = 1900 \times 15 = 28\,500$，$DX = 1900 \times 25 = 47\,500$.

由中心极限定理知 $X \overset{近似}{\sim} N(28\,500, 47\,500)$，故所求概率为

$$P\{X \leqslant 8 \times 3600\} = P\{X \leqslant 28\,800\}$$

$$\approx \Phi\left(\frac{28\,800 - 28\,500}{\sqrt{47\,500}}\right) = \Phi\left(\frac{6}{\sqrt{19}}\right) = 0.9162.$$

14. 知识点：0501 切比雪夫不等式，0507 中心极限定理

解 $EX_i = \dfrac{1}{2}, DX_i = \dfrac{1}{12}, i = 1, 2, \cdots, 60$，故

$$E\left(\sum_{i=1}^{60} X_i\right) = 30, \quad D\left(\sum_{i=1}^{60} X_i\right) = 5.$$

（1）由切比雪夫不等式得取值范围为

$$P\left\{\left|\sum_{i=1}^{60} X_i - 30\right| < 3\right\} \geqslant 1 - \frac{5}{3^2} = \frac{4}{9}.$$

（2）由中心极限定理，$\displaystyle\sum_{i=1}^{60} X_i \overset{近似}{\sim} N(30, 5)$，所以

$$P\left\{\left|\sum_{i=1}^{60} X_i - 30\right| < 3\right\}$$

$$= P\left\{\frac{\left|\sum_{i=1}^{60} X_i - 30\right|}{\sqrt{5}} < \frac{3}{\sqrt{5}}\right\}$$

$$\approx 2\Phi\left(\frac{3}{\sqrt{5}}\right) - 1 = 0.8198.$$

【易错点】本题强调切比雪夫不等式只能估计取值的情况，而不是计算其值.

15. 知识点：0501 切比雪夫不等式，0403 方差的性质

解 如果 $DX = 0$，则由切比雪夫不等式知，对任意的 $\varepsilon > 0$，有

$$P\{|X - EX| < \varepsilon\} \geqslant 1 - \frac{0}{\varepsilon^2} = 1,$$

又 $P\{|X - EX| < \varepsilon\} \leqslant 1$，从而 $P\{|X - EX| < \varepsilon\}$ $= 1$. 考虑到 ε 的任意性，得 $P\{X = EX\} = 1$.

反之，如果 $P\{X = EX\} = 1$，则有 $X \sim \begin{pmatrix} EX \\ 1 \end{pmatrix}$，

$E(X^2) = (EX)^2$，所以 $DX = E(X^2) - (EX)^2 = 0$.

16. 知识点：0204 二项分布，0506 中心极限定理

解 （1）设 X 表示 200 台设备中出现故障的台数，则 $X \sim B\left(200, \dfrac{1}{200}\right)$，由棣莫弗－拉普拉斯中心极限定理，$X \overset{近似}{\sim} N\left(1, \dfrac{199}{200}\right)$.

设 n 为需配备的维修人员的人数，由 $P\{X > n\} \leqslant 0.03$，得 $P\{X \leqslant n\} \geqslant 0.97$，计算得

$$\Phi\left(\frac{n - 1}{\sqrt{199/200}}\right) \geqslant 0.97 = \Phi(1.88),$$

从而有 $\dfrac{n - 1}{\sqrt{199/200}} \geqslant 1.88$，解得 $n \geqslant 2.88$，所以 n 至少取 3，即至少配备 3 名维修人员.

（2）设 X_1 表示 50 台设备中的故障台数，X_2 表示 100 台设备中的故障台数，则

$$X_1 \sim B\left(50, \frac{1}{200}\right), \quad X_2 \sim B\left(100, \frac{1}{200}\right),$$

由中心极限定理，$X_1 \overset{近似}{\sim} N\left(\dfrac{1}{4}, \dfrac{199}{800}\right)$，$X_2 \overset{近似}{\sim} N\left(\dfrac{1}{2}, \dfrac{199}{400}\right)$.

此时故障能够得到及时维修的概率分别为

① 每人维护 50 台时：$(P\{X_1 \leqslant 1\})^4 \approx \Phi^4\left(\dfrac{3}{2}\right) = 0.9332^4 = 0.7584$；

② 两人一组，每组维护 100 台时：$(P\{X_2 \leqslant 2\})^2$ $\approx \Phi^2\left(\dfrac{3\sqrt{2}}{2}\right) = 0.9830^2 = 0.9662.$

因为 $0.7584 < 0.9662$，所以方式 ② 较为合理.

17. 知识点：0507 中心极限定理

解 （1）设 X_i 表示第 i 个学生来参加会议的家长数，则 X_i 的分布律为

$$X_i \sim \begin{pmatrix} 0 & 1 & 2 \\ 0.05 & 0.80 & 0.15 \end{pmatrix},$$

经计算得 $EX_i = 1.1, DX_i = 0.19, i = 1, 2, \cdots, 400$. 而 $X = \displaystyle\sum_{i=1}^{400} X_i$，由中心极限定理知

$$X \overset{近似}{\sim} N(400 \times 1.1, 400 \times 0.19)，即 X \overset{近似}{\sim} N(440, 76),$$

所以

$$P\{X > 450\} \approx 1 - \Phi\left(\frac{450 - 440}{\sqrt{76}}\right) = 1 - \Phi(1.15)$$

$$= 1 - 0.8749 = 0.1251.$$

(2) 由题意,设 Y 表示有一名家长来参加会议的学生人数,则 $Y \sim B(400, 0.8)$,由中心极限定理知,

$Y \overset{近似}{\sim} N(320, 64)$,则

$$P\{Y \leqslant 340\} = P\left\{\frac{Y - 320}{\sqrt{64}} \leqslant 2.5\right\} \approx \Phi(2.5)$$

$$= 0.9938.$$

第五章　大数定律及中心极限定理同步测试(B卷) 习题精解

一、单项选择题

题号	1	2	3	4	5
答案	(B)	(D)	(B)	(C)	(A)

1. 知识点: 0504 辛钦大数定律

分析　本题考查辛钦大数定律的条件.

解　密度函数为 $f(x) = F'(x) = \frac{\lambda}{\pi} \cdot \frac{1}{\lambda^2 + x^2}$. 由于

$\frac{\lambda}{\pi} \int_{-\infty}^{+\infty} \frac{x}{\lambda^2 + x^2} dx$ 发散,$X_i(i = 1, 2, \cdots)$ 的数学期望不存在,故辛钦大数定律对该随机变量序列不适用. 应选(B).

2. 知识点: 0204 泊松分布,0507 中心极限定理

解　由题意 $X_i \sim P(\lambda)$,故 $E(X_i) = \lambda$,$D(X_i) = \lambda$,

$i = 1, 2, \cdots$,所以 $E\left(\sum_{i=1}^{n} X_i\right) = n\lambda$,$D\left(\sum_{i=1}^{n} X_i\right) = n\lambda$,

由莱维-林德伯格中心极限定理知选项(D)正确.

3. 知识点: 0507 中心极限定理

分析　本题考察中心极限定理的四个条件.

解　当 X_i 的分布律为 $X_i \sim \begin{pmatrix} c \\ 1 \end{pmatrix}$ 时,$EX_i = c$,$DX_i = 0 \not> 0$,故排除选项(A),或由 $\sum_{i=1}^{n} X_i \sim \begin{pmatrix} nc \\ 1 \end{pmatrix}$,也可排除选项(A).

当 X_i 的密度函数为 $f(x) = \frac{1}{\pi(1 + x^2)}$,$x \in (-\infty, +\infty)$ 时,EX_i 和 DX_i 均不存在,故排除选项(C).

当 X_i 的密度函数为 $f(x) = \begin{cases} \dfrac{2}{x^3}, & x \geqslant 1, \\ 0, & x < 1 \end{cases}$ 时,虽有

$EX_i = 2$,但 DX_i 不存在,故排除选项(D).

当 X_i 的分布律为 $P\{X_i = k\} = \dfrac{1}{2^k}$,$k = 1, 2, \cdots$ 时,

可计算得 $EX_i = 2$,$DX_i = 2$,故选(B).

4. 知识点: 0207 均匀分布,0507 中心极限定理

分析　本题对随机变量 $X_1^2, X_2^2, \cdots, X_n^2, \cdots$ 运用中心极限定理.

解　由题意知 $X_1^2, X_2^2, \cdots, X_n^2, \cdots$ 也独立同分布,且

$$E(X_i^2) = \int_0^1 x^2 dx = \frac{1}{3}, \quad E(X_i^4) = \int_0^1 x^4 dx = \frac{1}{5},$$

$$D(X_i^2) = \frac{1}{5} - \left(\frac{1}{3}\right)^2 = \frac{4}{45}, \quad i = 1, 2, \cdots, n,$$

所以由中心极限定理知 $\dfrac{1}{n} \sum_{i=1}^{n} X_i^2 \overset{近似}{\sim} N\left(\dfrac{1}{3}, \dfrac{4}{45n}\right)$.

5. 知识点: 0507 中心极限定理

分析　本题中,如果通过若干次卷积公式或者分布函数法求出 $X = \sum_{i=1}^{32} X_i$ 的密度函数,然后计算出 a 和 b,则计算量过大. 考虑到 $n = 32$ 充分大,故利用中心极限定理进行判断.

解　由题知 $EX = 16$,$DX = 8$,由中心极限定理知

$X \overset{近似}{\sim} N(16, 8)$,所以

$$a = P\{X \leqslant 16\} = P\left\{\frac{X - 16}{\sqrt{8}} \leqslant \frac{16 - 16}{\sqrt{8}}\right\}$$

$$\approx \Phi(0) = 0.5,$$

$$b = P\{X \geq 12\} = P\left\{\frac{X-16}{\sqrt{8}} \geq \frac{12-16}{\sqrt{8}}\right\}$$

$$\approx 1 - \Phi(-\sqrt{2}) = \Phi(\sqrt{2}) > 0.5.$$

二、填空题

6. 知识点：0501 切比雪夫不等式

解 由题意知 $EX = 0$，

$$P\{|X| < \varepsilon\} = P\{|X - EX| < \varepsilon\} \geq 1 - \frac{1}{\varepsilon^2} = 0.96,$$

得 $\varepsilon = 5$.

7. 知识点：0504 辛钦大数定律

解 由于 $\mu_1 = EX_i = \int_0^1 x \cdot 2x dx = \frac{2}{3}$，$\mu_2 = E(X_i^2) =$

$\int_0^1 x^2 \cdot 2x dx = \frac{1}{2}$，$i = 1,2,\cdots$，所以

$$\lim_{n \to \infty} \frac{1}{n}\sum_{i=1}^n X_i(1-X_i) = \lim_{n \to \infty} \frac{1}{n}\sum_{i=1}^n X_i - \lim_{n \to \infty} \frac{1}{n}\sum_{i=1}^n X_i^2$$

$$\xlongequal{P} \mu_1 - \mu_2 = \frac{2}{3} - \frac{1}{2} = \frac{1}{6}.$$

8. 知识点：0507 中心极限定理

分析 本题中通过取对数，将 $X_1 X_2 \cdots X_{100} < e^{150}$ 转换为 $\ln X_1 + \ln X_2 + \cdots + \ln X_{100} < 150$，然后对随机变量 $\ln X_1, \ln X_2, \cdots, \ln X_{100}$ 运用中心极限定理.

解 由题意知 $\ln X_1, \ln X_2, \cdots, \ln X_{100}$ 相互独立，

且 $\ln X_i \sim \begin{pmatrix} 1 & 2 \\ \frac{1}{2} & \frac{1}{2} \end{pmatrix}$，$E(\ln X_i) = \frac{3}{2}$，$D(\ln X_i) = \frac{1}{4}$，

$i = 1,2,\cdots,100$，则由中心极限定理

$$\sum_{i=1}^{100} \ln X_i = \ln(X_1 X_2 \cdots X_{100}) \stackrel{近似}{\sim} N(150,25),$$

所以

$$P\{X_1 X_2 \cdots X_{100} < e^{150}\} = P\{\ln(X_1 X_2 \cdots X_{100}) < 150\}$$

$$\approx \Phi\left(\frac{150-150}{5}\right) = \Phi(0) = \frac{1}{2}.$$

9. 知识点：0507 中心极限定理

解 设 X_i 表示第 i 件成品的组装时间（单位：

min)，则由题意知 $X_i \sim E\left(\frac{1}{10}\right)$，进而 $EX_i = 10$，$DX_i =$

$100, i = 1,2,\cdots,100$，且 $X_1, X_2, \cdots, X_{100}$ 相互独立. 由中心极限定理知 $\sum_{i=1}^{100} X_i \stackrel{近似}{\sim} N(1000,10\,000)$，所以

$$P\left\{15 \times 60 < \sum_{i=1}^{100} X_i < 20 \times 60\right\}$$

$$= P\left\{900 < \sum_{i=1}^{100} X_i < 1200\right\}$$

$$= P\left\{-1 < \frac{\sum_{i=1}^{100} X_i - 1000}{100} < 2\right\}$$

$$\approx \Phi(2) - \Phi(-1)$$

$$= \Phi(2) + \Phi(1) - 1$$

$$= 0.8185.$$

10. 知识点：0204 泊松分布的性质，0507 中心极限定理

分析 首先利用泊松分布的性质分解 X，然后运用中心极限定理.

解 由泊松分布的可加性知 X 可表示为 $X = X_1 + X_2 + \cdots + X_{100}$，其中 $X_i \sim P(1)$，$i = 1,2,\cdots,100$，且 $X_1, X_2, \cdots, X_{100}$ 相互独立. 由中心极限定理，

$$X \stackrel{近似}{\sim} N(100,100),$$

所以

$$P\{80 < X < 110\} = P\left\{-2 < \frac{X-100}{10} < 1\right\}$$

$$\approx \Phi(1) - \Phi(-2)$$

$$= \Phi(1) + \Phi(2) - 1$$

$$= 0.8185.$$

【注释】 $\Phi(1) = 0.8413$，$\Phi(2) = 0.9772$.

三、解答题

11. 知识点：0506 中心极限定理

解 设 X 表示所选 n 个元件中次品的个数，则 $X \sim B\left(n, \frac{1}{6}\right)$. 由中心极限定理知 $X \stackrel{近似}{\sim} N\left(\frac{n}{6}, \frac{5n}{36}\right)$.

由题意 $P\left\{\left|\frac{X}{n} - \frac{1}{6}\right| \leq 0.01\right\} \geq 0.95$，得

$$P\left\{\frac{\left|X - \dfrac{n}{6}\right|}{\sqrt{\dfrac{5n}{36}}} \leqslant \frac{0.06\sqrt{n}}{\sqrt{5}}\right\} \geqslant 0.95,$$

从而 $2\Phi\left(\dfrac{0.06\sqrt{n}}{\sqrt{5}}\right) - 1 \geqslant 0.95$，得 $\Phi\left(\dfrac{0.06\sqrt{n}}{\sqrt{5}}\right) \geqslant$

$0.975 = \Phi(1.96)$，$\dfrac{0.06\sqrt{n}}{\sqrt{5}} \geqslant 1.96$，解得 $n \geqslant 5335.6$，

所以 n 至少应取 5336.

12. 知识点：0507 中心极限定理

解 （1）设 $X_i = \begin{cases} 1, & \text{第 } i \text{ 户用电}, \\ 0, & \text{第 } i \text{ 户不用电}, \end{cases}$ $i = 1, 2, \cdots,$

$10\,000$，则 $X_i \sim B(1, 0.9)$，$i = 1, 2, \cdots, 10\,000$，由中

心极限定理知 $\sum\limits_{i=1}^{10000} X_i \overset{\text{近似}}{\sim} N(9000, 900)$，所以

$$P\left\{\sum_{i=1}^{10000} X_i \geqslant 9030\right\} = 1 - P\left\{\frac{\sum\limits_{i=1}^{10000} X_i - 9000}{\sqrt{900}} < 1\right\}$$

$$\approx 1 - \Phi(1) = 1 - 0.8413$$
$$= 0.1587.$$

（2）设发电站发电量为 a W，则保证供电的概率为

$$P\left\{200\sum_{i=1}^{10000} X_i \leqslant a\right\} = P\left\{\sum_{i=1}^{10000} X_i \leqslant \frac{a}{200}\right\}$$

$$= P\left\{\frac{\sum\limits_{i=1}^{10000} X_i - 9000}{\sqrt{900}} \leqslant \frac{\dfrac{a}{200} - 9000}{30}\right\}$$

$$\approx \Phi\left(\frac{\dfrac{a}{200} - 9000}{30}\right) \geqslant 0.95 = \Phi(1.645),$$

所以 $\dfrac{\dfrac{a}{200} - 9000}{30} \geqslant 1.645$，解得 $a \geqslant 1\,809\,870$，即发

电站至少应具 $1\,809\,870$ W 的发电量，才能以 95% 的概率保证供电.

13. 知识点：0507 中心极限定理

解 设每辆车可以装 n 箱. 记 X_i 为第 i 箱的重量

（单位：kg），$i = 1, 2, \cdots, n$，由题意知 $X_1, X_2, \cdots, X_n$ 为

独立同分布的随机变量，并且 $EX_i = 50, DX_i = 25, i = 1, 2, \cdots, n$.

而 n 箱的总重量为 $T_n = X_1 + X_2 + \cdots + X_n$，计算得 $ET_n = 50n, DT_n = 25n$. 根据莱维－林德伯格中心极限

定理，$T_n \overset{\text{近似}}{\sim} N(50n, 25n)$. 由题意知，

$$P\{T_n \leqslant 5000\} = P\left\{\frac{T_n - 50n}{5\sqrt{n}} \leqslant \frac{5000 - 50n}{5\sqrt{n}}\right\}$$

$$\approx \Phi\left(\frac{1000 - 10n}{\sqrt{n}}\right) > 0.9772 = \Phi(2).$$

由此可见，$\dfrac{1000 - 10n}{\sqrt{n}} > 2$，从而 $n < 98.0199$，即

最多可以装 98 箱.

14. 知识点：0506 中心极限定理

解 设一盒装有 n 个螺丝钉，其中合格品数记为

X，则有 $X \sim B(n, 0.99)$. 由题意知 $P\{X \geqslant 100\} \geqslant 0.95$，得 $P\{X < 100\} \leqslant 0.05$.

利用中心极限定理，$X \overset{\text{近似}}{\sim} N(0.99n, 0.0099n)$，所以

$$P\{X < 100\} = P\left\{\frac{X - 0.99n}{\sqrt{0.0099n}} < \frac{100 - 0.99n}{\sqrt{0.0099n}}\right\}$$

$$\approx \Phi\left(\frac{100 - 0.99n}{\sqrt{0.0099n}}\right)$$

$$\leqslant 0.05 = \Phi(-1.645),$$

故

$$\frac{100 - 0.99n}{\sqrt{0.0099n}} \leqslant -1.645,$$

解得 $n \geqslant 102.69$，这意味着，每盒应装 103 个螺丝钉，才能使每盒含有 100 个合格品的概率不小于 0.95.

15. 知识点：夹逼准则，0501 切比雪夫不等式

解 $EX_i = 0, DX_i = \ln i, i = 1, 2, \cdots$. 进而计算得

$$EY_n = 0, \quad DY_n = \frac{1}{n^2}\sum_{i=1}^{n} \ln i = \frac{\ln(n!)}{n^2}, n = 1, 2, \cdots.$$

对任意的 $\varepsilon > 0$，由切比雪夫不等式及 $\ln(n!) \leqslant \ln(n^n) = n\ln n$，得

$$1 \geqslant P\{|Y_n - 0| < \varepsilon\} = P\{|Y_n - EY_n| < \varepsilon\}$$

$$\geqslant 1 - \frac{DY_n}{\varepsilon^2} = 1 - \frac{\ln(n!)}{n^2\varepsilon^2} \geqslant 1 - \frac{\ln n}{n\varepsilon^2}.$$

由于 $\lim\limits_{n\to\infty} \dfrac{\ln n}{n} = 0$，由夹逼准则得

$$\lim_{n\to\infty} P\{|Y_n - 0| < \varepsilon\} = 1,$$

所以随机变量序列 $\{Y_n\}$ 依概率收敛于 0.

16. 知识点：0204 泊松分布，0507 中心极限定理

分析 本题的（1）和（2）可视为（3）的铺垫.

解 （1）$X_k \sim P(1)$，$k = 1, 2, \cdots, n, \cdots$，由泊松分布的可加性知 $\sum\limits_{k=1}^{n} X_k \sim P(n)$，故

$$P\left\{\sum_{k=1}^{n} X_k \leqslant n\right\} = \sum_{i=0}^{n} \frac{n^i \mathrm{e}^{-n}}{i!} = \mathrm{e}^{-n}\sum_{i=0}^{n} \frac{n^i}{i!}.$$

（2）由于 $EX_k = DX_k = 1$，$k = 1, 2, \cdots, n$，由中心极限定理，有 $\sum\limits_{k=1}^{n} X_k \overset{\text{近似}}{\sim} N(n, n)$，故

$$\lim_{n\to\infty} P\left\{\sum_{k=1}^{n} X_k \leqslant n\right\} = \lim_{n\to\infty} P\left\{\frac{\sum\limits_{k=1}^{n} X_k - n}{\sqrt{n}} \leqslant 0\right\}$$

$$= \Phi(0) = \frac{1}{2}.$$

（3）由（1）和（2）即得 $\lim\limits_{n\to\infty} \mathrm{e}^{-n}\sum\limits_{i=0}^{n} \dfrac{n^i}{i!} = \dfrac{1}{2}.$

17. 知识点：夹逼准则，0501 切比雪夫不等式，0507 中心极限定理

解 （1）由中心极限定理，

$$\lim_{n\to\infty} P\left\{\left|\sum_{i=1}^{n} X_i - n\mu\right| < \varepsilon\right\}$$

$$= \lim_{n\to\infty} P\left\{\left|\frac{\sum\limits_{i=1}^{n} X_i - n\mu}{\sqrt{n}\,\sigma}\right| < \frac{\varepsilon}{\sqrt{n}\,\sigma}\right\}.$$

由于 $\dfrac{\sum\limits_{i=1}^{n} X_i - n\mu}{\sqrt{n}\,\sigma}$ 的极限分布为 $N(0,1)$，$\lim\limits_{n\to\infty} \dfrac{\varepsilon}{\sqrt{n}\,\sigma}$

$= 0$，所以 $\lim\limits_{n\to\infty} P\left\{\left|\sum\limits_{i=1}^{n} X_i - n\mu\right| < \varepsilon\right\} = 0.$

（2）由于 $E\left(\sum\limits_{i=1}^{n} X_i\right) = n\mu$，$D\left(\sum\limits_{i=1}^{n} X_i\right) = n\sigma^2$，由切比雪夫不等式，

$$1 \geqslant P\left\{\left|\sum_{i=1}^{n} X_i - n\mu\right| < n\varepsilon\right\}$$

$$= P\left\{\left|\sum_{i=1}^{n} X_i - E\left(\sum_{i=1}^{n} X_i\right)\right| < n\varepsilon\right\}$$

$$\geqslant 1 - \frac{n\sigma^2}{(n\varepsilon)^2} = 1 - \frac{\sigma^2}{n\varepsilon^2}.$$

又 $\lim\limits_{n\to\infty}\left(1 - \dfrac{\sigma^2}{n\varepsilon^2}\right) = 1$，所以由夹逼准则，有

$$\lim_{n\to\infty} P\left\{\left|\sum_{i=1}^{n} X_i - n\mu\right| < n\varepsilon\right\} = 1.$$

第六章　样本及抽样分布同步测试（A 卷）习题精解

一、单项选择题

题号	1	2	3	4	5
答案	（D）	（B）	（C）	（C）	（C）

1. 知识点：0603 统计量的定义

解 选项（D）中含有未知参数 σ.

2. 知识点：0207 正态分布，0603 样本均值

解

$$p_1 = P\left\{\frac{|\overline{X_1} - \mu|}{\sigma/\sqrt{10}} > \sqrt{10}\right\} = 2[1 - \Phi(\sqrt{10})],$$

$$p_2 = P\left\{\frac{|\overline{X_2} - \mu|}{\sigma/\sqrt{15}} > \sqrt{15}\right\} = 2[1 - \Phi(\sqrt{15})].$$

因为 $\Phi(\sqrt{10}) < \Phi(\sqrt{15})$，所以 $p_1 > p_2$.应选（B）.

3. 知识点：0207 正态分布，0605 卡方分布、t 分布、F 分布

解 由于未知 (X, Y) 是否服从二维正态分布，所

以不能确定 $X + Y$ 服从正态分布，又因未知 X 和 Y 是否相互独立，因而不能确定 $X^2 + Y^2$ 服从 χ^2 分布，也不能确定 $\dfrac{X^2}{Y^2}$ 服从 F 分布，因而排除选项（A）、（B）和（D）.

另外，因 $X \sim N(0,1)$，故 $X^2 \sim \chi^2(1)$，同理 $Y^2 \sim \chi^2(1)$，选项（C）一定正确.

【易错点】本题第一眼觉得四个选项都正确. 经过分析就会发现 X 和 Y 未必相互独立，这是解决本题的关键.

4. 知识点：0207 正态分布，0606 分位点

分析　本题中"数 U_α 满足 $P\{X > U_\alpha\} = \alpha$"表明 U_α 为上侧或右侧分位点. 简单地说，选项中的下标表示该点处右侧的面积.

解　由题意 $x > 0$，因为 $X \sim N(0,1)$，所以

$$P\{X > x\} = \frac{1}{2}P\{|X| > x\} = \frac{1}{2}P\{|X| \geqslant x\}$$
$$= \frac{1}{2}(1 - P\{|X| < x\}) = \frac{1-\alpha}{2}.$$

由此可见 $x = U_{\frac{1-\alpha}{2}}$.

5. 知识点：0601 样本，0603 样本均值，0605 统计中的四个常见分布

解　$\overline{X} = \dfrac{1}{5}\displaystyle\sum_{i=1}^{5} X_i \sim N\left(0, \dfrac{1}{5}\right)$，$\dfrac{(n-1)S^2}{\sigma^2} = \dfrac{4S^2}{1} = \displaystyle\sum_{i=1}^{5}(X_i - \overline{X})^2 \sim \chi^2(4)$，故选项（A）和（B）不正确.

又因为 $X_1^2 + 2X_2^2$ 不服从自由度为 3 的 χ^2 分布，故选项（D）不正确.

由于 $X_1 + X_2 \sim N(0,2)$，$\dfrac{X_1 + X_2}{\sqrt{2}} \sim N(0,1)$，$X_3^2 + X_4^2 + X_5^2 \sim \chi^2(3)$，且 $\dfrac{X_1 + X_2}{\sqrt{2}}$ 与 $X_3^2 + X_4^2 + X_5^2$ 相互独立，所以

$$\dfrac{\dfrac{X_1 + X_2}{\sqrt{2}}}{\sqrt{\dfrac{X_3^2 + X_4^2 + X_5^2}{3}}} = \sqrt{\dfrac{3}{2}}\,\dfrac{X_1 + X_2}{\sqrt{X_3^2 + X_4^2 + X_5^2}} \sim t(3).$$

故选（C）.

二、填空题

6. 知识点：0603 样本方差，0401 数学期望

解　$EX = 0$，所以

$$E(S^2) = DX = E(X^2) = \int_{-\infty}^{+\infty} x^2 f(x)\,\mathrm{d}x$$
$$= \int_0^{+\infty} x^2 \mathrm{e}^{-x}\,\mathrm{d}x = 2.$$

7. 知识点：0207 正态分布，0605 χ^2 分布

解　由于 $X_1 \sim N(0,1)$，$X_1^2 \sim \chi^2(1)$. 又

$$X_2 - 2X_3 \sim N(0,5),$$
$$\dfrac{X_2 - 2X_3}{\sqrt{5}} \sim N(0,1),$$
$$\dfrac{(X_2 - 2X_3)^2}{5} \sim \chi^2(1),$$

并且 X_1^2 与 $\dfrac{(X_2 - 2X_3)^2}{5}$ 独立，故

$$X_1^2 + \dfrac{(X_2 - 2X_3)^2}{5} \sim \chi^2(2),$$

所以 $a = 1, b = \dfrac{1}{5}$.

8. 知识点：0603 样本均值及样本方差

解　$\overline{Y} = \dfrac{1}{n}\displaystyle\sum_{i=1}^{n} Y_i = a\dfrac{1}{n}\displaystyle\sum_{i=1}^{n} X_i + b = a\overline{X} + b.$

$$S_Y^2 = \dfrac{1}{n-1}\sum_{i=1}^{n}(Y_i - \overline{Y})^2 = a^2\dfrac{1}{n-1}\sum_{i=1}^{n}(X_i - \overline{X})^2$$
$$= a^2 S_X^2.$$

9. 知识点：0605 F 分布，0606 分位点

解　由于 $F \sim F(n,n)$，故 $\dfrac{1}{F} \sim F(n,n)$，所以

$P\left\{\dfrac{1}{F} > x\right\} = 0.05$，即 $P\left\{F < \dfrac{1}{x}\right\} = 0.05$，因此

$$P\left\{\dfrac{1}{x} < F < x\right\} = 1 - P\{F > x\} - P\left\{F < \dfrac{1}{x}\right\}$$
$$= 1 - 0.05 - 0.05 = 0.90.$$

【注释】本题的关键问题是利用 F 分布的性质得

$$\dfrac{1}{F} \sim F(n,n).$$

10. 知识点：$0605\chi^2$分布，0507中心极限定理，0207正态分布

解 由$\chi^2 \sim \chi^2(200)$知χ^2可表示为$\chi^2 = X_1^2 + X_2^2 + \cdots + X_{200}^2$，其中$X_1, X_2, \cdots, X_{200}$相互独立，且均服从$N(0,1)$。进而知$X_i^2 \sim \chi^2(1)$，$E(X_i^2) = 1$，$D(X_i^2) = 2$，$i = 1, 2, \cdots, 200$。由中心极限定理知

$$\chi^2 \overset{\text{近似}}{\sim} N(200, 400).$$

所以 $P\{\chi^2 \leqslant 240\} = P\left\{\dfrac{\chi^2 - 200}{20} \leqslant 2\right\} \approx \Phi(2).$

三、解答题

11. 知识点：0207正态分布，0603样本均值

解 $\overline{X} \sim N\left(60, \dfrac{100}{n}\right)$。由$P\{\overline{X} < 62\} \geqslant 0.9$，有

$$P\left\{\dfrac{\overline{X} - 60}{10/\sqrt{n}} < \dfrac{2}{10/\sqrt{n}}\right\} \geqslant 0.9, \text{即} \Phi\left(\dfrac{\sqrt{n}}{5}\right) \geqslant 0.9,$$

得$\dfrac{\sqrt{n}}{5} \geqslant 1.28$，解得$n \geqslant 40.96$，故$n$应至少取41。

12. 知识点：0601样本，0204二项分布，0401数学期望，0403方差，0303联合分布律

解（1）因为$X_i \sim B(2, p)$，$i = 1, 2, \cdots, n$，且$X_1, X_2, \cdots, X_n$相互独立，所以$\sum_{i=1}^n X_i \sim B(2n, p)$，其数学期望和方差分别为$E\left(\sum_{i=1}^n X_i\right) = 2np$，$D\left(\sum_{i=1}^n X_i\right) = 2np(1-p)$。

（2）由于$X_i \sim B(2, p)$，$i = 1, 2$，且X_1与X_2相互独立，故X_1与X_2的联合分布律为

$$P\{X_1 = i, X_2 = j\} = P\{X_1 = i\}P\{X_2 = j\}$$
$$= C_2^i C_2^j p^{i+j}(1-p)^{4-i-j},$$

其中$i, j = 0, 1, 2$。

13. 知识点：0207正态分布，0603样本均值，0603样本方差，0403方差计算

解 由于$\overline{X}$与S^2独立，故

$$D\left[\overline{X}^2 + \left(1 - \dfrac{1}{n}\right)S^2\right] = D(\overline{X}^2) + \left(1 - \dfrac{1}{n}\right)^2 D(S^2)$$
$$= D(\overline{X}^2) + \dfrac{1}{n^2}D[(n-1)S^2].$$

又因为$\overline{X} \sim N\left(0, \dfrac{\sigma^2}{n}\right)$，$\dfrac{\sqrt{n}\,\overline{X}}{\sigma} \sim N(0,1)$，$\dfrac{n\overline{X}^2}{\sigma^2} \sim \chi^2(1)$，故$D\left(\dfrac{n\overline{X}^2}{\sigma^2}\right) = 2$，得$D(\overline{X}^2) = \dfrac{2\sigma^4}{n^2}$。

同理，$\dfrac{(n-1)S^2}{\sigma^2} \sim \chi^2(n-1)$，$D\dfrac{(n-1)S^2}{\sigma^2} = 2(n-1)$，$D[(n-1)S^2] = 2\sigma^4(n-1)$，所以

$$D\left[\overline{X}^2 + \left(1 - \dfrac{1}{n}\right)S^2\right] = \dfrac{2\sigma^4}{n^2} + \dfrac{1}{n^2}2\sigma^4(n-1) = \dfrac{2\sigma^4}{n}.$$

14. 知识点：0601样本，0605 F分布

解（1）因为$\dfrac{X_1^2 + X_2^2}{\sigma^2} \sim \chi^2(2)$，$\dfrac{X_3^2 + X_4^2 + X_5^2}{\sigma^2} \sim \chi^2(3)$，且两者相互独立，故

$$\dfrac{\dfrac{X_1^2 + X_2^2}{\sigma^2}\Big/2}{\dfrac{X_3^2 + X_4^2 + X_5^2}{\sigma^2}\Big/3} = \dfrac{3}{2} \cdot \dfrac{X_1^2 + X_2^2}{X_3^2 + X_4^2 + X_5^2} \sim F(2, 3),$$

所以$a = \dfrac{3}{2}$，且此时$Z \sim F(2, 3)$。

（2）由题意知$0 < b < 1$，

$$P\left\{\dfrac{X_1^2 + X_2^2}{X_1^2 + \cdots + X_5^2} < b\right\} = P\left\{\dfrac{X_1^2 + \cdots + X_5^2}{X_1^2 + X_2^2} > \dfrac{1}{b}\right\}$$
$$= P\left\{1 + \dfrac{X_3^2 + X_4^2 + X_5^2}{X_1^2 + X_2^2} > \dfrac{1}{b}\right\}$$
$$= P\left\{\dfrac{X_3^2 + X_4^2 + X_5^2}{X_1^2 + X_2^2} > \dfrac{1}{b} - 1\right\}$$
$$= P\left\{\dfrac{3}{2} \cdot \dfrac{X_1^2 + X_2^2}{X_3^2 + X_4^2 + X_5^2} < \dfrac{3}{2} \cdot \dfrac{b}{1-b}\right\}$$
$$= P\left\{Z < \dfrac{3}{2} \cdot \dfrac{b}{1-b}\right\} = 0.05,$$

所以$\dfrac{3}{2} \cdot \dfrac{b}{1-b} = F_{0.95}(2, 3) = \dfrac{1}{F_{0.05}(3, 2)}$，解得

$$b = \dfrac{2}{3F_{0.05}(3, 2) + 2}.$$

15. 知识点：0207正态分布，0305独立性，0603样本均值

解 设两个样本均值分别为$\overline{X}$和$\overline{Y}$，故

$$\overline{X} \sim N\left(1, \frac{1}{12}\right), \overline{Y} \sim N\left(2, \frac{1}{6}\right),$$

又 $\overline{X}$ 和 $\overline{Y}$ 相互独立，所以 $\overline{X} - \overline{Y} \sim N\left(-1, \frac{1}{4}\right)$，于是

$$P\left\{ |\overline{X} - \overline{Y}| < \frac{1}{4} \right\}$$

$$= P\left\{ -\frac{1}{4} < \overline{X} - \overline{Y} < \frac{1}{4} \right\}$$

$$= P\left\{ 1.5 < \frac{\overline{X} - \overline{Y} + 1}{\frac{1}{2}} < 2.5 \right\}$$

$$= \Phi(2.5) - \Phi(1.5)$$

$$= 0.9938 - 0.9332 = 0.0606.$$

16. 知识点：0207 正态分布，0605 t 分布

解　$\overline{\xi} \sim N\left(\mu, \frac{\sigma^2}{n}\right), \xi_{n+1} \sim N(\mu, \sigma^2)$，且 $\overline{\xi}$ 和 ξ_{n+1} 相互独立，故

$$\xi_{n+1} - \overline{\xi} \sim N\left(0, \left(1 + \frac{1}{n}\right)\sigma^2\right),$$

$$\frac{\xi_{n+1} - \overline{\xi}}{\sqrt{(n+1)/n}\,\sigma} \sim N(0, 1),$$

又 $\frac{(n-1)S^2}{\sigma^2} \sim \chi^2(n-1)$，且 $\xi_{n+1} - \overline{\xi}$ 和 S^2 相互独立，故由 t 分布的构造知

$$\frac{\dfrac{\xi_{n+1} - \overline{\xi}}{\sqrt{(n+1)/n}\,\sigma}}{\sqrt{\dfrac{(n-1)S^2}{\sigma^2}\Big/(n-1)}} = \frac{\xi_{n+1} - \overline{\xi}}{S}\sqrt{\frac{n}{n+1}}$$

$$= T \sim t(n-1).$$

17. 知识点：0207 均匀分布，0603 样本均值，0603 样本方差，0305 独立性

解　（1）X 的密度函数为

$$f(x) = \begin{cases} 1, & 0 \leqslant x \leqslant 1, \\ 0, & \text{其他}, \end{cases}$$

所以 X_1 和 X_2 的密度函数分别为

$$f_{X_1}(x_1) = \begin{cases} 1, & 0 \leqslant x_1 \leqslant 1, \\ 0, & \text{其他}, \end{cases}$$

和

$$f_{X_2}(x_2) = \begin{cases} 1, & 0 \leqslant x_2 \leqslant 1, \\ 0, & \text{其他}. \end{cases}$$

由于 X_1 和 X_2 相互独立，所以 (X_1, X_2) 的密度函数为

$$f_{X_1 X_2}(x_1, x_2) = f_{X_1}(x_1) f_{X_2}(x_2) = \begin{cases} 1, & (x_1, x_2) \in D, \\ 0, & \text{其他}, \end{cases}$$

所以 (X_1, X_2) 服从区域 D 上的均匀分布.

（2）$\overline{X} = \dfrac{X_1 + X_2}{2}$，且 $S^2 = \dfrac{1}{2-1}\sum_{i=1}^{2}(X_i - \overline{X})^2 = \dfrac{(X_1 - X_2)^2}{2}$，因此利用二维几何概型，计算得

$$P\left\{\overline{X} \leqslant \frac{1}{4}\right\} = P\left\{X_1 + X_2 \leqslant \frac{1}{2}\right\}$$

$$= \frac{1}{2} \times \frac{1}{2} \times \frac{1}{2} = \frac{1}{8},$$

$$P\left\{S^2 \leqslant \frac{1}{8}\right\} = P\left\{\frac{(X_1 - X_2)^2}{2} \leqslant \frac{1}{8}\right\}$$

$$= P\left\{|X_1 - X_2| \leqslant \frac{1}{2}\right\}$$

$$= 1 - 2 \times \frac{1}{2} \times \frac{1}{2} \times \frac{1}{2} = \frac{3}{4}.$$

（3）由于 $\left\{X_1 + X_2 \leqslant \dfrac{1}{2}\right\} \subset \left\{|X_1 - X_2| \leqslant \dfrac{1}{2}\right\}$，故

$$P\left\{\overline{X} \leqslant \frac{1}{4}, S^2 \leqslant \frac{1}{8}\right\}$$

$$= P\left\{X_1 + X_2 \leqslant \frac{1}{2}, |X_1 - X_2| \leqslant \frac{1}{2}\right\}$$

$$= P\left\{X_1 + X_2 \leqslant \frac{1}{2}\right\} = \frac{1}{8}$$

$$\neq P\left\{\overline{X} \leqslant \frac{1}{4}\right\}P\left\{S^2 \leqslant \frac{1}{8}\right\}$$

$$= \frac{1}{8} \times \frac{3}{4} = \frac{3}{32},$$

所以事件 $\left\{\overline{X} \leqslant \dfrac{1}{4}\right\}$ 和 $\left\{S^2 \leqslant \dfrac{1}{8}\right\}$ 不相互独立，进而 $\overline{X}$ 和 S^2 不相互独立.

【易错点】由于当总体 $X \sim N(\mu, \sigma^2)$ 时，$\overline{X}$ 和 S^2 相互独立，因此认为总有 $\overline{X}$ 和 S^2 相互独立.

第六章　样本及抽样分布同步测试（B卷）习题精解

一、单项选择题

题号	1	2	3	4	5
答案	（D）	（C）	（B）	（A）	（C）

1. 知识点： 0601 样本的性质，0405 协方差

解　由于$(X_1, X_2, \cdots, X_n)$为来自总体X的简单随机样本，故$X_1, X_2, \cdots, X_n$相互独立且与总体X同分布，故$\mathrm{Cov}(X_i, X_j) = \begin{cases} 0, & i \neq j, \\ 1, & i = j, \end{cases} i, j = 1, 2, \cdots, n.$

若$s < t$，则

$$\mathrm{Cov}\left(\frac{1}{s}\sum_{i=1}^{s} X_i, \frac{1}{t}\sum_{j=1}^{t} X_j\right) = \frac{1}{st}\mathrm{Cov}\left(\sum_{i=1}^{s} X_i, \sum_{j=1}^{t} X_j\right)$$

$$= \frac{1}{st} \cdot s = \frac{1}{t}.$$

同理，若$s \geq t$，$\mathrm{Cov}\left(\frac{1}{s}\sum_{i=1}^{s} X_i, \frac{1}{t}\sum_{j=1}^{t} X_j\right) = \frac{1}{s}.$因此

$$\mathrm{Cov}\left(\frac{1}{s}\sum_{i=1}^{s} X_i, \frac{1}{t}\sum_{j=1}^{t} X_j\right) = \frac{1}{\max\{s, t\}}.$$

2. 知识点： 0605 t分布，0605 F分布，0606 分位点

解　由$X \sim t(n), P\{X > c\} = \alpha$，知$c = t_\alpha(n)$。又$X^2 \sim F(1, n)$，所以

$$P\{X^2 > c^2\} = P\{X > c\} + P\{X < -c\}$$
$$= 2P\{X > c\} = 2\alpha,$$

从而$c^2 = F_{2\alpha}(1, n)$，因此

$$P\{Y > c^2\} = P\{Y > F_{2\alpha}(1, n)\} = 2\alpha.$$

3. 知识点： 0601 样本，0605 t分布.

解　由题意知$(X_1 - X_2, X_1 + X_2)$服从二维正态分布，且$\mathrm{Cov}(X_1 - X_2, X_1 + X_2) = DX_1 - DX_2 = 1 - 1 = 0$，所以$X_1 - X_2$与$X_1 + X_2$不相关，进而$X_1 - X_2$与$X_1 + X_2$相互独立.

又$X_1 - X_2 \sim N(0, 2), X_1 + X_2 \sim N(0, 2)$，所以

$$\frac{X_1 - X_2}{\sqrt{2}} \sim N(0, 1), \quad \frac{X_1 + X_2}{\sqrt{2}} \sim N(0, 1),$$

$$\frac{(X_1 + X_2)^2}{2} \sim \chi^2(1).$$

由t分布的构造知

$$\frac{\dfrac{X_1 - X_2}{\sqrt{2}}}{\sqrt{\dfrac{(X_1 + X_2)^2}{2}\Big/1}} = \frac{X_1 - X_2}{|X_1 + X_2|} \sim t(1).$$

选项（A）和（C）不符合t分布的定义. 又因为$X_1 + X_2$与$X_1 + X_3$不相互独立，故选项（D）不正确. 从而选（B）.

【易错点】 本题可能会误选（D）.

4. 知识点： 0501 切比雪夫不等式，0605 χ^2分布，0207 正态分布

分析　由于$Y \sim \chi^2(1)$，因此可设$Y = X^2, X \sim N(0, 1)$.

解　设$Y = X^2$，其中$X \sim N(0, 1)$，则

$$P\{Y \geq 3\} = P\{X^2 \geq 3\} = P\{|X| \geq \sqrt{3}\}$$

$$= P\{|X - EX| \geq \sqrt{3}\} \leq \frac{DX}{(\sqrt{3})^2} = \frac{1}{3}.$$

5. 知识点： 0202 分布函数，0203 分布律，0204 二项分布

解　显然Y为离散型随机变量，故排除选项（A）.

考查每个X_i是否满足$X_i \leq x_0$相当于做了一次随机试验，随机试验的目的就是考查事件$\{X_i \leq x_0\}$是否发生$(i = 1, 2, \cdots, n)$. 由于$X_1, X_2, \cdots, X_n$独立，且X_i与X同分布，因此Y表示在n重伯努利试验中，事件$A = \{X \leq x_0\}$发生的次数，又$P(A) = P\{X \leq x_0\} = F(x_0)$，所以$Y \sim B(n, F(x_0))$.

二、填空题

6. 知识点： 0601 样本的性质，0204 泊松分布

解　$P\{X_1 + 2X_2 \leq 1\}$
$= P\{X_1 = 0, X_2 = 0\} + P\{X_1 = 1, X_2 = 0\}$

$$= P\{X_1 = 0\} P\{X_2 = 0\} + P\{X_1 = 1\} P\{X_2 = 0\}$$
$$= e^{-2} \times e^{-2} + 2e^{-2} \times e^{-2} = 3e^{-4}.$$

7. 知识点： 0207 正态分布，0605 t 分布

解 样本方差 $S^2 = \dfrac{1}{n-1} \sum\limits_{i=1}^{n} (X_i - \overline{X})^2 = \dfrac{n}{n-1} S_n^2$,

$\dfrac{\overline{X} - \mu}{S/\sqrt{n}} \sim t(n-1)$. 而 $S/\sqrt{n} = S_n/\sqrt{n-1}$, 所以

$\dfrac{\overline{X} - \mu}{S_n/\sqrt{n-1}} \sim t(n-1)$, 因此 $k = \dfrac{1}{\sqrt{n-1}}$.

8. 知识点： 0207 正态分布，0605 χ^2 分布，0403 方差

解法 1 由于 $\dfrac{X_1^2 + X_2^2}{\sigma^2} \sim \chi^2(2)$, 所以

$$D\left(\frac{X_1^2 + X_2^2}{\sigma^2}\right) = 4, \quad 故 \quad D(X_1^2 + X_2^2) = 4\sigma^4.$$

解法 2 由于 X_1 和 X_2 相互独立，所以 $D(X_1^2 + X_2^2) = D(X_1^2) + D(X_2^2)$. $D(X_i^2) = E(X_i^4) - [E(X_i^2)]^2$, 其中 $E(X_i^2) = E(X^2) = DX + (EX)^2 = \sigma^2 + 0^2 = \sigma^2$;

$$E(X_i^4) = E(X^4) = \int_{-\infty}^{+\infty} x^4 \cdot \frac{1}{\sqrt{2\pi}\,\sigma} e^{-\frac{1}{2\sigma^2}x^2} \mathrm{d}x$$

$$= -\sigma \int_{-\infty}^{+\infty} x^3 \mathrm{d}\left(\frac{1}{\sqrt{2\pi}} e^{-\frac{1}{2\sigma^2}x^2}\right)$$

$$= -x^3 \cdot \frac{1}{\sqrt{2\pi}} \sigma e^{-\frac{1}{2\sigma^2}x^2} \Big|_{-\infty}^{+\infty} +$$

$$3\sigma^2 \int_{-\infty}^{+\infty} x^2 \cdot \frac{1}{\sqrt{2\pi}\,\sigma} e^{-\frac{1}{2\sigma^2}x^2} \mathrm{d}x$$

$$= 3\sigma^2 E(X^2) = 3\sigma^4,$$

故 $D(X_i^2) = 3\sigma^4 - (\sigma^2)^2 = 2\sigma^4, i = 1, 2$, 所以

$$D(X_1^2 + X_2^2) = 4\sigma^4.$$

9. 知识点： 经验分布函数，0601 样本值

解 由题意知，$n = 5, x_1^* = 1, x_2^* = 2$, 其对应的频数为 $k_1 = 3, k_2 = 2$, 故其经验分布函数为

$$F_5(x) = \begin{cases} 0, & x < 1, \\ \dfrac{3}{5}, & 1 \le x < 2, \\ 1, & x \ge 2. \end{cases}$$

10. 知识点： 0601 样本的性质，0206 密度函数，0208

最值的分布

解 X 的分布函数 $F(x) = \begin{cases} 0, & x \le 0, \\ x^2, & 0 < x < 1, \\ 1, & 1 \le x. \end{cases}$ Y 的

分布函数为

$$F_Y(y) = F^4(y) = \begin{cases} 0, & y \le 0, \\ y^8, & 0 < y < 1, \\ 1, & y \ge 1, \end{cases}$$

所以，Y 的密度为

$$f_Y(y) = F_Y'(y) = \begin{cases} 8y^7, & 0 < y < 1, \\ 0, & 其他. \end{cases}$$

三、解答题

11. 知识点： 0207 正态分布，0603 样本均值，0605 χ^2 分布

解 （1）由于 $\overline{X} \sim N\left(60, \dfrac{1}{10}\right)$, 所以

$$P\left\{ \left| \frac{\overline{X} - 60}{1/\sqrt{10}} \right| > \frac{\sqrt{10}}{2} \right\} = 2\left[1 - \Phi\left(\frac{\sqrt{10}}{2}\right)\right]$$
$$= 2(1 - 0.9429) = 0.1142.$$

（2）由于 $\dfrac{\sum\limits_{i=1}^{40} (X_i - 60)^2}{4} \sim \chi^2(40)$, 所以

$$P\left\{ \sum_{i=1}^{40} (X_i - 60)^2 < 116.2 \right\}$$
$$= P\left\{ \frac{\sum\limits_{i=1}^{40} (X_i - 60)^2}{4} < 29.05 \right\}.$$

又 $\chi_{0.90}^2(40) = 29.05$, 故

$$P\left\{ \sum_{i=1}^{40} (X_i - 60)^2 < 116.2 \right\} = 1 - 0.90 = 0.10.$$

12. 知识点： 0601 样本，0603 样本均值，0603 样本方差

解 $\overline{Z} = \dfrac{1}{5} \sum\limits_{i=1}^{5} Z_i = \dfrac{1}{5}\left(\sum\limits_{i=1}^{2} Z_i + \sum\limits_{i=3}^{5} Z_i \right)$

$$= \frac{1}{5}\left(\sum_{i=1}^{2} X_i + \sum_{i=1}^{3} Y_i \right) = \frac{1}{5}(2\overline{X} + 3\overline{Y}).$$

由于

$$\sum_{i=1}^{2}(X_i - \overline{X}) = \sum_{i=1}^{2} X_i - 2\overline{X} = 0,$$

$$\sum_{i=1}^{3}(Y_i - \overline{Y}) = \sum_{i=1}^{3} Y_i - 3\overline{Y} = 0,$$

所以

$$S_Z^2 = \frac{1}{4}\sum_{i=1}^{5}(Z_i - \overline{Z})^2$$

$$= \frac{1}{4}\left[\sum_{i=1}^{2}(Z_i - \overline{Z})^2 + \sum_{i=3}^{5}(Z_i - \overline{Z})^2\right]$$

$$= \frac{1}{4}\left\{\sum_{i=1}^{2}\left[X_i - \frac{1}{5}(2\overline{X} + 3\overline{Y})\right]^2\right.$$

$$\left. + \sum_{i=1}^{3}\left[Y_i - \frac{1}{5}(2\overline{X} + 3\overline{Y})\right]^2\right\}$$

$$= \frac{1}{4}\left\{\sum_{i=1}^{2}\left[(X_i - \overline{X}) + \frac{3}{5}(\overline{X} - \overline{Y})\right]^2\right.$$

$$\left. + \sum_{i=1}^{3}\left[(Y_i - \overline{Y}) + \frac{2}{5}(\overline{Y} - \overline{X})\right]^2\right\}$$

$$= \frac{1}{4}\left\{\sum_{i=1}^{2}\left[(X_i - \overline{X})^2 + \frac{9}{25}(\overline{X} - \overline{Y})^2\right]\right.$$

$$\left. + \sum_{i=1}^{3}\left[(Y_i - \overline{Y})^2 + \frac{4}{25}(\overline{X} - \overline{Y})^2\right]\right\}$$

$$= \frac{1}{4}\left[S_X^2 + 2S_Y^2 + \frac{6}{5}(\overline{X} - \overline{Y})^2\right].$$

13. 知识点：0204 二项分布

解 （1）由于 $X_1, X_2, \cdots, X_{10}$ 相互独立，且 $X_i \sim B(1, 0.2)$，$i = 1, 2, \cdots, 10$，故 $\sum_{i=1}^{10} X_i \sim B(10, 0.2)$.

同理，$X_1^2, X_2^2, \cdots, X_{10}^2$ 相互独立，且 $X_i^2 \sim B(1, 0.2)$，$i = 1, 2, \cdots, 10$，故 $\sum_{i=1}^{10} X_i^2 \sim B(10, 0.2)$.

（2）① $P\left\{\overline{X} \leqslant \frac{1}{10}\right\} = P\left\{\frac{1}{10}\sum_{i=1}^{10} X_i \leqslant \frac{1}{10}\right\}$

$$= P\left\{\sum_{i=1}^{10} X_i \leqslant 1\right\} = P\left\{\sum_{i=1}^{10} X_i = 0\right\} + P\left\{\sum_{i=1}^{10} X_i = 1\right\}$$

$$= 0.8^{10} + C_{10}^{1} 0.2 \times 0.8^9 = 2.8 \times 0.8^9.$$

② $P\left\{S^2 = \frac{5}{18}\right\}$

$$= P\left\{\frac{1}{9}\left[\sum_{i=1}^{10} X_i^2 - \frac{1}{10}\left(\sum_{i=1}^{10} X_i\right)^2\right] = \frac{5}{18}\right\}$$

$$= P\left\{10\sum_{i=1}^{10} X_i^2 - \left(\sum_{i=1}^{10} X_i\right)^2 = 25\right\}.$$

由于 $\sum_{i=1}^{10} X_i^2 = \sum_{i=1}^{10} X_i$，所以

$$P\left\{S^2 = \frac{5}{18}\right\} = P\left\{\sum_{i=1}^{10} X_i = 5\right\}$$

$$= C_{10}^5 0.2^5 \times 0.8^5 = 252 \times 0.16^5.$$

14. 知识点：0207 正态分布，0603 样本均值，0603 样本方差，0605 χ^2 分布，0605 F 分布

解 由于 $\overline{X} \sim N\left(20, \frac{1}{18}\right)$，$\overline{Y} \sim N\left(20, \frac{1}{18}\right)$，所以

$$\frac{\overline{X} - 20}{1/\sqrt{18}} \sim N(0,1), \frac{\overline{Y} - 20}{1/\sqrt{18}} \sim N(0,1)，且 \overline{X} 与 \overline{Y}$$

独立，故由此可得

$$18\left[(\overline{X} - 20)^2 + (\overline{Y} - 20)^2\right] \sim \chi^2(2).$$

又由于 $\frac{71S_X^2}{4} \sim \chi^2(71)$，$\frac{71S_Y^2}{4} \sim \chi^2(71)$，且 S_X^2 与 S_Y^2 相互独立，所以 $\frac{71(S_X^2 + S_Y^2)}{4} \sim \chi^2(142)$. 因为 $18[(\overline{X} - 20)^2 + (\overline{Y} - 20)^2]$ 与 $\frac{71(S_X^2 + S_Y^2)}{4}$ 相互独立，所以

$$\frac{18\left[(\overline{X} - 20)^2 + (\overline{Y} - 20)^2\right]/2}{\dfrac{71(S_X^2 + S_Y^2)}{4}/142}$$

$$= \frac{72\left[(\overline{X} - 20)^2 + (\overline{Y} - 20)^2\right]}{S_X^2 + S_Y^2} \sim F(2, 142).$$

15. 知识点：0207 正态分布，0605 χ^2 分布，0207 指数分布，0606 分位点

解 （1）由 χ^2 分布的构造知 $2\lambda Z = X_1^2 + X_2^2 \sim \chi^2(2)$.

（2）Z 的分布函数为

$$F_Z(z) = P\{Z \leqslant z\} = P\{X_1^2 + X_2^2 \leqslant 2\lambda z\}$$

$$= \begin{cases} \displaystyle\iint_{x_1^2 + x_2^2 \leqslant 2\lambda z} \frac{1}{2\pi} e^{-\frac{x_1^2 + x_2^2}{2}}\,dx_1 dx_2, & z > 0, \\ 0, & z \leqslant 0 \end{cases}$$

$$= \begin{cases} \displaystyle\int_0^{2\pi} d\theta \int_0^{\sqrt{2\lambda z}} \frac{1}{2\pi} e^{-\frac{r^2}{2}} r\,dr = 1 - e^{-\lambda z}, & z > 0, \\ 0, & z \leqslant 0. \end{cases}$$

进而得 Z 的密度函数为

$$f_Z(z) = F'_Z(z) = \begin{cases} \lambda e^{-\lambda z}, & z > 0, \\ 0, & z \leqslant 0, \end{cases}$$

所以 $Z \sim E(\lambda)$.

（3）由（1）知 $2\lambda Z \sim \chi^2(2)$，由（2）知 $Z \sim E(\lambda)$，故

$$\alpha = P\{2\lambda Z \geqslant \chi^2_\alpha(2)\} = P\left\{Z \geqslant \frac{1}{2\lambda}\chi^2_\alpha(2)\right\}$$

$$= \int_{\frac{1}{2\lambda}\chi^2_\alpha(2)}^{+\infty} \lambda e^{-\lambda z} dz = e^{-\frac{1}{2}\chi^2_\alpha(2)},$$

从而有 $\chi^2_\alpha(2) = -2\ln\alpha$.

16. 知识点：0207 正态分布，0605 χ^2 分布，0606 分位点

解　由 $\chi^2 \sim \chi^2(n)$ 知，χ^2 可表示为 $\chi^2 = \sum_{i=1}^{n} X_i^2$，其中 $X_1, X_2, \cdots, X_n$ 相互独立，且均服从 $N(0,1)$. 进而知 $X_i^2 \sim \chi^2(1)$，$E(X_i^2) = 1$，$D(X_i^2) = 2$，$i = 1, 2, \cdots, n$. 因此当 n 充分大时，由中心极限定理知 $\chi^2 \overset{\text{近似}}{\sim} N(n, 2n)$，故 $\dfrac{\chi^2 - n}{\sqrt{2n}} \overset{\text{近似}}{\sim} N(0,1)$，从而由

$$P\{\chi^2 > \chi^2_\alpha(n)\} = P\left\{\frac{\chi^2 - n}{\sqrt{2n}} > \frac{\chi^2_\alpha(n) - n}{\sqrt{2n}}\right\} = \alpha,$$

可得 $\dfrac{\chi^2_\alpha(n) - n}{\sqrt{2n}} \approx U_\alpha$，所以 $\chi^2_\alpha(n) \approx n + \sqrt{2n}\, U_\alpha$.

再由

$$P\{\chi^2 > \chi^2_{1-\alpha}(n)\} = P\left\{\frac{\chi^2 - n}{\sqrt{2n}} > \frac{\chi^2_{1-\alpha}(n) - n}{\sqrt{2n}}\right\}$$

$$= 1 - \alpha,$$

可得 $\dfrac{\chi^2_{1-\alpha}(n) - n}{\sqrt{2n}} \approx U_{1-\alpha} = -U_\alpha$，所以

$$\chi^2_{1-\alpha}(n) \approx n - \sqrt{2n}\, U_\alpha.$$

17. 知识点：0601 样本的性质，0207 指数分布，0401 数学期望

解　X 的分布函数为

$$F(x) = \int_{-\infty}^{x} f(t) dt = \begin{cases} 1 - e^{-x}, & x \geqslant 0, \\ 0, & x < 0. \end{cases}$$

（1）由题意 $P\{X_1 \leqslant X_2, \cdots, X_1 \leqslant X_{10}\} = P\{X_1 \leqslant \min\{X_2, \cdots, X_{10}\}\}$，记 $Y = \min\{X_2, \cdots, X_{10}\}$. 且由于 $X_2, \cdots, X_{10}$ 独立同分布，所以 $Y = \min\{X_2, \cdots, X_{10}\}$ 的分布函数为

$$F_Y(y) = 1 - [1 - F(y)]^9 = \begin{cases} 1 - e^{-9y}, & y \geqslant 0, \\ 0, & y < 0, \end{cases}$$

进而 $Y = \min\{X_2, \cdots, X_{10}\}$ 的密度函数为

$$f_Y(y) = F'_Y(y) = \begin{cases} 9e^{-9y}, & y \geqslant 0, \\ 0, & y < 0. \end{cases}$$

由于 X_1 与 Y 相互独立，所以 X_1, Y 的联合密度函数为

$$f_{X,Y}(x,y) = f_{X_1}(x) f_Y(y) = \begin{cases} 9e^{-x-9y}, & x \geqslant 0, y \geqslant 0, \\ 0, & \text{其他.} \end{cases}$$

故

$$P\{X_1 \leqslant X_2, \cdots, X_1 \leqslant X_{10}\} = P\{X_1 \leqslant Y\}$$

$$= \iint_{x \leqslant y} f_{X,Y}(x,y)\,dxdy = \int_0^{+\infty} dx \int_x^{+\infty} 9e^{-x-9y}\,dy$$

$$= \int_0^{+\infty} e^{-10x}\,dx = \frac{1}{10}.$$

（2）由（1）知 $Z = \begin{cases} X_1, & X_1 \leqslant Y, \\ 0, & \text{其他,} \end{cases}$ 记为 $g(X_1, Y)$，所以

$$EZ = \iint_{\mathbf{R}^2} g(x,y) f_{X,Y}(x,y)\,dxdy$$

$$= \iint_{x \leqslant y} x f_{X,Y}(x,y)\,dxdy$$

$$= \int_0^{+\infty} dx \int_x^{+\infty} x \cdot 9e^{-x-9y}\,dy$$

$$= \int_0^{+\infty} x e^{-10x}\,dx = \frac{1}{100}.$$

【注释】在（1）中，$X_1, X_2, \cdots, X_{10}$ 独立同分布，$X_1 \leqslant \min\{X_2, \cdots, X_{10}\}$ 的直观意义是 X_1 为 $X_1, X_2, \cdots, X_{10}$ 中最小的，所以换一个角度由对称性易得 $P\{X_1 \leqslant \min\{X_2, \cdots, X_{10}\}\} = \dfrac{1}{10}$.

第七章　参数估计同步测试（A卷）习题精解

一、单项选择题

题号	1	2	3	4	5
答案	（C）	（B）	（B）	（A）	（D）

1. 知识点：0703 矩估计, 0704 最大似然估计

解　矩估计和最大似然估计是两种不同原理的点估计方法, $\hat{\theta}_1$ 与 $\hat{\theta}_2$ 可能相同也可能不相同. 应选（C）.

2. 知识点：0705 无偏估计, 0207 正态分布

解　$E(X_1^2) = DX_1 + (EX_1)^2 = \sigma^2 + 0^2 = \sigma^2$, 所以 X_1^2 是 σ^2 的无偏估计.

$E\left(\dfrac{1}{n}\sum_{i=1}^{n}X_i^2\right) = \dfrac{1}{n}\sum_{i=1}^{n}E(X_i^2) = \dfrac{1}{n}\sum_{i=1}^{n}\sigma^2 = \sigma^2$, 所以 $\dfrac{1}{n}\sum_{i=1}^{n}X_i^2$ 是 σ^2 的无偏估计.

$E(S^2) = \sigma^2$, 所以 S^2 为 σ^2 的无偏估计.

$E[(X_1 - X_2)^2] = D(X_1 - X_2) + [E(X_1 - X_2)]^2 = 2\sigma^2 \neq \sigma^2$, 所以 $(X_1 - X_2)^2$ 不是 σ^2 的无偏估计. 故选（B）.

3. 知识点：0705 无偏估计, 0403 方差

解　由于 $EX_i = \mu, i = 1,2,3$, 故得 $E\hat{\mu}_1 = E\hat{\mu}_2 = E\hat{\mu}_3 = \mu$, 而 $E\hat{\mu}_4 = \dfrac{6}{7}\mu \neq \mu$, 所以 $\hat{\mu}_1, \hat{\mu}_2, \hat{\mu}_3$ 为 μ 的无偏估计, 而 $\hat{\mu}_4$ 为 μ 的有偏估计, 故舍去 $\hat{\mu}_4$.

又由于 X_1, X_2, X_3 相互独立, 且 $DX_i = \sigma^2, i = 1,2,3$, 故计算得

$$D\hat{\mu}_1 = \frac{7}{18}\sigma^2, \quad D\hat{\mu}_2 = \frac{1}{3}\sigma^2, \quad D\hat{\mu}_4 = \frac{9}{25}\sigma^2,$$

其中 $D\hat{\mu}_2$ 最小. 选（B）.

4. 知识点：0707 区间估计, 0207 正态分布

解　设置信水平为 $1 - \alpha$. 当 σ 已知时, μ 的置信区间为 $\left(\overline{X} - \dfrac{\sigma}{\sqrt{n}}U_{\frac{\alpha}{2}}, \overline{X} + \dfrac{\sigma}{\sqrt{n}}U_{\frac{\alpha}{2}}\right)$;

当 σ 未知时, μ 的置信区间为

$$\left(\overline{X} - \frac{S}{\sqrt{n}}t_{\frac{\alpha}{2}}(n-1), \overline{X} + \frac{S}{\sqrt{n}}t_{\frac{\alpha}{2}}(n-1)\right);$$

当 μ 已知时, σ^2 的置信区间为

$$\left(\frac{\sum_{i=1}^{n}(X_i - \mu)^2}{\chi_{\frac{\alpha}{2}}^2(n)}, \frac{\sum_{i=1}^{n}(X_i - \mu)^2}{\chi_{1-\frac{\alpha}{2}}^2(n)}\right);$$

当 μ 未知时, σ^2 的置信区间为

$$\left(\frac{(n-1)S^2}{\chi_{\frac{\alpha}{2}}^2(n-1)}, \frac{(n-1)S^2}{\chi_{1-\frac{\alpha}{2}}^2(n-1)}\right).$$

应选（A）.

5. 知识点：0707 区间估计, 0207 正态分布

解　由题意知, $\bar{x} = \dfrac{9.765 + 10.235}{2} = 10$. 由于

$U_{0.05}\dfrac{1}{\sqrt{n}} = 10.235 - 10 = 0.235$, 且 $U_{0.05} = 1.645$, 故

$\dfrac{1}{\sqrt{n}} = \dfrac{0.235}{1.645} = \dfrac{1}{7}$, 解得 $n = 49$.

由于 $U_{0.025} = 1.96$, 故 μ 的置信度为 95% 的置信区间

为 $\left(\bar{x} \pm U_{0.025}\dfrac{1}{\sqrt{n}}\right) = \left(10 \pm 1.96 \cdot \dfrac{1}{7}\right) = (10 \pm 0.280) =$

$(9.720, 10.280)$. 由于两个置信区间的长度之比

$$\frac{2U_{0.05}\dfrac{1}{\sqrt{n}}}{2U_{0.025}\dfrac{1}{\sqrt{n}}} = \frac{U_{0.05}}{U_{0.025}} = \frac{1.645}{1.96} \neq \frac{0.90}{0.95}.$$

故选（D）.

二、填空题

6. 知识点：0704 最大似然估计

解　似然函数为

$$L = \prod_{i=1}^{n}(\lambda^2 x_i e^{-\lambda x_i}) = \lambda^{2n}e^{-\lambda\sum_{i=1}^{n}x_i}\prod_{i=1}^{n}x_i,$$

故

$$\ln L = 2n\ln \lambda - \lambda \sum_{i=1}^{n} x_i + \sum_{i=1}^{n} \ln x_i,$$

由 $\dfrac{\mathrm{d}\ln L}{\mathrm{d}\lambda} = \dfrac{2n}{\lambda} - \sum_{i=1}^{n} x_i = 0$，得 λ 的最大似然估计量为

$$\hat{\lambda} = \frac{2n}{\sum\limits_{i=1}^{n} X_i}.$$

7. 知识点：0704 最大似然估计

分析　首先要写出总体的分布.

解　设 X 为任取一张卡片的号码，则

$$X \sim \begin{pmatrix} 1 & 2 & \cdots & n \\ \dfrac{1}{n} & \dfrac{1}{n} & \cdots & \dfrac{1}{n} \end{pmatrix},$$

似然函数为 $L(n) = \prod_{i=1}^{4} \dfrac{1}{n} = \dfrac{1}{n^4}, n \geq 10$. 由于 L 为 n 的

单减函数，所以当 $n = 10$ 时，L 取最大值，故 $\hat{n} = 10$.

8. 知识点：0705 无偏估计，0204 二项分布

解　由 $E(\overline{X} + kS^2) = E\overline{X} + kES^2 = EX + kDX = np$ $+ knp(1 - p) = np^2$，得 $k = -1$.

9. 知识点：0707 区间估计，0706 置信度，0207 正态分布

解　置信区间为 $\left(\overline{x} - U_{0.025}\dfrac{4}{\sqrt{n}}, \overline{x} + U_{0.025}\dfrac{4}{\sqrt{n}}\right)$，所

以得 $l = 2U_{0.025}\dfrac{4}{\sqrt{n}} \leq 4, n \geq (2 \times 1.96)^2 \approx 15.3664$，

所以 n 至少取 16.

10. 知识点：0707 区间估计，0709 置信上限，0706 置信度，0207 正态分布

解法 1　μ 的置信度为 0.95 双侧置信区间为

$$\left(\overline{x} - t_{0.025}(n - 1) \cdot \frac{s}{\sqrt{n}}, \overline{x} + t_{0.025}(n - 1) \cdot \frac{s}{\sqrt{n}}\right),$$

由题意，$9.5 + t_{0.025}(n - 1) \cdot \dfrac{s}{\sqrt{n}} = 10.8$，故

$$t_{0.025}(n - 1) \cdot \frac{s}{\sqrt{n}} = 1.3,$$

得

$$\overline{x} - t_{0.025}(n - 1) \cdot \frac{s}{\sqrt{n}} = 8.2,$$

所以置信区间为 $(8.2, 10.8)$.

解法 2　因为 μ 的双侧置信区间关于 $\overline{x} = 9.5$ 对称，故置信区间为 $(8.2, 10.8)$.

三、解答题

11. 知识点：0703 矩估计

解　（1）$EX = \displaystyle\int_{-\infty}^{+\infty} x \cdot \frac{1}{\sqrt{2\pi}\,\sigma^3} x^2 \mathrm{e}^{-\frac{x^2}{2\sigma^2}} \mathrm{d}x = 0$,

$$E(X^2) = \int_{-\infty}^{+\infty} x^2 \cdot \frac{1}{\sqrt{2\pi}\,\sigma^3} x^2 \mathrm{e}^{-\frac{x^2}{2\sigma^2}} \mathrm{d}x$$

$$= -\frac{1}{\sqrt{2\pi}\,\sigma} \int_{-\infty}^{+\infty} x^3 \mathrm{d}\mathrm{e}^{-\frac{x^2}{2\sigma^2}}$$

$$= -\frac{1}{\sqrt{2\pi}\,\sigma} \left[x^3 \mathrm{e}^{-\frac{x^2}{2\sigma^2}} \Big|_{-\infty}^{+\infty} - \int_{-\infty}^{+\infty} \mathrm{e}^{-\frac{x^2}{2\sigma^2}} \cdot 3x^2 \mathrm{d}x \right]$$

$$= 3\int_{-\infty}^{+\infty} x^2 \cdot \frac{1}{\sqrt{2\pi}\,\sigma} \mathrm{e}^{-\frac{x^2}{2\sigma^2}} \mathrm{d}x = 3(\sigma^2 + 0^2) = 3\sigma^2.$$

（2）由于 $EX = 0$，故不能运用一阶原点矩估计求 σ^2 的矩估计量 $\widehat{\sigma^2}$，进而利用二阶原点矩求 σ^2 的矩估计量 $\widehat{\sigma^2}$.

由 $E(X^2) = 3\sigma^2 = \dfrac{1}{n}\displaystyle\sum_{i=1}^{n} X_i^2$ 解得

$$\widehat{\sigma^2} = \frac{1}{3n}\sum_{i=1}^{n} X_i^2.$$

因为

$$E(\widehat{\sigma^2}) = E\left(\frac{1}{3n}\sum_{i=1}^{n} X_i^2\right) = \frac{1}{3n}\sum_{i=1}^{n} E(X_i^2)$$

$$= \frac{1}{3n}\sum_{i=1}^{n} E(X^2) = \frac{1}{3}E(X^2) = \frac{1}{3} \cdot 3\sigma^2 = \sigma^2,$$

所以 $\widehat{\sigma^2}$ 是 σ^2 的无偏估计.

12. 知识点：0703 矩估计，0704 最大似然估计

解　$f(x) = F'(x) = \begin{cases} \dfrac{2x}{\theta} \mathrm{e}^{-\frac{x^2}{\theta}}, & x \geq 0, \\ 0, & x < 0. \end{cases}$

（1）$EX = \displaystyle\int_{0}^{+\infty} x \cdot \frac{2x}{\theta} \mathrm{e}^{-\frac{x^2}{\theta}} \mathrm{d}x$

$$= \sqrt{\frac{\pi}{\theta}} \int_{-\infty}^{+\infty} x^2 \cdot \frac{1}{\sqrt{2\pi} \cdot \sqrt{\frac{\theta}{2}}} \mathrm{e}^{-\frac{x^2}{2 \cdot \frac{\theta}{2}}} \mathrm{d}x$$

$$= \sqrt{\frac{\pi}{\theta}} \cdot \frac{\theta}{2} = \frac{1}{2}\sqrt{\pi\theta}.$$

由 $\overline{X} = EX = \frac{1}{2}\sqrt{\pi\theta}$，解得 θ 的矩估计量为

$$\hat{\theta}_M = \frac{4}{\pi}\overline{X}^2.$$

（2）似然函数为

$$L = \prod_{i=1}^{n}\left(\frac{2x_i}{\theta}e^{-\frac{x_i^2}{\theta}}\right) = \frac{2^n}{\theta^n}e^{-\frac{1}{\theta}\sum_{i=1}^{n}x_i^2}\prod_{i=1}^{n}x_i,$$

有

$$\ln L = n\ln 2 - n\ln\theta - \frac{1}{\theta}\sum_{i=1}^{n}x_i^2 + \sum_{i=1}^{n}\ln x_i.$$

令 $\dfrac{\mathrm{d}\ln L}{\mathrm{d}\theta} = -\dfrac{n}{\theta} + \dfrac{1}{\theta^2}\sum_{i=1}^{n}x_i^2 = 0$，解得 θ 的最大似然估计

量为 $\hat{\theta}_L = \dfrac{1}{n}\sum_{i=1}^{n}X_i^2.$

13. 知识点：0704 最大似然估计，0705 无偏估计，0705 有效估计，0204 泊松分布

解 （1）似然函数为

$$L(\lambda) = \prod_{i=1}^{n}\left(\frac{\lambda^{x_i}}{x_i!}e^{-\lambda}\right) = \lambda^{\sum\limits_{i=1}^{n}x_i}\left(\prod_{i=1}^{n}x_i!\right)^{-1}e^{-n\lambda},$$

$$\ln L(\lambda) = \sum_{i=1}^{n}x_i\ln\lambda - \sum_{i=1}^{n}\ln(x_i!) - n\lambda,$$

$$\frac{\mathrm{d}\ln L(\lambda)}{\mathrm{d}\lambda} = \sum_{i=1}^{n}x_i \cdot \frac{1}{\lambda} - n,$$

令 $\dfrac{\mathrm{d}\ln L(\lambda)}{\mathrm{d}\lambda} = 0$，解得 $\hat{\lambda} = \dfrac{1}{n}\sum_{i=1}^{n}X_i = \overline{X}.$

（2）由于 $E\hat{\lambda} = E\overline{X} = EX = \lambda$，所以 $\hat{\lambda}$ 是 λ 的无偏估计.

（3）由于泊松分布的分布律为 $p(k;\lambda) = \dfrac{\lambda^k}{k!}e^{-\lambda}$，

$k = 0,1,2,\cdots$，所以 $p(X;\lambda) = \dfrac{\lambda^X}{X!}e^{-\lambda}$，故

$$\ln p(X;\lambda) = X\ln\lambda - \lambda - \ln(X!),$$

$$\frac{\mathrm{d}\ln p(X;\lambda)}{\mathrm{d}\lambda} = \frac{X}{\lambda} - 1 = \frac{X-\lambda}{\lambda},$$

因此

$$I(\lambda) = E\left[\left(\frac{X-\lambda}{\lambda}\right)^2\right] = \frac{E[(X-\lambda)^2]}{\lambda^2}$$

$$= \frac{DX}{\lambda^2} = \frac{\lambda}{\lambda^2} = \frac{1}{\lambda},$$

所以 $\dfrac{1}{nI(\lambda)} = \dfrac{\lambda}{n}$. 又 $D\hat{\lambda} = D\overline{X} = \dfrac{\lambda}{n}$，从而有

$$D\hat{\lambda} = \frac{1}{nI(\lambda)}.$$

【注释】 本题的（2）和（3）说明 $\hat{\lambda}$ 是 λ 的有效估计.

14. 知识点：0703 矩估计，0704 最大似然估计，0206 概率密度

解 （1）当 $b = 0$ 时，总体 X 的分布函数为 $F(x) = $

$$\begin{cases} 0, & x < 0, \\ a, & 0 \leqslant x < 1, \\ 1, & x \geqslant 1. \end{cases}$$ 此时 X 为离散型随机变量，其分

布律为 $X \sim \begin{pmatrix} 0 & 1 \\ a & 1-a \end{pmatrix}$，由 $\overline{X} = EX = 1-a$，得 a 的

矩估计量为 $\hat{a} = 1 - \overline{X}.$

（2）当 $a = b = 1$ 时，总体 X 的分布函数为

$$F(x) = \begin{cases} 0, & x < 0, \\ 1 - e^{-\frac{\theta x}{1-x}}, & 0 \leqslant x < 1, \\ 1, & x \geqslant 1. \end{cases}$$

此时 X 为连续型随机变量，其密度函数为

$$f(x) = F'(x) = \begin{cases} \dfrac{\theta}{(1-x)^2}e^{-\frac{\theta x}{1-x}}, & 0 < x < 1, \\ 0, & x < 0, \end{cases}$$

其似然函数为

$$L(\theta) = \prod_{i=1}^{n}\left(\frac{\theta}{(1-x_i)^2}e^{-\frac{\theta x_i}{1-x_i}}\right)$$

$$= \frac{\theta^n}{\prod\limits_{i=1}^{n}(1-x_i)^2}e^{-\theta\sum\limits_{i=1}^{n}\frac{x_i}{1-x_i}},$$

$$\ln L(\theta) = n\ln\theta - \theta\sum_{i=1}^{n}\frac{x_i}{1-x_i} - \ln\prod_{i=1}^{n}(1-x_i)^2.$$

令 $\dfrac{\mathrm{d}\ln L(\theta)}{\mathrm{d}\theta} = \dfrac{n}{\theta} - \sum_{i=1}^{n}\dfrac{x_i}{1-x_i} = 0$，解得 $\theta = $

$$\frac{n}{\sum\limits_{i=1}^{n}\dfrac{x_i}{1-x_i}}, \theta \text{ 的最大似然估计量}$$

$$\hat{\theta}_L = \frac{n}{\sum\limits_{i=1}^{n}\dfrac{X_i}{1-X_i}}.$$

【注释】本题需要根据分布函数判断离散型随机变量和连续型随机变量.

15. 知识点：0705 无偏估计，0603 样本标准差

解　（1）因为 $E(a\hat{\theta}+b) = aE\hat{\theta}+b = a\theta+b$，而

$$E(\hat{\theta}^2) = D\hat{\theta}+(E\hat{\theta})^2 = D\hat{\theta}+\theta^2 > \theta^2,$$

所以 $a\hat{\theta}+b$ 是 $a\theta+b$ 的无偏估计，$\hat{\theta}^2$ 不是 θ^2 的无偏估计.

（2）由于 $E(S^2)=\sigma^2$，所以 $DS=E(S^2)-(ES)^2 = \sigma^2-(ES)^2>0$，得 $ES\neq\sigma$，因此 S 不是 σ 的无偏估计.

16. 知识点：0705 无偏性，0705 有效性

解　（1）因为 $E\left(\sum\limits_{i=1}^{n}c_iX_i\right) = \sum\limits_{i=1}^{n}c_iEX_i = \sum\limits_{i=1}^{n}c_i\mu = \mu\sum\limits_{i=1}^{n}c_i = \mu$，所以 $\sum\limits_{i=1}^{n}c_iX_i$ 为 EX 的无偏估计.

（2）由于 $D\left(\sum\limits_{i=1}^{n}c_iX_i\right) = \sum\limits_{i=1}^{n}c_i^2DX_i = \sum\limits_{i=1}^{n}c_i^2\sigma^2 = \sigma^2\sum\limits_{i=1}^{n}c_i^2$，$D\overline{X} = \dfrac{1}{n}\sigma^2$. 下面只需证当 $\sum\limits_{i=1}^{n}c_i=1$ 时，$\sum\limits_{i=1}^{n}c_i^2\geqslant\dfrac{1}{n}$.

证法 1　由柯西－施瓦茨不等式知 $\left(\sum\limits_{i=1}^{n}1\cdot c_i\right)^2 \leqslant \sum\limits_{i=1}^{n}1^2\sum\limits_{i=1}^{n}c_i^2$，即 $n\sum\limits_{i=1}^{n}c_i^2\geqslant1$，得 $\sum\limits_{i=1}^{n}c_i^2\geqslant\dfrac{1}{n}$；

证法 2　利用拉格朗日乘数法求 $\sum\limits_{i=1}^{n}c_i^2$ 在条件 $\sum\limits_{i=1}^{n}c_i=1$ 下的条件极值. 令拉格朗日函数

$$H = \sum_{i=1}^{n}c_i^2 + \lambda\left(\sum_{i=1}^{n}c_i-1\right),$$

由

$$\begin{cases} H'_{c_1} = 2c_1+\lambda=0, \\ \cdots \\ H'_{c_n} = 2c_n+\lambda=0, \\ H'_{\lambda} = \sum\limits_{i=1}^{n}c_i-1=0 \end{cases}$$

解得唯一拉格朗日驻点

$$(c_1,c_2,\cdots,c_n) = \left(\frac{1}{n},\frac{1}{n},\cdots,\frac{1}{n}\right).$$

由题意知 $\sum\limits_{i=1}^{n}c_i^2$ 的条件最小值存在，故当 $c_1=c_2=\cdots=c_n=\dfrac{1}{n}$ 时，$\sum\limits_{i=1}^{n}c_i^2$ 取得最小值 $\dfrac{1}{n}$，所以

$$\sum_{i=1}^{n}c_i^2 \geqslant \frac{1}{n}.$$

因此，$D\overline{X}\leqslant D\left(\sum\limits_{i=1}^{n}c_iX_i\right)$，即当 $c_i=\dfrac{1}{n}, i=1,2,\cdots,n$ 时，其方差最小.

17. 知识点：0703 矩估计，0704 最大似然估计

解　（1）由 $\overline{X}=EX=\int_0^a x\cdot\dfrac{2}{a^2}x\mathrm{d}x = \dfrac{2a}{3}$，解得 a 的矩估计量为 $\hat{a}_M=\dfrac{3}{2}\overline{X}$.

（2）似然函数为

$$L(x_1,x_2,\cdots,x_n;a) = \prod_{i=1}^{n}\left(\frac{2}{a^2}x_i\right) = \frac{2^n}{a^{2n}}x_1x_2\cdots x_n,$$
$$0\leqslant x_i\leqslant a, i=1,2,\cdots,n.$$

由于 $L(x_1,x_2,\cdots,x_n;a)$ 为 a 的单调减少函数，且 a 的取值范围为 $a\geqslant\max\limits_{1\leqslant i\leqslant n}x_i$，所以当 $a=\max\limits_{1\leqslant i\leqslant n}x_i$ 时，a 的取值最小，从而 $L(x_1,x_2,\cdots,x_n;a)$ 取得最大值，故 a 的最大似然估计量为 $\hat{a}_L=\max\limits_{1\leqslant i\leqslant n}X_i$.

第七章　参数估计同步测试（B卷）习题精解

一、单项选择题

题号	1	2	3	4	5
答案	（B）	（A）	（C）	（D）	（A）

1. 知识点：0703 矩估计，0403 方差

解　由于选项（C）和（D）中均含有未知参数 μ，不可能是估计量，排除. 选项（A）是 μ 的矩估计量.

由 $\dfrac{1}{n}\sum\limits_{i=1}^{n}X_i=EX=\mu$，$\dfrac{1}{n}\sum\limits_{i=1}^{n}X_i^2=E(X^2)=\sigma^2+\mu^2$ 得

μ 的矩估计量为 $\dfrac{1}{n}\sum\limits_{i=1}^{n}X_i$，$\sigma^2$ 的矩估计量为 $\dfrac{1}{n}\sum\limits_{i=1}^{n}X_i^2$

$-\left(\dfrac{1}{n}\sum\limits_{i=1}^{n}X_i\right)^2$. 应选（B）.

2. 知识点：0705 无偏估计，0705 相合估计

解　由于 $E\overline{X}=\mu$，所以 $\overline{X}$ 是 μ 的无偏估计.

由于 $D\overline{X}=\dfrac{\sigma^2}{n}$，由切比雪夫不等式，对任意的 $\varepsilon>0$，有 $1\geqslant P\{|\overline{X}-\mu|<\varepsilon\}\geqslant 1-\dfrac{\sigma^2}{n\varepsilon^2}$. 令 $n\to\infty$，并由夹逼准则得 $\lim\limits_{n\to\infty}P\{|\overline{X}-\mu|<\varepsilon\}=1$，所以 $\overline{X}$ 是 μ 的相合估计.

3. 知识点：0705 无偏估计，0207 指数分布

解　因为 $E\overline{X}=EX=\dfrac{1}{\lambda}$，所以 $\overline{X}$ 是 $\dfrac{1}{\lambda}$ 的无偏估计.

由于 $\overline{X}$ 为连续型随机变量，故

$$E\overline{X}\cdot E\dfrac{1}{\overline{X}}>\left[E\left(\sqrt{\overline{X}}\cdot\dfrac{1}{\sqrt{\overline{X}}}\right)\right]^2=(E1)^2=1,$$

得 $E\dfrac{1}{\overline{X}}>\dfrac{1}{E\overline{X}}=\lambda$，所以 $\dfrac{1}{\overline{X}}$ 是 λ 的有偏估计.

4. 知识点：0707 区间估计

解　由于 θ 为未知参数，并非随机变量，故 ② 和 ④ 的说法不正确.

5. 知识点：0707 置信区间，0707 置信度，0606 分位点，0207 正态分布

解　由于 μ 的置信度 $1-\alpha$ 的置信区间为

$$\left(\overline{X}-U_{\frac{\alpha}{2}}\dfrac{\sigma}{\sqrt{n}},\ \overline{X}+U_{\frac{\alpha}{2}}\dfrac{\sigma}{\sqrt{n}}\right),$$

故 $l=\dfrac{2\sigma}{\sqrt{n}}U_{\frac{\alpha}{2}}$.

当 $1-\alpha$ 变小时，α 变大，$U_{\frac{\alpha}{2}}$ 变小，则 l 缩短.

二、填空题

6. 知识点：0703 矩估计

解　$EX=\displaystyle\int_{-\infty}^{+\infty}xf(x;\theta)\mathrm{d}x$

$\qquad =\displaystyle\int_0^{\theta}\dfrac{x}{2\theta}\mathrm{d}x+\int_{\theta}^1\dfrac{x}{2(1-\theta)}\mathrm{d}x$

$\qquad =\dfrac{1}{4}+\dfrac{\theta}{2}$.

令 $\overline{X}=EX$，即 $\overline{X}=\dfrac{1}{4}+\dfrac{\theta}{2}$，得 θ 的矩估计量为

$$\hat{\theta}=2\overline{X}-\dfrac{1}{2}.$$

7. 知识点：0703 矩估计，0204 0—1 分布

解　设 $X=\begin{cases}0,&\text{取正品,}\\1,&\text{取次品,}\end{cases}$ 则 $X\sim B(1,0.02)$，设这部分产品的个数为 n，由 $\bar{x}=EX$ 得 $\dfrac{3}{n}=0.02$，所以 $\hat{n}=150$.

8. 知识点：0705 无偏估计

解　$E\left(\displaystyle\sum_{i=1}^{n}X_i^2\right)=\sum_{i=1}^{n}E(X_i^2)=nE(X^2)$

$\quad =n\displaystyle\int_{\theta}^{2\theta}x^2\dfrac{2x}{3\theta^2}\mathrm{d}x=n\int_{\theta}^{2\theta}\dfrac{2x^3}{3\theta^2}\mathrm{d}x=\dfrac{5}{2}n\theta^2$.

由 $E\left(c\displaystyle\sum_{i=1}^{n}X_i^2\right)=\dfrac{5}{2}cn\theta^2=\theta^2$，解得 $c=\dfrac{2}{5n}$.

9. 知识点：0707 置信区间，0706 置信度，0207 正态分布

分析 利用 μ 的置信度为 90% 的置信区间 $(9.765, 10.235)$,求出 $\bar{x}$ 和 $\dfrac{\sigma}{\sqrt{n}}$.

解 由 $\Phi(1.645) = 0.95, \Phi(1.96) = 0.975$ 知上侧分位点 $U_{0.05} = 1.645, U_{0.025} = 1.96$.

由 μ 的置信度为 90% 的置信区间为 $(9.765, 10.235)$ 知 $\bar{x} = \dfrac{9.765 + 10.235}{2} = 10$,且 $U_{0.05} \dfrac{\sigma}{\sqrt{n}} = 10.235 - 10 = 0.235$,解得 $\dfrac{\sigma}{\sqrt{n}} = \dfrac{0.235}{1.645} = \dfrac{1}{7}$,故 μ 的置信度为 95% 的置信区间为

$$\left(\bar{x} - U_{0.025} \frac{\sigma}{\sqrt{n}}, \bar{x} + U_{0.025} \frac{\sigma}{\sqrt{n}} \right)$$

$$= \left(10 - 1.96 \cdot \frac{1}{7}, 10 + 1.96 \cdot \frac{1}{7} \right)$$

$$= (9.720, 10.280).$$

10. **知识点:** 0707 双侧置信区间,0709 单侧置信区间,0709 置信上限,0709 置信下限,0207 正态分布

解 由于 $n = 10$,所以 σ^2 的置信度为 0.95 双侧置信区间为 $\left(\dfrac{9s^2}{\chi_{0.025}^2(9)}, \dfrac{9s^2}{\chi_{0.975}^2(9)} \right)$,由题意知 $\dfrac{9s^2}{\chi_{0.975}^2(9)} = 1.2$,因此 $9s^2 = 1.2 \chi_{0.975}^2(9) = 1.2 \times 2.700 = 3.24$.故 σ^2 的置信度为 0.95 的单侧置信区间的置信下限为

$$\frac{9s^2}{\chi_{0.05}^2(9)} = \frac{3.24}{16.919} \approx 0.19.$$

三、解答题

11. **知识点:** 0203 分布律,0703 矩估计,0704 最大似然估计

解 (1)分布律为 $P\{X = i\} = \dfrac{C_r^i C_{10-r}^{2-i}}{C_{10}^2} = \dfrac{C_r^i C_{10-r}^{2-i}}{45}$,$i = 0, 1, 2$,即

X	0	1	2
P	$\dfrac{(10-r)(9-r)}{90}$	$\dfrac{r(10-r)}{45}$	$\dfrac{r(r-1)}{90}$

(2)① 由 $\bar{x} = \dfrac{1+2+2}{3} = \dfrac{5}{3} = EX = \dfrac{r(10-r)}{45} +$

$\dfrac{r(r-1)}{45} = \dfrac{r}{5}$,得 $\hat{r}_M = \dfrac{25}{3}$.

② 似然函数为

$$L = P\{X_1 = 1, X_2 = 2, X_3 = 2\}$$
$$= P\{X_1 = 1\} P\{X_2 = 2\} P\{X_3 = 2\}$$
$$= P\{X = 1\} (P\{X = 2\})^2$$
$$= \frac{r(10-r)}{45} \times \left(\frac{r(r-1)}{90} \right)^2$$
$$= \frac{2r^3(10-r)(r-1)^2}{90^3},$$

$\ln L = 3\ln r + \ln(10-r) + 2\ln(r-1) + \ln \dfrac{2}{90^3}$,令

$$\frac{d(\ln r)}{dr} = \frac{3}{r} - \frac{1}{10-r} + \frac{2}{r-1} = \frac{-6r^2 + 54r - 30}{r(10-r)(r-1)} = 0,$$

得 $r^2 - 9r + 5 = 0$,解得

$$r_1 = \frac{9 + \sqrt{61}}{2}, \quad r_2 = \frac{9 - \sqrt{61}}{2} < 1(舍去),$$

所以 $\hat{r}_L = \dfrac{9 + \sqrt{61}}{2}$.

12. **知识点:** 0703 矩估计,0704 最大似然估计

解 (1)由 $EX = \displaystyle\int_{-\infty}^{+\infty} x f(x) dx = \int_0^1 \theta x dx + \int_1^2 (1 - \theta) x dx = \dfrac{3}{2} - \theta = \bar{X}$ 得 $\theta = \dfrac{3}{2} - \bar{X}$.所以 θ 的矩估计为

$$\hat{\theta}_M = \frac{3}{2} - \bar{X}.$$

(2)似然函数 $L(\theta) = \theta^N (1-\theta)^{n-N}$,

$\ln L(\theta) = N\ln(\theta) + (n - N)\ln(1 - \theta)$.

令 $\dfrac{d\ln L}{d\theta} = \dfrac{N}{\theta} - \dfrac{n-N}{1-\theta} = 0$,解得 $\hat{\theta}_L = \dfrac{N}{n}$.

13. **知识点:** 0704 最大似然估计值,0601 样本值,0206 密度函数

解 由 $\displaystyle\int_{-\infty}^{+\infty} f(x) dx = \dfrac{1}{2} b + \dfrac{3}{2} a = 1$,得 $b = 2 - 3a$.

似然函数为

$$L = f(0.5) f(0.8) f^2(1.5) = 0.5b \times 0.8b(1.5a)^2$$
$$= 0.9(2 - 3a)^2 a^2,$$

取对数,得

$$\ln L = \ln 0.9 + 2\ln(2 - 3a) + 2\ln a.$$

令 $\dfrac{\mathrm{d}\ln L}{\mathrm{d}a} = \dfrac{-6}{2 - 3a} + \dfrac{2}{a} = 0$，解得 $a = \dfrac{1}{3}$，所以 a 与 b 的

最大似然估计值分别为

$$\hat{a}_{最大} = \frac{1}{3}, \hat{b}_{最大} = 2 - 3\hat{a}_{最大} = 2 - 3 \times \frac{1}{3} = 1.$$

【注释】本题从表面上看，有两个未知参数.而事实上，由密度函数的性质，a 与 b 存在关系 $b = 2 - 3a$，所以本题只有一个未知参数.

14. 知识点：0703 矩估计，0704 最大似然估计，0202 分布函数

解 （1）由于

$$F_X(x) = \lim_{y \to +\infty} F(x, y) = \begin{cases} 0, & x < 0, \\ p, & 0 \leq x < 1, \\ 1, & x \geq 1, \end{cases}$$

所以 X 为离散型随机变量，其分布律为

$$X \sim \begin{pmatrix} 0 & 1 \\ p & 1 - p \end{pmatrix}.$$

由于

$$F_Y(y) = \lim_{x \to +\infty} F(x, y) = \begin{cases} 0, & y < 0, \\ 1 - e^{-\lambda y^2}, & y \geq 0, \end{cases}$$

所以 Y 为连续型随机变量，其密度函数为

$$f_Y(y) = \begin{cases} 0, & y < 0, \\ 2\lambda y e^{-\lambda y^2}, & y \geq 1. \end{cases}$$

（2）由 $\overline{X} = EX = 1 - p$，得 p 的矩估计量

$$\hat{p}_M = 1 - \overline{X} = 1 - \frac{1}{n}\sum_{i=1}^{n} X_i.$$

似然函数为

$$L = \prod_{i=1}^{n}(2\lambda y_i e^{-\lambda y_i^2}) = (2\lambda)^n \prod_{i=1}^{n} y_i \cdot e^{-\lambda \sum_{i=1}^{n} y_i^2}.$$

$$\ln L = n\ln(2\lambda) + \sum_{i=1}^{n} \ln y_i - \lambda \sum_{i=1}^{n} y_i^2,$$

令 $\dfrac{\mathrm{d}\ln L}{\mathrm{d}\lambda} = \dfrac{n}{\lambda} - \sum_{i=1}^{n} y_i^2 = 0$，得 $\lambda = \dfrac{n}{\sum\limits_{i=1}^{n} y_i^2}$，所以 λ 的最

大似然估计量 $\hat{\lambda}_L = \dfrac{n}{\sum\limits_{i=1}^{n} Y_i^2}$.

15. 知识点：0704 最大似然估计，0203 离散型随机变量

解 （1）X_n 的分布律为 $P\{X_n = k\} = \dfrac{C_{1200}^k C_{n-1200}^{1000-k}}{C_n^{1000}}$，

$k = 0, 1, 2, \cdots, 1000.$

（2）由题意知，现从总体 X_n 中取了一个容量为 1 的样本，并得观测值为 100，因此似然函数为

$$L(n) = P\{X_n = 100\} = \frac{C_{1200}^{100} C_{n-1200}^{900}}{C_n^{1000}}.$$

由于

$$\frac{L(n)}{L(n-1)} = \frac{\dfrac{C_{1200}^{100} C_{n-1200}^{900}}{C_n^{1000}}}{\dfrac{C_{1200}^{100} C_{n-1-1200}^{900}}{C_{n-1}^{1000}}}$$

$$= \frac{(n - 1200)(n - 1000)}{(n - 2100)n}$$

$$= \frac{(n - 2200)n + 1\,200\,000}{(n - 2200)n + 100n}.$$

当 $100n \leq 1\,200\,000$，即 $n \leq 12\,000$ 时，$\dfrac{L(n)}{L(n-1)} \geq 1$，表明 $L(n)$ 随着 n 增大而不减少.

当 $100n \geq 1\,200\,000$，即 $n \geq 12\,000$ 时，$\dfrac{L(n)}{L(n-1)} \leq 1$，表明 $L(n)$ 随着 n 增大而不增加.

因此当 $n = 12\,000$ 时，$L(n)$ 取最大值，所以 n 的最大似然估计值为 $\hat{n} = 12\,000.$

【易错点】本题(2)中，不能采用取对数，对 n 求导数，令导数等于 0，从中求出 n 的最大似然估计值 $\hat{n}$ 的方法.其原因是，由于 n 为正整数，对 n 的导数不存在.

16. 知识点：均方误差，0702 估计量

解 （1）由于 $E(\hat{\theta} - E\hat{\theta}) = E\hat{\theta} - E(E\hat{\theta}) = E\hat{\theta} - E\hat{\theta} = 0$，$E[(\theta - E\hat{\theta})^2] = (\theta - E\hat{\theta})^2$，所以

$$E[(\hat{\theta} - \theta)^2] = E\{[(\hat{\theta} - E\hat{\theta}) - (\theta - E\hat{\theta})]^2\}$$

$$= E[(\hat{\theta} - E\hat{\theta})^2 - 2(\hat{\theta} - E\hat{\theta})(\theta - E\hat{\theta})$$

$$+ (\theta - E\hat{\theta})^2]$$

$$= D\hat{\theta} - 2(\theta - E\hat{\theta})E(\hat{\theta} - E\hat{\theta})$$

$$+ E[(\theta - E\hat{\theta})^2]$$
$$= D\hat{\theta} + (\theta - E\hat{\theta})^2.$$

（2）由于 $EX = \int_0^\theta x \cdot \frac{2}{\theta^2} x \mathrm{d}x = \frac{2\theta}{3}$，及

$$E(X^2) = \int_0^\theta x^2 \cdot \frac{2}{\theta^2} x \mathrm{d}x = \frac{\theta^2}{2},$$

故 $DX = \frac{\theta^2}{2} - \left(\frac{2\theta}{3}\right)^2 = \frac{1}{18}\theta^2.$

进而 $E\hat{\theta} = \frac{3}{2} EX = \frac{3}{2} \cdot \frac{2\theta}{3} = \theta,$

$$D\hat{\theta} = \frac{9}{4} \cdot \frac{DX}{n} = \frac{9}{4} \cdot \frac{1}{n} \frac{1}{18}\theta^2 = \frac{1}{8n}\theta^2,$$

所以

$$E(\hat{\theta} - \theta)^2 = D\hat{\theta} + (\theta - E\hat{\theta})^2$$
$$= \frac{1}{8n}\theta^2 + 0^2 = \frac{1}{8n}\theta^2.$$

17. 知识点：0703 矩估计,0704 最大似然估计,0207 均匀分布

解　（1）由 $\begin{cases}\overline{X} = EX = \dfrac{a+b}{2}, \\ \dfrac{1}{n}\sum\limits_{i=1}^n (X_i - \overline{X})^2 = DX = \dfrac{(b-a)^2}{12}\end{cases}$

得 $\begin{cases} a + b = 2\overline{X}, \\ b - a = 2\sqrt{\dfrac{3}{n}\sum\limits_{i=1}^n (X_i - \overline{X})^2}, \end{cases}$ 解得 a,b 的矩估计量为

$$\hat{a}_M = \overline{X} - \sqrt{\frac{3}{n}\sum_{i=1}^n (X_i - \overline{X})^2},$$
$$\hat{b}_M = \overline{X} + \sqrt{\frac{3}{n}\sum_{i=1}^n (X_i - \overline{X})^2}.$$

（2）X 的密度函数为

$$f(x;a,b) = \begin{cases} \dfrac{1}{b-a}, & a \leqslant x \leqslant b, \\ 0, & \text{其他}, \end{cases}$$

所以,似然函数为

$$L(a,b) = \prod_{i=1}^n f(x_i;a,b) = \prod_{i=1}^n \frac{1}{b-a}$$
$$= \frac{1}{(b-a)^n}, a \leqslant x_i \leqslant b, i = 1,2,\cdots,n.$$

$L(a,b)$ 关于 a 单增,关于 b 单减.而 a 的取值范围为 $a \leqslant \min\limits_{1\leqslant i\leqslant n} x_i, b$ 的取值范围为 $b \geqslant \max\limits_{1\leqslant i\leqslant n} x_i$,故当 $a = \min\limits_{1\leqslant i\leqslant n} x_i, b = \max\limits_{1\leqslant i\leqslant n} x_i$ 时,$L(a,b)$ 取最大值,所以 a,b 的最大似然估计量为

$$\hat{a}_L = \min_{1\leqslant i\leqslant n} X_i, \quad \hat{b}_L = \max_{1\leqslant i\leqslant n} X_i.$$

第八章　假设检验同步测试（A卷）习题精解

一、单项选择题

题号	1	2	3	4	5
答案	（C）	（C）	（D）	（B）	（B）

1. 知识点：0801 假设检验的基本概念

解　单总体和双总体不是对立的,因为还有其他多总体,如方差分析中的三总体等.应选（C）.

2. 知识点：0805 检验统计量

解　选项（A）中含 σ,排除.非正态总体且大样本时,选用选项（B）.正态总体且 μ 未知时,选用选项

（D）.正态总体且 $\mu = 0$ 已知时,选用选项（C）.故选（C）.

3. 知识点：0802 两类错误,0802 第一类错误,0802 第二类错误

解　当样本容量确定时,犯第一类错误的概率和犯第二类错误的概率会此消彼长.当增大样本容量时,可以同时降低犯两类错误的概率.在假设检验过程中,通过构造统计量使得在控制犯第一类错误的概率的同时,降低犯第二类错误的概率.

4. 知识点： 0802 两类错误，0802 第一类错误，0802 第二类错误

解 由两类错误的概念知，当检验结果为接受 H_0 时，可能犯第二类错误；当检验结果为拒绝 H_0 时，可能犯第一类错误.

5. 知识点： 0801 拒绝域

解 由结论知，拒绝域为 $\dfrac{\overline{X} - \mu_0}{\dfrac{\sigma}{\sqrt{n}}} \leq -U_\alpha = U_{1-\alpha}$.

二、填空题

6. 知识点： 0804 U 检验法，0804 t 检验法

解 由正态总体的均值和方差的检验方法和过程即知以上空白处依次填：均值，方差已知，方差未知.

7. 知识点： 正态总体，0805 χ^2 检验法，0805 F 检验法

解 由正态总体的均值和方差的检验方法和过程即知以上空白处依次填：方差；单正态总体；双正态总体.

8. 知识点： 0801 接受域，0805 正态总体方差的假设检验

解 由于 H_0 的拒绝域为 $\dfrac{(n-1)S^2}{\sigma_0^2} \geq \chi_\alpha^2(n-1)$，所以 H_0 的接受域为

$$\frac{(n-1)S^2}{\sigma_0^2} \in (0, \chi_\alpha^2(n-1)).$$

【易错点】由于 $\sigma^2 > 0$，所以 H_0 的接受域不会是 $(-\infty, \chi_\alpha^2(n-1))$.

9. 知识点： 0802 犯第二类错误的概率，0801 拒绝域，0804 正态总体均值的假设检验

解 由于 $\mu = 11.5$ 时，$\dfrac{\overline{X} - \mu}{\dfrac{\sigma}{\sqrt{n}}} = \dfrac{\overline{X} - 11.5}{\dfrac{2}{\sqrt{16}}} \sim N(0,1)$，

所以犯第二类错误的概率为

$$P\{\overline{X} \notin W, \mu = 11.5\} = P\{\overline{X} \leq 11, \mu = 11.5\}$$

$$= P\left\{\frac{\overline{X} - 11.5}{\frac{2}{\sqrt{16}}} \leq -1\right\} = \Phi(-1) = 1 - \Phi(1)$$

$= 0.1587.$

10. 知识点： 0804 双正态总体均值的假设检验

解 由统计量的构造过程知，选择统计量

$$\frac{\overline{X} - \overline{Y}}{S_w\sqrt{\dfrac{1}{n_1} + \dfrac{1}{n_2}}}$$ 的前提条件是：σ_1^2, σ_2^2 均未知，但

$$\sigma_1^2 = \sigma_2^2.$$

三、解答题

11. 知识点： 0801 假设检验的解题步骤

解 第一步：根据给定的问题，建立假设检验问题 (H_0, H_1)；

第二步：根据检验问题 (H_0, H_1) 及条件，当 H_0 为真时，构造统计量 $g(X_1, X_2, \cdots, X_n)$，并确定 $g(X_1, X_2, \cdots, X_n)$ 的分布；

第三步：根据显著性水平 α，确定临界值和原假设 H_0 的拒绝域 W；

第四步：根据样本值 $(x_1, x_2, \cdots, x_n)$，计算统计量 $g(X_1, X_2, \cdots, X_n)$ 的值 $g(x_1, x_2, \cdots, x_n)$.

第五步：若 $g(x_1, x_2, \cdots, x_n) \in W$，则拒绝 H_0，如果 $g(x_1, x_2, \cdots, x_n) \notin W$，则接受 H_0.

12. 知识点： 0804 正态总体均值的假设检验

解 检验假设问题为

$$H_0: \mu = 4.55, \quad H_1: \mu \neq 4.55.$$

由于 σ 未知，故选取检验统计量

$$T = \frac{\overline{X} - \mu_0}{S/\sqrt{n}} \xlongequal{H_0} \frac{\overline{X} - 4.55}{S/\sqrt{n}} \sim t(n-1).$$

根据 $\alpha = 0.05, n = 5$，以及备择假设 $H_1: \mu \neq 4.55$，得 H_0 的拒绝域为

$$W = \{|T| \big| |T| \geq t_{\frac{\alpha}{2}}(n-1) = t_{0.025}(4) = 2.7764\}.$$

又由样本值计算得 $\bar{x} = 4.444, s^2 = 0.001\ 13$，故 $|T| = 7.051 > 2.7764$，所以在显著水平 $\alpha = 0.05$ 下，拒绝 H_0，即该日铁水含碳量的均值有明显变化.

13. 知识点： 0805 正态总体方差的假设检验

解 $H_0: \sigma^2 \leq 0.048^2, H_1: \sigma^2 > 0.048^2$；可转化为 $H_0: \sigma^2 = 0.048^2, H_1: \sigma^2 > 0.048^2$.

由题意知 $\sigma = 0.048$，故其统计量及其分布为

$$\chi^2 = \frac{(n-1)S^2}{\sigma^2} = \frac{(n-1)S^2}{0.048^2} \sim \chi^2(n-1).$$

由于 $n = 5, \alpha = 0.01$,所以 H_0 的拒绝域为 $\chi^2 \geq$ $\chi^2_{0.01}(4) = 13.3$.又 $s^2 = 0.007\ 78$,所以统计量的值为 $\chi^2 = \frac{4 \times 0.007\ 78}{0.048^2} = 13.5$.由于 $13.5 > 13.3$,故拒绝 H_0,即该日生产的维尼纶纤度的方差不符合要求.

14. 知识点:0804 两个正态总体均值的假设检验

解 要检验的问题是问镍合金铸件硬度有无显著提高,属于单边检验,故提出检验问题 $H_0 : \mu_1 = \mu_2$, $H_1 : \mu_1 > \mu_2$.

在假设 $H_0 : \mu_1 = \mu_2$ 成立的条件下,选用 U 检验

$$U = \frac{\bar{X} - \bar{Y}}{\sqrt{\frac{4}{n_1} + \frac{4}{n_2}}} = \frac{1}{2} \frac{\bar{X} - \bar{Y}}{\sqrt{\frac{1}{n_1} + \frac{1}{n_2}}} \sim N(0,1).$$

由于 $\alpha = 0.05$,故拒绝域为 $W = \{U \mid U \geq U_\alpha = U_{0.05} = 1.645\}$.又 $n_1 = 5, n_2 = 6, \bar{x} = 71.56, \bar{y} = 70.55$,因此可得 $U = 0.834 \notin W$,故接受 H_0,从而在 $\alpha = 0.05$ 水平上,认为镍合金铸件硬度没有明显提高.

15. 知识点:0802 第二类错误的概率,0804 正态总体均值的假设检验

解 由于 $U = \frac{\bar{X} - \mu}{\sigma/\sqrt{n}} \sim N(0,1)$,所以第二类错误的概率

$$\beta = P\left\{\frac{\bar{X} - \mu_0}{\sigma/\sqrt{n}} < U_\alpha, \overline{H_0}\right\}$$

$$= P\left\{\frac{\bar{X} - \mu_0}{\sigma/\sqrt{n}} < U_\alpha, \mu > \mu_0\right\}$$

$$= P\left\{\frac{\bar{X} - \mu}{\sigma/\sqrt{n}} < U_\alpha - \frac{\mu - \mu_0}{\sigma/\sqrt{n}}, \mu > \mu_0\right\}$$

$$= \Phi\left(U_\alpha - \frac{\mu - \mu_0}{\sigma/\sqrt{n}}\right) (\mu > \mu_0).$$

当 α 变小时,U_α 变大,进而 $U_\alpha - \frac{\mu - \mu_0}{\sigma/\sqrt{n}}$ 变大,所以 $\beta = \Phi\left(U_\alpha - \frac{\mu - \mu_0}{\sigma/\sqrt{n}}\right)$ 变大.

16. 知识点:基于成对数据的 t 检验,0804 正态总体均值的假设检验

解 设 X, Y 分别表示用这两种方法测定的铜矿石标本中铜的含量(单位:%),表中的 $x_i, y_i (i = 1, 2, \cdots, 9)$ 是 X, Y 的对应样本值.设 $Z = X - Y$,根据经验可设 $Z \sim N(\mu, \sigma^2)$.令 $Z_i = X_i - Y_i (i = 1, 2, \cdots, 9)$,则 $(Z_1, Z_2, \cdots, Z_9)$ 是总体 Z 的一个样本,其观测值为表中最后一行的 $z_i (i = 1, 2, \cdots, 9)$.采用成对 t 检验法.

要检验的假设为 $H_0 : \mu = 0; H_1 : \mu \neq 0$.选取统计量及其分布为 $T = \dfrac{\bar{Z}}{S_z/\sqrt{n}} \sim t(n-1)$.对于给定的 $\alpha = 0.05, n = 9$,得 H_0 的拒绝域为 $W : |T| \geq t_{0.025}(8) = 2.306\ 0$.又计算得 $\bar{z} = 0.06, s_z = 0.122\ 7$,故

$$T = \frac{\bar{z}}{s_z/\sqrt{9}} = \frac{0.06}{0.122\ 7}\sqrt{9} = 1.467 \notin W,$$

所以接受 H_0,认为这两种测定方法没有显著差异.

17. 知识点:0805 正态总体方差的假设检验,0801 显著性水平

解 由题意知,假设检验问题为

$$H_0 : \sigma_1^2 \geq \sigma_2^2, H_1 : \sigma_1^2 < \sigma_2^2,$$

转化为

$$H_0 : \sigma_1^2 = \sigma_2^2, H_1 : \sigma_1^2 < \sigma_2^2.$$

由于新设计仪器测定的膨胀系数和进口仪器测定的膨胀系数分别所服从的正态分布的均值均未知,故 H_0 成立的条件下,统计量 $F = \dfrac{S_1^2}{S_2^2} \sim F(n_1 - 1, n_2 - 1)$. 且 $F = \dfrac{s_1^2}{s_2^2} = \dfrac{1.236}{3.978} = 0.311$.

(1) 当 $n_1 = n_2 = 11, \alpha = 0.05$ 时,H_0 的拒绝域为

$$W = \left\{F \mid F \leq F_{0.95}(10,10) = \frac{1}{F_{0.05}(10,10)}\right.$$

$$= \frac{1}{2.98} = 0.335\ 6 \Big\}.$$

由于 $0.311 \in W$,故应拒绝 H_0,即在 $\alpha = 0.05$ 水平下,可认为新设计仪器的方差比进口仪器的方差显

著地小.

（2）当 $n_1 = n_2 = 11, \alpha = 0.01$ 时，H_0 的拒绝域为

$$W' = \left\{ F \mid F \leqslant F_{0.99}(10,10) = \frac{1}{F_{0.01}(10,10)} \right.$$

$$= \frac{1}{4.85} = 0.2062 \left. \right\}.$$

由于 $0.311 \notin W'$，故应接受 H_0，即在 $\alpha = 0.01$ 水平下，可认为新设计仪器的方差没有比进口仪器的方差显著地小.

第八章 假设检验同步测试（B卷）习题精解

一、单项选择题

题号	1	2	3	4	5
答案	（D）	（C）	（A）	（A）	（C）

1. **知识点**：0801 假设检验的基本思想方法

解 没有拒绝的假设有可能是不正确的，因为有假设检验的两类错误.

2. **知识点**：0802 第一类错误

解 假设 $H_0 : \mu = \mu_0$，$H_1 : \mu < \mu_0$ 原本为 $H_0 : \mu \geqslant \mu_0$，$H_1 : \mu < \mu_0$，故排除选项（A）和（B）.

选项（C）表明检验结果出现了第一类错误，选项（D）表明检验结果出现了第二类错误.故选（C）.

3. **知识点**：0801 显著性水平，0805 正态总体方差的假设检验

解 由题意知，所建立的假设为 $H_0 : \sigma^2 \leqslant \sigma_0^2$，$H_1 : \sigma^2 > \sigma_0^2$.

根据反证法思想知，当 H_0 成立时，构造统计量

$$g(X_1, X_2, \cdots, X_n) = \frac{(n-1)S^2}{\sigma_0^2} \sim \chi^2(n-1)$$

或

$$g(X_1, X_2, \cdots, X_n) = \frac{\sum_{i=1}^{n}(X_i - \mu)^2}{\sigma_0^2} \sim \chi^2(n),$$

并由 $\alpha = 0.05$，确定 H_0 的拒绝域 W，此时

$$P\{g(X_1, X_2, \cdots, X_n) \notin W\} = 1 - \alpha = 0.95.$$

4. **知识点**：0801 拒绝域

解 由于在显著性水平 $\alpha = 0.05$ 下的拒绝域 $W_{0.05}$

和在显著性水平 $\alpha = 0.01$ 下的拒绝域 $W_{0.01}$ 的关系为 $W_{0.01} \subset W_{0.05}$，因此当统计量的观察值 $\notin W_{0.05}$ 时，必有统计量的观察值 $\notin W_{0.01}$，所以在显著性水平 $\alpha = 0.01$ 下仍然接受 H_0.

若在 $\alpha = 0.05$ 下拒绝 H_0，则在 $\alpha = 0.01$ 下可能接受 H_0，也可能拒绝 H_0.故选（A）.

5. **知识点**：0801 参数检验，0801 显著性水平，0802 犯第一类错误的概率

解 第一类错误为弃真错误，指当 H_0 为真时，拒绝 H_0.又拒绝 H_0 的概率为 α，而拒绝 H_0 时，可能判断正确，有可能出现第一类错误，所以 α 为犯第一类错误的最大概率.故选（C）.

二、填空题

6. **知识点**：0801 假设检验问题

解 由于原假设 H_0 是指保持原有状态不变的假设，由此 H_0 中通常含有 =，$\geqslant$，$\leqslant$.而本题中，$p < 0.02$ 时可以出厂和 $p \geqslant 0.02$ 不可以出厂是对立问题的两个方面，因此检验问题 (H_0, H_1) 应设为 $H_0 : p \geqslant 0.02$，$H_1 : p < 0.02$ 或 $H_0 : p = 0.02$，$H_1 : p < 0.02$.

7. **知识点**：0804 均值检验，0801 拒绝域

解 根据结论依次填：$T = \dfrac{\overline{X} - \mu_0}{S / \sqrt{n}} \sim t(n-1)$；

$$\left| \frac{\overline{X} - \mu_0}{S / \sqrt{n}} \right| \geqslant t_{\frac{\alpha}{2}}(n-1).$$

8. **知识点**：0805 双正态总体方差的假设检验，0801 拒绝域，0801 备择假设

解　这是单边检验.当 H_1 为 $\sigma_1^2 > \sigma_2^2$ 时,H_0 的拒绝域为 $\dfrac{S_1^2}{S_2^2} \geqslant F_\alpha(n_1 - 1, n_2 - 1)$;当 H_1 为 $\sigma_1^2 < \sigma_2^2$ 时,H_0 的拒绝域为 $\dfrac{S_1^2}{S_2^2} \leqslant F_{1-\alpha}(n_1 - 1, n_2 - 1)$.应填 $\sigma_1^2 > \sigma_2^2$.

9. 知识点: 0801 假设检验,0707 置信区间,0803 接受域

解　如果 σ^2 已知,则 $2U_{\frac{\alpha}{2}} \dfrac{\sigma}{\sqrt{n}} = 2$,故 $U_{\frac{\alpha}{2}} \dfrac{\sigma}{\sqrt{n}} = 1$.当

$$\left| \frac{\overline{X} - 1}{\sigma / \sqrt{n}} \right| < U_{\frac{\alpha}{2}} \text{ 时,接受 } H_0,\text{此时}$$

$$\overline{X} \in \left(1 - U_{\frac{\alpha}{2}} \frac{\sigma}{\sqrt{n}}, 1 + U_{\frac{\alpha}{2}} \frac{\sigma}{\sqrt{n}} \right) = (0, 2).$$

如果 σ^2 未知,同理可得 $\overline{X} \in (0, 2)$.

10. 知识点: 0802 第二类错误,0805 正态总体方差的假设检验

解　由题意知 $\chi^2 = \dfrac{(n-1)s^2}{\sigma_0^2} = \dfrac{24 \times 12}{10} = 28.8 <$ $\chi_{0.05}^2(24) = 36.415$,故接受 H_0.因此检验结果可能会犯第二类错误或纳伪(存伪)错误.

三、解答题

11. 知识点: 0804 正态总体均值的假设检验

解　检验问题为 $H_0: \mu \geqslant 65, H_1: \mu < 65$,转化为 $H_0: \mu = 65, H_1: \mu < 65$.

依题意,选择统计量以及在 H_0 成立的条件下的分布为 $U = \dfrac{\overline{X} - 65}{5.5 / \sqrt{n}} \sim N(0, 1)$.

由于 $\alpha = 0.05$,故拒绝域为

$$W = \{ U \leqslant -U_{0.05} = -1.645 \}.$$

再利用 $n = 100, \bar{x} = 55.06$ 求得 $U = \dfrac{55.06 - 65}{5.5 / \sqrt{100}}$

$-18.07 < -1.65$,落在 H_0 的拒绝域内,故拒绝 H_0,即在 0.05 水平下不能接收这批玻璃纸.

12. 知识点: 0805 正态总体方差的假设检验

解　设 $H_0: \sigma^2 = 0.005^2, H_1: \sigma^2 \neq 0.005^2$.统计量为

$$\chi^2 = \frac{(n-1)S^2}{0.005^2} \sim \chi^2(n-1).$$

由 $n = 9, \alpha = 0.05, H_0$ 的拒绝域为 $W: \chi^2 \leqslant$ $\chi_{0.975}^2(8) = 2.180$ 或 $\chi^2 \geqslant \chi_{0.025}^2(8) = 17.535$.

由 $s = 0.008$,计算得 $\chi^2 = \dfrac{(9-1) \times 0.008^2}{0.005^2} = 20.48$ $\in W$,故拒绝 H_0,即不可认为这批导线电阻的标准差为 0.005.

13. 知识点: 检验成对数据的 t 检验法,0804 正态总体均值的假设检验

解　由题意知 $z_i = y_i - x_i: 1.0, 1.3, 0.9, 1.2, 1.5$,并计算得 $\bar{z} = 1.18, s_z^2 = 0.57$.

(1) 假设为 $H_0: \mu \leqslant 0, H_1: \mu > 0$,将其转化为 $H_0: \mu = 0, H_1: \mu > 0$;选取统计量及分布

$$T = \frac{\overline{Z} - 0}{S_z / \sqrt{n}} = \frac{\overline{Z}}{S_z / \sqrt{n}} \sim t(n-1).$$

由于 $\alpha = 0.05, n = 5$,得 H_0 的拒绝域为

$$W = \{ |T| \geqslant t_\alpha(n-1) = t_{0.05}(4) = 2.1318 \}.$$

又计算得 $T = \dfrac{1.18}{\sqrt{0.57/5}} = 3.495 \in W$,所以拒绝 H_0,认为该安眠药对延长睡眠时间有影响.

(2) 假设为 $H_0': \mu \leqslant 1, H_1': \mu > 1$,将其转化为

$$H_0': \mu = 1, H_1': \mu > 1,$$

选取统计量及分布 $T' = \dfrac{\overline{Z} - 1}{S_z / \sqrt{n}} \sim t(n-1).$

由于 $\alpha = 0.05, n = 5$,得 H_0' 的拒绝域为 $W' = \{ T' \geqslant$ $t_\alpha(n-1) = t_{0.05}(4) = 2.1318 \}$.又计算得 $T' = \dfrac{1.18 - 1}{\sqrt{0.57/5}}$ $= 0.533 \notin W'$,接受 H_0',认为该安眠药的平均延长睡眠时间不超过 1 小时.

【注释】本题解中,根据实际问题,可假设前后睡眠时间差服从正态分布.

14. 知识点: 0801 假设检验,0204 二项分布,0507 中心极限定理,0804 正态总体均值的假设检验

分析　这不是正态总体的假设检验问题.通过中心极限定理,将其近似转化为正态总体后,再作假设

检验.虽然产生一定的误差,但由于 120 远远大于 30,故误差可以忽略不计.

解 设 $X = \begin{cases} 1, & \text{感到厌烦}, \\ 0, & \text{不感到厌烦}, \end{cases}$ p 为观众对商业广告感到厌烦的概率,则 $X \sim B(1,p)$.

设 $(X_1, X_2, \cdots, X_n)$ 为来自总体 $X \sim B(1,p)$ 的简单随机样本,则 $\sum_{i=1}^n X_i \sim B(n,p)$.当 n 充分大时,由中心极限定理,$\sum_{i=1}^n X_i \overset{\text{近似}}{\sim} N(np, np(1-p))$.

由题意设 $H_0: p = 0.8, H_1: p < 0.8$.当 H_0 为真时,

$$U = \frac{\sum_{i=1}^n X_i - np}{\sqrt{np(1-p)}} = \frac{\sum_{i=1}^n X_i - 0.8n}{\sqrt{0.16n}} \overset{\text{近似}}{\sim} N(0,1).$$

由 $\alpha = 0.05$,所以 H_0 的拒绝域为 $U \leqslant -U_{0.05} = -1.645$.根据样本值 $n = 120, \sum_{i=1}^n x_i = 70$,计算得

$$U = \frac{70 - 96}{0.8\sqrt{30}} = -5.93 < -1.645,$$

故拒绝 H_0,即不同意该研究者的结论.

【注释】本题中,由于 $\sum_{i=1}^n X_i \overset{\text{近似}}{\sim} N(np, np(1-p))$,当 p 未知时,X 的方差也未知,也可考虑用 t 检验法检验均值.甚至还可以考虑用 χ^2 检验法,对方差进行检验,但是这些做法都使得误差变得更大.

15. 知识点:0804 正态总体均值的假设检验,0802 犯第一类错误的概率,0802 犯第二类错误的概率

解 $\alpha = P\{\bar{X} \geqslant 0.51, H_0\} = P\{\bar{X} \geqslant 0.51, \mu = 0\}$

$$= P\left\{\frac{\bar{X} - 0}{1/\sqrt{25}} \geqslant \frac{0.51}{1/\sqrt{25}}\right\}$$

$$= P\left\{\frac{\bar{X}}{1/\sqrt{25}} \geqslant 2.55\right\} = 1 - \Phi(2.55)$$

$$= 1 - 0.9946 = 0.0054.$$

$\beta = P\{\bar{X} < 0.51, H_1\} = P\{\bar{X} < 0.51, \mu = 1\}$

$$= P\left\{\frac{\bar{X} - 1}{1/\sqrt{25}} < \frac{-0.49}{1/\sqrt{25}}\right\}$$

$$= P\left\{\frac{\bar{X} - 1}{1/\sqrt{25}} < -2.45\right\} = 1 - \Phi(2.45)$$

$$= 1 - 0.9929 = 0.0071.$$

16. 知识点:0804 双正态总体均值的假设检验,0805 正态总体方差的假设检验

分析 本题为双正态总体的均值检验.由于两个总体的方差均未知,也不知两个方差是否相等.因此在检验均值之前,先对其方差进行检验.

解 (1) $H_0': \sigma_1^2 = \sigma_2^2, H_1': \sigma_1^2 \neq \sigma_2^2$.

检验统计量及其分布为 $F = \dfrac{S_X^2}{S_Y^2} \sim F(n_1 - 1, n_2 - 1)$.

由于 $n_1 = 10, n_2 = 11, \alpha = 0.01$,得 H_0' 的拒绝域为

$$W' = \left\{F \mid F \leqslant F_{0.995}(9,10) = \frac{1}{6.42},\right.$$

或

$$\left. F \geqslant F_{0.005}(9,10) = 5.97\right\}.$$

又根据样本值计算得 $F = \dfrac{s_X^2}{s_Y^2} = \dfrac{0.028\,11}{0.006\,42} = 4.3785 \notin$

W',故接受 $H_0': \sigma_1^2 = \sigma_2^2$,即可认为两总体的方差相等.

(2) $H_0'': \mu_1 = \mu_2, H_1'': \mu_1 > \mu_2$.

由于 σ_1^2 与 σ_2^2 都未知,但由(1)可认为 $\sigma_1^2 = \sigma_2^2$,故选择的检验统计量及其分布为

$$T = \frac{\bar{X} - \bar{Y}}{\sqrt{\dfrac{(n_1 - 1)S_X^2 + (n_2 - 1)S_Y^2}{n_1 + n_2 - 2}}\sqrt{\dfrac{1}{n_1} + \dfrac{1}{n_2}}}$$

$$\sim t(n_1 + n_2 - 2).$$

由于 $\alpha = 0.01, n_1 = 10, n_2 = 11$,得 H_0 的拒绝域为

$$W'' = \left\{T \mid T \geqslant t_\alpha(n_1 + n_2 - 2) = t_{0.01}(19) = 2.5395\right\}.$$

又 $\bar{x} = 0.273, \bar{y} = 0.135, s_X^2 = 0.028\,11, s_Y^2 = 0.006\,42$,计算得

$$T = \frac{0.273 - 0.135}{\sqrt{\dfrac{9 \times 0.028\,11 + 10 \times 0.006\,42}{19}}\sqrt{\dfrac{1}{10} + \dfrac{1}{11}}}$$

$$= 2.4446 \notin W'',$$

故接受 H_0'',即在 $\alpha = 0.01$ 水平上,认为处理后没有降

低含脂率.

17. 知识点： 0802 犯第一类错误的概率,0803 拒绝域,0803 样本容量,0804 正态总体均值的假设检验

解 由于 $U = \dfrac{\overline{X} - \mu}{10/\sqrt{n}} \sim N(0,1)$,所以犯第一类错误的概率为

$$P\{\overline{X} \leqslant 8, H_0\} = P\{\overline{X} \leqslant 8, \mu \geqslant 10\}$$

$$= P\left\{\frac{\overline{X} - \mu}{10/\sqrt{n}} \leqslant \frac{8 - \mu}{10/\sqrt{n}}\right\} = \Phi\left(\frac{8 - \mu}{10/\sqrt{n}}\right) (\mu \geqslant 10).$$

由于 $\Phi\left(\dfrac{8 - \mu}{10/\sqrt{n}}\right)$ 为 μ 的减函数,且 $\mu \geqslant 10$,所以当 $\mu = 10$ 时,犯第一类错误的概率最大,其最大值为

$$\Phi\left(\frac{8 - 10}{10/\sqrt{n}}\right) = \Phi\left(-\frac{\sqrt{n}}{5}\right) = 1 - \Phi\left(\frac{\sqrt{n}}{5}\right).$$

为使 $1 - \Phi\left(\dfrac{\sqrt{n}}{5}\right) \leqslant 0.023$,即 $\Phi\left(\dfrac{\sqrt{n}}{5}\right) \geqslant 0.977 = \Phi(2)$,故有 $\dfrac{\sqrt{n}}{5} \geqslant 2$,解得 $n \geqslant 100$,所以 n 至少取 100.

期末同步测试（A卷）习题精解

一、单项选择题

题号	1	2	3	4	5
答案	(D)	(B)	(D)	(A)	(C)

1. 知识点： 0103 事件的运算

解 $\overline{A \cup B - A \cup C} = \overline{B - A \cup C} = \overline{B \overline{A} \cup C} = \overline{B} \cup A \cup C = A \cup \overline{B} \cup C.$

选项(A)的错误在于 $\overline{A \cup B - A \cup C} \neq \overline{B - C}.$

选项(B)的错误在于 $\overline{A \cup B - A \cup C} \neq \overline{A \cup (B - C)}.$

选项(C)的错误在于 $\overline{A \cup B - A \cup C} \neq \overline{A \cup B - C}.$ 故选(D).

2. 知识点： 0103 互不相容,0111 事件的独立性,0202 分布函数

解 选项(A):若 $P(AB) = 0$,未必有 $AB = \varnothing$,即未必事件 A 与 B 互不相容.

选项(B):$P(A - B) = P(A)[1 - P(B)]$ 即为 $P(A\overline{B}) = P(A)P(\overline{B})$,所以 A 和 B 相互独立.

选项(C):X 和 Y 同分布表明具有相同的分布函数,未必 $X = Y$,如 X 和 Y 独立同分布.

选项(D):由于 $F(x)$ 单调不减,故 $F(x_1) = F(x_2)$ 时未必有 $x_1 = x_2.$

3. 知识点： 0202 分布函数的性质

解 选项(A):$F(x) = \dfrac{1 + \mathrm{sgn}(x)}{2}$ 在点 $x = 0$ 处不右连续.

选项(B):$F(x) = \dfrac{x}{x + \mathrm{e}^{-x}}$,有 $F(-1) = \dfrac{-1}{\mathrm{e} - 1} < 0.$

选项(C):$F(x) = \dfrac{1}{1 + \mathrm{e}^x}$,有 $\lim\limits_{x \to -\infty} F(x) = 1$,$\lim\limits_{x \to +\infty} F(x) = 0.$

选项(D):$F(x) = \dfrac{1}{1 + \mathrm{e}^{-x}}$ 为连续型随机变量 X 的分布函数,其密度函数为 $f(x) = \dfrac{\mathrm{e}^x}{(1 + \mathrm{e}^x)^2}.$ 应选(D).

【注释】 选项(B)和(C)还可以从单调性上排除.

4. 知识点： 0111 随机事件的独立性,0103 事件的运算

解 由 $P((A - C)B) = P(A - C)P(B)$,得

$$P(AB) - P(C) = [P(A) - P(C)]P(B),$$

解得

$$P(C) = \frac{P(AB) - P(A)P(B)}{P(\overline{B})}$$

$$= \frac{[P(A) - P(A)P(B)] - [P(A) - P(AB)]}{P(\overline{B})}$$

$$= \frac{P(A)P(\overline{B}) - P(A\overline{B})}{P(\overline{B})} = P(A) - P(A \mid \overline{B}).$$

5. 知识点：凹函数，泰勒公式，0401 数学期望

解 由于 $g''(x) \geqslant 0$，由泰勒公式，存在 ξ 介于 x 与 EX 之间，使得

$$g(x) = g(EX) + g'(EX)(x - EX) + \frac{g''(\xi)}{2!}(x - EX)^2$$
$$\geqslant g(EX) + g'(EX)(x - EX),$$

有

$$g(X) \geqslant g(EX) + g'(EX)(X - EX),$$

两边求数学期望，并利用保号性及 $E(X - EX) = 0$，得

$$Eg(X) \geqslant Eg(EX) + g'(EX)E(X - EX) = g(EX).$$

二、填空题

6. 知识点：0108 条件概率，0109 减法公式

解 $P(AB \mid \overline{C}) = \dfrac{P(AB\overline{C})}{P(\overline{C})} = \dfrac{P(AB) - P(ABC)}{1 - P(C)}$

$$= \frac{P(AB) - P(\varnothing)}{1 - P(C)} = \frac{\dfrac{1}{2} - 0}{1 - \dfrac{1}{3}} = \frac{3}{4}.$$

7. 知识点：0405 相关系数，0111 随机事件的独立性

解 $P\{X = 1\} = P(AB) = P(A)P(B)$
$$= 0.5 \times 0.2 = 0.1,$$

$$P\{Y = 1\} = P(A \cup B) = 1 - P(\overline{A})P(\overline{B})$$
$$= 1 - 0.5 \times 0.8 = 0.6,$$

$$P\{XY = 1\} = P\{X = 1, Y = 1\} = P((AB)(A \cup B))$$
$$= P(AB) = 0.1,$$

由上述可得

$$X \sim \begin{pmatrix} 0 & 1 \\ 0.9 & 0.1 \end{pmatrix}, Y \sim \begin{pmatrix} 0 & 1 \\ 0.4 & 0.6 \end{pmatrix}, XY \sim \begin{pmatrix} 0 & 1 \\ 0.9 & 0.1 \end{pmatrix},$$

进而得

$$EX = 0.1, DX = 0.09;$$
$$EY = 0.6, DY = 0.24; E(XY) = 0.1,$$

故 $\rho_{XY} = \dfrac{0.1 - 0.1 \times 0.6}{\sqrt{0.09}\sqrt{0.24}} = \dfrac{\sqrt{6}}{9}.$

8. 知识点：0703 矩估计值，0204 0 - 1 分布

分析 首先要确定总体及其分布，然后才会有总体的数学期望，以及样本和样本均值.

解 设 1000 个产品中有 r 个次品. 令 $X =$

$\begin{cases} 1, & \text{取次品,} \\ 0, & \text{取正品,} \end{cases}$ 则总体 $X \sim \begin{pmatrix} 0 & 1 \\ 1 - \dfrac{r}{1000} & \dfrac{r}{1000} \end{pmatrix}$，因此

$EX = \dfrac{r}{1000}$. 又由题意知，样本值中有 3 个 1 和 147 个

0，所以样本均值 $\bar{x} = \dfrac{3}{150} = \dfrac{1}{50}$. 由 $\bar{x} = EX$，即 $\dfrac{1}{50} = \dfrac{r}{1000}$，

解得 1000 个产品中次品个数的矩估计值为 $\hat{r}_M = 20$.

9. 知识点：0501 切比雪夫不等式，0203 分布律，0204 二项分布

解 由题意，$N \sim B(n, \theta^2)$，故 $EN = n\theta^2, DN = n\theta^2(1 - \theta^2)$，故由切比雪夫不等式，得

$$P\{\, |N - n\theta^2| < \sqrt{n}\,\theta \,\} \geqslant 1 - \frac{n\theta^2(1 - \theta^2)}{n\theta^2} = \theta^2.$$

10. 知识点：0603 样本均值，0204 泊松分布

解 由泊松分布的性质知 $\sum\limits_{i=1}^{4} X_i \sim P(4)$，所以

$$P\left\{\bar{X} > \frac{1}{4}\right\} = P\left\{\sum_{i=1}^{4} X_i > 1\right\}$$
$$= 1 - P\left\{\sum_{i=1}^{4} X_i = 0\right\} - P\left\{\sum_{i=1}^{4} X_i = 1\right\}$$
$$= 1 - \left(\frac{1}{0!}e^{-1}\right)^4 - C_4^1 \frac{1}{1!}e^{-1} \times \left(\frac{1}{0!}e^{-1}\right)^3$$
$$= 1 - 5e^{-4}.$$

三、解答题

11. 知识点：0110 全概率公式，0119 乘法公式

解 设 A_{ij} 表示第 i 次取 j 号卡片，$i, j = 1, 2, 3$.

（1）设 B 表示第二张卡片编号为 3，由全概率公式

$$P(B) = P(A_{11})P(B \mid A_{11}) + P(A_{12})P(B \mid A_{12})$$
$$+ P(A_{13})P(B \mid A_{13})$$
$$= \frac{1}{3} \times \frac{1}{3} + \frac{1}{3} \times \frac{1}{3} + \frac{1}{3} \times 0 = \frac{2}{9}.$$

（2）C 表示所取三张卡片编号之和为 4，则

$$P(C) = P(A_{11}A_{21}A_{32}) + P(A_{11}A_{22}A_{31}) + P(A_{12}A_{21}A_{31})$$
$$= P(A_{11})P(A_{21} \mid A_{11})P(A_{32} \mid A_{11}A_{21})$$
$$+ P(A_{11})P(A_{22} \mid A_{11})P(A_{31} \mid A_{11}A_{22})$$
$$+ P(A_{12})P(A_{21} \mid A_{12})P(A_{31} \mid A_{12}A_{21})$$

$$= \frac{1}{3} \times \frac{1}{3} \times \frac{2}{3} + \frac{1}{3} \times \frac{1}{3} \times \frac{1}{3} + \frac{1}{3} \times \frac{2}{3} \times \frac{1}{3}$$

$$= \frac{5}{27}.$$

12. 知识点:0203 分布律,0208 随机变量函数的分布,0401 数学期望,0403 方差,0507 中心极限定理

解 设各次出现的点数分别为 $X_1, X_2, \cdots, X_{420}$,则 $X_1, X_2, \cdots, X_{420}$ 独立同分布,且

$$X_i \sim \begin{pmatrix} 1 & 2 & 3 & 4 & 5 & 6 \\ \dfrac{1}{6} & \dfrac{1}{6} & \dfrac{1}{6} & \dfrac{1}{6} & \dfrac{1}{6} & \dfrac{1}{6} \end{pmatrix}, i = 1, 2, \cdots, 420.$$

(1) $P\{X_1 + X_2 = 2\} = P\{X_1 = 1, X_2 = 1\} = P\{X_1 = 1\} P\{X_2 = 1\} = \dfrac{1}{6} \times \dfrac{1}{6} = \dfrac{1}{36}$,同理可得 $X_1 + X_2$ 其他情况取值的概率,因此得

$$X_1 + X_2 \sim$$
$$\begin{pmatrix} 2 & 3 & 4 & 5 & 6 & 7 & 8 & 9 & 10 & 11 & 12 \\ \dfrac{1}{36} & \dfrac{2}{36} & \dfrac{3}{36} & \dfrac{4}{36} & \dfrac{5}{36} & \dfrac{6}{36} & \dfrac{5}{36} & \dfrac{4}{36} & \dfrac{3}{36} & \dfrac{2}{36} & \dfrac{1}{36} \end{pmatrix}.$$

(2) $EX_i = 1 \times \dfrac{1}{6} + 2 \times \dfrac{1}{6} + 3 \times \dfrac{1}{6} + 4 \times \dfrac{1}{6}$
$$+ 5 \times \dfrac{1}{6} + 6 \times \dfrac{1}{6} = \dfrac{7}{2},$$

$E(X_i^2) = 1^2 \times \dfrac{1}{6} + 2^2 \times \dfrac{1}{6} + 3^2 \times \dfrac{1}{6} + 4^2 \times \dfrac{1}{6}$
$$+ 5^2 \times \dfrac{1}{6} + 6^2 \times \dfrac{1}{6} = \dfrac{91}{6},$$

所以 $DX_i = \dfrac{91}{6} - \left(\dfrac{7}{2}\right)^2 = \dfrac{35}{12}$, $i = 1, 2, \cdots, 420$,因此

$$E\left(\sum_{i=1}^{420} X_i\right) = \sum_{i=1}^{420} EX_i = \sum_{i=1}^{420} \dfrac{7}{2}$$
$$= \dfrac{7}{2} \times 420 = 1470.$$

由于 $X_1, X_2, \cdots, X_{420}$ 相互独立,所以

$$D\left(\sum_{i=1}^{420} X_i\right) = \sum_{i=1}^{420} DX_i = \sum_{i=1}^{420} \dfrac{35}{12}$$
$$= \dfrac{35}{12} \times 420 = 1225.$$

(3) 由中心极限定理,$\displaystyle\sum_{i=1}^{420} X_i \overset{\text{近似}}{\sim} N(1470, 1225)$,所以

$$P\left\{\sum_{i=1}^{420} X_i > 1400\right\}$$

$$= P\left\{\frac{\displaystyle\sum_{i=1}^{420} X_i - 1470}{35} > \frac{1400 - 1470}{35} = -2\right\}$$

$$\approx 1 - \Phi(-2) = \Phi(2) = 0.9772.$$

13. 知识点:0302 分布函数,0305 独立性,0207 均匀分布

解 (1)(X, Y) 的密度函数为

$$f(x, y) = \begin{cases} \dfrac{1}{2}, & (x, y) \in D, \\ 0, & (x, y) \notin D, \end{cases}$$

利用几何概型,通过面积比计算概率,得

$$F(u, v) = P\{U \leq u, V \leq v\}$$
$$= P\{X + Y \leq u, Y - X \leq v\}$$

$$= \begin{cases} 0, & u < -1 \text{ 或 } v < -1 \\ \dfrac{(u+1)(v+1)}{4}, & -1 \leq u < 1, -1 \leq v < 1, \\ \dfrac{(v+1)}{2}, & u \geq 1, -1 \leq v < 1, \\ \dfrac{(u+1)}{2}, & -1 \leq u < 1, v \geq 1, \\ 1, & u \geq 1, v \geq 1. \end{cases}$$

(2) U 与 V 的边缘分布函数分别为

$$F_U(u) = \lim_{v \to +\infty} F(u, v) = \begin{cases} 0, & u < -1 \\ \dfrac{u+1}{2}, & -1 \leq u < 1, \\ 1, & u \geq 1, \end{cases}$$

$$F_V(v) = \lim_{u \to +\infty} F(u, v) = \begin{cases} 0, & v < -1 \\ \dfrac{v+1}{2}, & -1 \leq v < 1, \\ 1, & v \geq 1. \end{cases}$$

不难发现 $F_U(u)$ 与 $F_V(v)$ 为同一函数,且有 $F(u, v) = F_U(u) F_V(v)$,所以 U 和 V 独立同分布.

【注释】 本题(2)也可以通过求出 (U,V) 的密度函数 $f(u,v)=\dfrac{\partial^2 F(u,v)}{\partial u \partial v}$，进而求出 U 与 V 的边缘密度函数 $f_U(u)$ 和 $f_V(v)$，然后同样可以得出 U 和 V 独立同分布.进一步还可以发现，U 和 V 均服从 $[-1,1]$ 上的均匀分布.

14. 知识点： 0202 分布函数，0206 密度函数，0203 离散型，0111 全概率公式

解 （1）$F_1(u)=P\{U \leqslant u\}=P\{X^Y \leqslant u\}$

$= P\{Y=0\}P\{X^Y \leqslant u \mid Y=0\}$

$\quad + P\{Y=1\}P\{X^Y \leqslant u \mid Y=1\}$

$= 0.5P\{1 \leqslant u \mid Y=0\} + 0.5P\{X \leqslant u \mid Y=1\}$

$= 0.5P\{1 \leqslant u\} + 0.5P\{X \leqslant u\}$

$=\begin{cases} 0.5 \times 0 + 0.5\Phi(u), & u<1, \\ 0.5 \times 1 + 0.5\Phi(u), & u \geqslant 1 \end{cases}$

$=\begin{cases} 0.5\Phi(u), & u<1, \\ 0.5 + 0.5\Phi(u), & u \geqslant 1. \end{cases}$

（2）$F_2(u)=P\{U \leqslant u\}=P\{X^Y \leqslant u\}$

$= P\{Y=1\}P\{X^Y \leqslant u \mid Y=1\}$

$\quad + P\{Y=2\}P\{X^Y \leqslant u \mid Y=2\}$

$= 0.5P\{X \leqslant u \mid Y=1\} + 0.5P\{X^2 \leqslant u \mid Y=2\}$

$= 0.5P\{X \leqslant u\} + 0.5P\{X^2 \leqslant u\}$

$=\begin{cases} 0.5\Phi(u) + 0.5 \times 0, & u<0, \\ 0.5\Phi(u) + 0.5[2\Phi(\sqrt{u})-1], & u \geqslant 0 \end{cases}$

$=\begin{cases} 0.5\Phi(u), & u<0, \\ 0.5\Phi(u) + 0.5[2\Phi(\sqrt{u})-1], & u \geqslant 0, \end{cases}$

所以

$$f_2(u)=F_2'(u)=\begin{cases} 0.5\varphi(u), & u \leqslant 0, \\ 0.5\varphi(u) + \dfrac{1}{2\sqrt{u}}\varphi(\sqrt{u}), & u>0. \end{cases}$$

15. 知识点： 0401 数学期望，0406 不相关，0305 独立性

解 （1）由题意知 $X_1, X_2, \cdots, X_n$ 同分布，所以 $|X_1|, |X_2|, \cdots, |X_n|$ 也同分布，由对称性得

$$E\left(\frac{|X_1|}{\sum\limits_{i=1}^{n}|X_i|}\right) = E\left(\frac{|X_2|}{\sum\limits_{i=1}^{n}|X_i|}\right) = \cdots = E\left(\frac{|X_n|}{\sum\limits_{i=1}^{n}|X_i|}\right),$$

故

$$E\left(\frac{|X_1|}{\sum\limits_{i=1}^{n}|X_i|}\right) = \frac{1}{n}\left[E\left(\frac{|X_1|}{\sum\limits_{i=1}^{n}|X_i|}\right) + E\left(\frac{|X_2|}{\sum\limits_{i=1}^{n}|X_i|}\right) + \cdots + E\left(\frac{|X_n|}{\sum\limits_{i=1}^{n}|X_i|}\right)\right]$$

$$= \frac{1}{n}E\left(\frac{|X_1|}{\sum\limits_{i=1}^{n}|X_i|} + \frac{|X_2|}{\sum\limits_{i=1}^{n}|X_i|} + \cdots + \frac{|X_n|}{\sum\limits_{i=1}^{n}|X_i|}\right)$$

$$= \frac{1}{n}.$$

（2）由于 $\overline{X}$ 和 S^2 相互独立，故

$$E(X_1 S^2) + E(X_2 S^2) + \cdots + E(X_n S^2)$$

$$= E(X_1 S^2 + X_2 S^2 + \cdots + X_n S^2) = E(n\overline{X}S^2)$$

$$= nE(\overline{X}S^2) = nE\overline{X} \cdot ES^2 = n\mu\sigma^2.$$

同理，由对称性，$E(X_1 S^2) = E(X_2 S^2) = \cdots = E(X_n S^2)$，所以 $E(X_1 S^2) = \mu\sigma^2$.

（3）由于 $E(X_1 S^2) = \mu\sigma^2$，$EX_1 = \mu$，$E(S^2) = \sigma^2$，故

$$\mathrm{Cov}(X_1, S^2) = E(X_1 S^2) - EX_1 E(S^2) = 0,$$

所以 X_1 和 S^2 不相关.

16. 知识点： 0306 二维正态分布，0305 独立性，0108 条件概率

解 由于

$$p = P\{Y < 2X < Y+2 \mid 2X+Y=1\}$$

$$= P\{0 < 2X-Y < 2 \mid 2X+Y=1\},$$

故令 $U=2X+Y$，$V=2X-Y$.因为 $\begin{vmatrix} 2 & 1 \\ 2 & -1 \end{vmatrix} \neq 0$，所以 (U,V) 服从二维正态分布.且

$$\mathrm{Cov}(U,V) = \mathrm{Cov}(2X+Y, 2X-Y)$$

$$= 4DX - DY = 4 - 4 = 0,$$

可知 U 与 V 不相关，进而 U 和 V 相互独立.因此 $p = P\{0 < V < 2 \mid U=1\} = P\{0 < V < 2\}$.又

$$EV = 2EX - EY = 2 \cdot 0 - 0 = 0;$$

$$DV = 4DX + DY - 4\text{Cov}(X,Y)$$
$$= 4 + 4 - 4 \cdot \sqrt{1} \cdot \sqrt{4} \cdot \frac{1}{2} = 4,$$

所以 $V \sim N(0,4)$，故

$$p = P\left\{0 < \frac{V - 0}{2} < 1\right\} = \Phi(1) - \Phi(0)$$
$$= 0.8413 - 0.5 = 0.3413.$$

17. 知识点：0705 无偏估计

（1）**解** 由于 $X_i \sim N(0,\sigma^2)$，故

$$E|X_i| = \int_{-\infty}^{+\infty} |x| \cdot \frac{1}{\sqrt{2\pi}\,\sigma} e^{-\frac{x^2}{2\sigma^2}} dx$$

$$= \sqrt{\frac{2}{\pi}} \frac{1}{\sigma} \int_0^{+\infty} x \cdot e^{-\frac{x^2}{2\sigma^2}} dx$$

$$= -\sqrt{\frac{2}{\pi}}\sigma \int_0^{+\infty} e^{-\frac{x^2}{2\sigma^2}} d\left(-\frac{x^2}{2\sigma^2}\right)$$

$$= -\sqrt{\frac{2}{\pi}}\sigma e^{-\frac{x^2}{2\sigma^2}} \Big|_0^{+\infty} = \sqrt{\frac{2}{\pi}}\sigma,$$

$$i = 1,2,\cdots,n,$$

所以 $E\left(k_1 \sum_{i=1}^{n} |X_i|\right) = k_1 \sum_{i=1}^{n} E|X_i| = k_1 \sum_{i=1}^{n} \sqrt{\frac{2}{\pi}}\sigma = k_1 n \sqrt{\frac{2}{\pi}}\sigma$. 令 $E\left(k_1 \sum_{i=1}^{n} |X_i|\right) = \sigma$，解得 $k_1 = \frac{1}{n}\sqrt{\frac{\pi}{2}}$.

（2）**解法 1** 由题意得

$$E\left[k_2\left(\sum_{i=1}^{n} |X_i|\right)^2\right] = k_2 E\left[\left(\sum_{i=1}^{n} |X_i|\right)^2\right]$$

$$= k_2 E\left(\sum_{i=1}^{n} X_i^2 + \sum_{\substack{i,j=1 \\ i \neq j}}^{n} |X_i||X_j|\right)$$

$$= k_2\left[\sum_{i=1}^{n} E(X_i^2) + \sum_{\substack{i,j=1 \\ i \neq j}}^{n} E|X_i| E|X_j|\right]$$

$$= k_2\left[\sum_{i=1}^{n} \sigma^2 + \sum_{\substack{i,j=1 \\ i \neq j}}^{n} \left(\sqrt{\frac{2}{\pi}}\sigma\right)^2\right]$$

$$= k_2\left[n\sigma^2 + (n^2 - n)\frac{2}{\pi}\sigma^2\right]$$

$$= k_2\left[n + (n^2 - n)\frac{2}{\pi}\right]\sigma^2.$$

解法 2 $D|X_i| = E(|X_i|^2) - (E|X_i|)^2$

$$= E(X_i^2) - (E|X_i|)^2$$

$$= \sigma^2 - \left(\sqrt{\frac{2}{\pi}}\sigma\right)^2$$

$$= \left(1 - \frac{2}{\pi}\right)\sigma^2, i = 1,2,\cdots,n.$$

$$E\left[k_2\left(\sum_{i=1}^{n} |X_i|\right)^2\right]$$

$$= k_2\left[D\sum_{i=1}^{n} |X_i| + \left(E\sum_{i=1}^{n} |X_i|\right)^2\right]$$

$$= k_2\left[\sum_{i=1}^{n}\left(1 - \frac{2}{\pi}\right)\sigma^2 + \left(\sum_{i=1}^{n}\sqrt{\frac{2}{\pi}}\sigma\right)^2\right]$$

$$= k_2\left[n\left(1 - \frac{2}{\pi}\right)\sigma^2 + n^2\frac{2}{\pi}\sigma^2\right]$$

$$= k_2\left[n + (n^2 - n)\frac{2}{\pi}\right]\sigma^2.$$

令 $E\left[k_2\left(\sum_{i=1}^{n} |X_i|\right)^2\right] = \sigma^2$，解得

$$k_2 = \frac{1}{n + (n^2 - n)\frac{2}{\pi}}.$$

期末同步测试（B 卷）习题精解

一、单项选择题

题号	1	2	3	4	5
答案	（C）	（A）	（D）	（D）	（B）

1. 知识点：0109 概率计算，0105 概率的基本性质

解 由于 $P(AB) \leqslant P(A) = 0.6$，当 $A \subset B$ 时，$P(AB) = P(A) = 0.6$，故 $P(AB)$ 的最大值为 0.6.

又 $P(AB) = P(A) + P(B) - P(A \cup B) \geqslant P(A)$

$+ P(B) - 1 = 0.4$, 当 $A \cup B = \Omega$ 时, $P(AB) = 0.4$, 故 $P(AB)$ 的最小值为 0.4. 故选项 (A) 正确.

同理, 选项 (B) 正确.

令 $P(AB) = p$, 由于 $P(A \cup B) = P(A) + P(B) - P(AB) = 1.4 - p$, 故

$$P(AB)P(A \cup B) = p(1.4 - p) = 1.4p - p^2,$$

因为 $0.4 \leq p \leq 0.6$, 求得 $P(AB)P(A \cup B)$ 的最大值为 0.48, 最小值为 0.40. 另一方面, 当 $A \subset B$ 时, $P(AB)P(A \cup B) = 0.48$; 当 $A \cup B = \Omega$ 时, $P(AB)P(A \cup B) = 0.40$. 选项 (D) 正确. 故选 (C).

2. 知识点: 0204 二项分布, 0204 泊松分布, 0207 正态分布, 0605 χ^2 分布, 0305 独立性

解 由可加性知选项 (B), (C) 和 (D) 均正确.

对于二项分布, 其可加性为: 设随机变量 X 和 Y 相互独立, 如果 $X \sim B(n_1, p)$, $Y \sim B(n_2, p)$, 则 $X + Y \sim B(n_1 + n_2, p)$. 故选 (A).

3. 知识点: 0202 分布函数, 0103 事件的包含

解 由于 $\{Y \leq t\} \subset \{X \leq t\}$, $\{X \leq t, Y \leq t\} = \{Y \leq t\}$, 故

$$F_Y(t) = P\{Y \leq t\} \leq P\{X \leq t\} = F_X(t),$$

$$F(t,t) = P\{X \leq t, Y \leq t\} = P\{Y \leq t\} = F_Y(t).$$

4. 知识点: 0206 密度函数, 0304 边缘密度函数, 0406 不相关

解 四个结论都正确.

① $f_X(-x) = \int_{-\infty}^{+\infty} f(-x, y)\mathrm{d}y = \int_{-\infty}^{+\infty} f(x, y)\mathrm{d}y = f_X(x)$, $-\infty < x < +\infty$.

② $EX = \int_{-\infty}^{+\infty}\int_{-\infty}^{+\infty} xf(x,y)\mathrm{d}x\mathrm{d}y = 0$, 而 $E(XY) = \int_{-\infty}^{+\infty}\int_{-\infty}^{+\infty} xyf(x,y)\mathrm{d}x\mathrm{d}y = 0$, 所以 $\mathrm{Cov}(X, Y) = 0$.

③ $P\{X > Y\} = \iint\limits_{x>y} f(x,y)\mathrm{d}x\mathrm{d}y = \iint\limits_{y>x} f(y,x)\mathrm{d}x\mathrm{d}y = \iint\limits_{x<y} f(x,y)\mathrm{d}x\mathrm{d}y = P\{X < Y\}$.

④ $f_Y(y) = \int_{-\infty}^{+\infty} f(x,y)\mathrm{d}x$, 故 $f_Y(x) = \int_{-\infty}^{+\infty} f(y,x)\mathrm{d}y =$

$$\int_{-\infty}^{+\infty} f(x,y)\mathrm{d}y = f_X(x).$$

5. 知识点: 0801 假设检验, 0802 两类错误

解 若将一些不合格品误以为合格品. 可能会造成这批产品不合格 (H_1 成立) 时, 而检验结果误判为合格产品 (接受 H_0) 的可能性增大, 也就是犯存伪错误的概率 β 都会变大. 当样本容量 n 固定时, β 变大导致犯弃真错误的概率 α 会变小. 故选 (B).

二、填空题

6. 知识点: 0401 数学期望, 0207 均匀分布, 0305 独立性

解 由题意知 $X \sim U[0,1]$, $Y \sim U[0,1]$, 且 X 和 Y 相互独立. 又 $U + V = X + Y$, $UV = XY$, 所以

$$E[(1 - U)(1 - V)] = E(1 - U - V + UV)$$
$$= 1 - E(U + V) + E(UV)$$
$$= 1 - E(X + Y) + E(XY)$$
$$= 1 - (EX + EY) + EXEY$$
$$= 1 - \left(\frac{1}{2} + \frac{1}{2}\right) + \frac{1}{2} \times \frac{1}{2} = \frac{1}{4}.$$

7. 知识点: 0302 联合分布函数

解
$$\begin{aligned}
F(u,v) &= P\{U \leq u, V \leq v\}\\
&= P\{-X \leq u, Y \leq v\}\\
&= P\{X \geq -u, Y \leq v\}\\
&= P\{\overline{X < -u}, Y \leq v\}\\
&= P\{Y \leq v\} - P\{X < -u, Y \leq v\}\\
&= P\{Y \leq v\} - P\{X \leq -u, Y \leq v\}\\
&= F_Y(v) - F(-u, v).
\end{aligned}$$

8. 知识点: 0708 置信区间, 0504 大数定律, 0507 中心极限定理

解 由结论, σ^2 的置信度为 $1 - \alpha$ 的置信区间为

$$(\hat{\theta}_1, \hat{\theta}_2) = \left(\frac{(n-1)S^2}{\chi^2_{\frac{\alpha}{2}}(n-1)}, \frac{(n-1)S^2}{\chi^2_{1-\frac{\alpha}{2}}(n-1)}\right),$$

其中 S^2 为样本方差.

$$\lim_{n \to \infty} S^2 = \lim_{n \to \infty} \frac{1}{n-1}\sum_{i=1}^{n}(X_i - \overline{X})^2$$
$$= \lim_{n \to \infty} \frac{n}{n-1}\left(\frac{1}{n}\sum_{i=1}^{n}X_i^2 - \overline{X}^2\right)$$

$$\stackrel{P}{=} E(X^2) - (EX)^2 = DX = \sigma^2.$$

若 $\chi^2 \sim \chi^2(n-1)$,则 $P\{\chi^2 > \chi^2_{\frac{\alpha}{2}}(n-1)\} =$

$$P\left\{\frac{\chi^2 - (n-1)}{\sqrt{2(n-1)}} > \frac{\chi^2_{\frac{\alpha}{2}}(n-1) - (n-1)}{\sqrt{2(n-1)}}\right\} = \frac{\alpha}{2},由$$

中心极限定理有 $\lim_{n\to\infty} \dfrac{\chi^2_{\frac{\alpha}{2}}(n-1) - (n-1)}{\sqrt{2(n-1)}} = U_{\frac{\alpha}{2}}$,故

$$\lim_{n\to\infty} \frac{\chi^2_{\frac{\alpha}{2}}(n-1)}{n-1}$$

$$= \lim_{n\to\infty} \frac{n}{n-1}\left[\frac{\chi^2_{\frac{\alpha}{2}}(n-1) - (n-1)}{\sqrt{2(n-1)}} \cdot \sqrt{\frac{2}{n-1}} + 1\right]$$

$$= 1 \times (U_{\frac{\alpha}{2}} \times 0 + 1) = 1.$$

综上

$$\lim_{n\to\infty} \hat{\theta}_1 = \lim_{n\to\infty} \frac{(n-1)S^2}{\chi^2_{\frac{\alpha}{2}}(n-1)} = \lim_{n\to\infty} \frac{S^2}{\dfrac{\chi^2_{\frac{\alpha}{2}}(n-1)}{n-1}}$$

$$\stackrel{P}{=} \frac{\sigma^2}{1} = \sigma^2.$$

同理 $\lim_{n\to\infty} \hat{\theta}_2 \stackrel{P}{=} \sigma^2.$

9. 知识点:0304 边缘密度函数,0304 条件密度函数,0108 条件概率

解 关于 X 的边缘密度函数为

$$f_X(x) = \int_{-\infty}^{+\infty} f(x,y)\mathrm{d}y = \begin{cases} xe^{-x}, & x > 0, \\ 0, & x \leqslant 0. \end{cases}$$

当 $X = 2$ 时,关于 Y 的条件密度函数

$$f_{Y|X}(y \mid 2) = \frac{f(2,y)}{f_X(2)} = \begin{cases} \dfrac{1}{2}, & 0 < y < 2, \\ 0, & 其他, \end{cases}$$

所以

$$P\{Y > 1 \mid X = 2\} = \int_1^{+\infty} f_{Y|X}(y \mid 2)\mathrm{d}y = \int_1^2 \frac{1}{2}\mathrm{d}y = \frac{1}{2}.$$

【注释】 由于 $P\{X = 2\} = 0$,$P\{Y > 1, X = 2\} = 0$,所以 $P\{Y > 1 \mid X = 2\} \neq \dfrac{P\{Y > 1, X = 2\}}{P\{X = 2\}}.$

10. 知识点:0705 无偏估计,0204 泊松分布

解 由于

$$E(a^{X_i}) = \sum_{k=0}^{\infty} a^k \cdot \frac{\lambda^k}{k!}e^{-\lambda} = \sum_{k=0}^{\infty} \frac{(a\lambda)^k}{k!}e^{-\lambda}$$

$$= e^{a\lambda} \cdot e^{-\lambda} = e^{(a-1)\lambda}, i = 1, 2, \cdots, n,$$

故由

$$E\left(\frac{1}{n}\sum_{i=1}^{n} a^{X_i}\right) = \frac{1}{n}\sum_{i=1}^{n} E(a^{X_i}) = \frac{1}{n}\sum_{i=1}^{n} e^{(a-1)\lambda}$$

$$= e^{(a-1)\lambda} = e^{\lambda},$$

解得 $a = 2.$

三、解答题

11. 知识点:0110 全概率公式

解 设事件 A_i 表示从第 i 个箱子中取球,则 $P(A_i) = \dfrac{1}{n}, i = 1, 2, \cdots, n$,又设 B 表示两个球不同颜色,考虑到红球和白球的次序,得

$$P(B \mid A_i) = \frac{2i(n-i)}{n^2}, i = 1, 2, \cdots, n,$$

故由全概率公式

$$p_n = P(B) = \sum_{i=1}^{n} P(A_i)P(B \mid A_i) = \sum_{i=1}^{n} \frac{1}{n} \times \frac{2i(n-i)}{n^2}.$$

(1) 当 $n = 3$ 时,$p_3 = \sum_{i=1}^{3} \frac{1}{3} \times \frac{2i(3-i)}{3^2} = \frac{2}{3^3}(1 \times 2 + 2 \times 1 + 3 \times 0) = \frac{8}{27}.$

(2) **解法 1** 由定积分定义知

$$\lim_{n\to\infty} p_n = \lim_{n\to\infty} \sum_{i=1}^{n} \frac{1}{n} \times \frac{2i(n-i)}{n^2}$$

$$= 2\lim_{n\to\infty} \sum_{i=1}^{n} \frac{i}{n} \times \left(1 - \frac{i}{n}\right) \times \frac{1}{n}$$

$$= 2\int_0^1 x(1-x)\mathrm{d}x$$

$$= 2\left(\frac{1}{2}x^2 - \frac{1}{3}x^3\right)\Big|_0^1 = \frac{1}{3};$$

解法 2 $p_n = \sum_{i=1}^{n} \frac{1}{n} \times \frac{2i(n-i)}{n^2} = \frac{2}{n^3}\Big[n \times \dfrac{n(n+1)}{2} - \dfrac{n(n+1)(2n+1)}{6}\Big] = \dfrac{n^2-1}{3n^2}$,所以

$$\lim_{n\to\infty} p_n = \lim_{n\to\infty} \frac{n^2-1}{3n^2} = \frac{1}{3}.$$

（3）**解法 1** 设 C 表示两个球均为红球，得

$P(C \mid A_i) = \dfrac{i^2}{n^2}, i = 1, 2, \cdots, n$，故由全概率公式

$$q_n = P(C) = \sum_{i=1}^{n} P(A_i) P(C \mid A_i) = \sum_{i=1}^{n} \frac{1}{n} \times \frac{i^2}{n^2},$$

于是 $\lim\limits_{n \to \infty} q_n = \lim\limits_{n \to \infty} \sum\limits_{i=1}^{n} \dfrac{i^2}{n^2} \times \dfrac{1}{n} = \int_0^1 x^2 \, \mathrm{d}x = \dfrac{1}{3}$.

解法 2 $q_n = \sum\limits_{i=1}^{n} \dfrac{1}{n} \times \dfrac{i^2}{n^2} = \dfrac{(n+1)(2n+1)}{6n^2}$，所

以 $\lim\limits_{n \to \infty} q_n = \lim\limits_{n \to \infty} \dfrac{(n+1)(2n+1)}{6n^2} = \dfrac{1}{3}$.

解法 3 由对称性，$p_n + q_n + \left(q_n - \dfrac{1}{n} \right) = 1$，其中

$q_n - \dfrac{1}{n}$ 为两个球均为白球的概率，所以 $q_n =$

$\dfrac{1}{2} \left(1 - p_n + \dfrac{1}{n} \right)$，因此

$$\lim_{n \to \infty} q_n = \frac{1}{2} \left(1 - \lim_{n \to \infty} p_n + \lim_{n \to \infty} \frac{1}{n} \right)$$
$$= \frac{1}{2} \left(1 - \frac{1}{3} + 0 \right) = \frac{1}{3}.$$

12. 知识点：0208 随机变量函数的分布，0202 分布
函数法

分析 由于 X 落在区间 $[0,1)$ 之外的概率为 0，在
不考虑零概率事件的前提下，可认为 X 只在 $[0,1)$
上取值. 此时，$\dfrac{1}{4} \leqslant F(x) = \dfrac{1}{4} + \dfrac{3}{4} x < 1, F(X) = \dfrac{1}{4}$

$+ \dfrac{3}{4} X$，得 $0 < Y = -\ln F(X) \leqslant \ln 4$，故本题以 0 和
$\ln 4$ 为分点作三段式讨论.

解 $F_Y(y) = P\{Y \leqslant y\} = P\{-\ln F(X) \leqslant y\}$.

当 $y < 0$ 时，由于 $Y = -\ln F(X) > 0$，因此 $F_Y(y)$
$= 0$.

当 $0 \leqslant y < \ln 4$ 时，由于 $F(X) = \dfrac{1}{4} + \dfrac{3}{4} X$ 单调增

加，又 $F(x)$ 在 $x > 0$ 时连续，因此

$$F_Y(y) = P\{-\ln F(X) \leqslant y\} = P\{F(X) \geqslant \mathrm{e}^{-y}\}$$
$$= 1 - P\{F(X) < \mathrm{e}^{-y}\}$$

$$= 1 - P\{F(X) \leqslant \mathrm{e}^{-y}\}$$
$$= 1 - P\{X \leqslant F^{-1}(\mathrm{e}^{-y})\}$$
$$= 1 - F(F^{-1}(\mathrm{e}^{-y})) = 1 - \mathrm{e}^{-y}.$$

当 $y \geqslant \ln 4$ 时，$\mathrm{e}^{-y} \leqslant \dfrac{1}{4}$，又 $F(X) = \dfrac{1}{4} + \dfrac{3}{4} X \geqslant \dfrac{1}{4}$，

因此 $F_Y(y) = 1 - P\{F(X) < \mathrm{e}^{-y}\} = 1 - 0 = 1$.

综上可得 $F_Y(y) = \begin{cases} 0, & y < 0, \\ 1 - \mathrm{e}^{-y}, & 0 \leqslant y < \ln 4, \\ 1, & y \geqslant \ln 4. \end{cases}$

【注释】 本题中的 X 和 Y 均为非离散型，也非连续型
随机变量.

13. 知识点：概率不等式，0105 概率的性质和运算，
0201 随机变量，0405 相关系数

分析 本题通过下列两种方法给予证明：（1）利
用概率的性质和运算证明此不等式；（2）利用引入
随机变量，从相关系数的角度证明此不等式.

证法 1 利用概率的性质和运算证明.

$P(A)P(B) - P(AB)$

$= P(A)[P(AB) + P(\bar{A}B)] - P(AB)$

$= P(A)P(\bar{A}B) - P(AB)[1 - P(A)] \leqslant P(A)P(\bar{A}B)$

$\leqslant P(A)P(\bar{A}) = P(A)[1 - P(A)] \leqslant \dfrac{1}{4}$.

另一方面，不妨设 $P(A) \geqslant P(B)$，则 $P(AB) \leqslant$
$P(B)$，$-P(A) \leqslant -P(B)$，故
$P(AB) - P(A)P(B) \leqslant P(B) - P(B)P(B)$

$$= P(B)[1 - P(B)] \leqslant \frac{1}{4}.$$

于是，$\left| P(AB) - P(A)P(B) \right| \leqslant \dfrac{1}{4}$.

证法 2 利用随机变量的相关系数证明.

如果 $P(A) = 0$ 或 $P(B) = 0$，则均有 $P(AB) = 0$，所
以 $\left| P(AB) - P(A)P(B) \right| = 0 \leqslant \dfrac{1}{4}$.

如果 $P(A) = 1$，则 $P(\bar{A}) = 0$，所以
$\left| P(AB) - P(A)P(B) \right| = \left| P(AB) - P(B) \right|$

$$= P(\bar{A}B) = 0 \leqslant \frac{1}{4},$$

同理如果 $P(B) = 1$,则同样有

$$|P(AB) - P(A)P(B)| = 0 \leqslant \frac{1}{4}.$$

设 $P(A) = p, P(B) = q, P(AB) = r$,且 $p, q \in (0,1)$.

令 $X = \begin{cases} 1, & A \text{ 发生}, \\ 0, & A \text{ 不发生}, \end{cases}$ $Y = \begin{cases} 1, & B \text{ 发生}, \\ 0, & B \text{ 不发生}, \end{cases}$ 则

$$X \sim B(1,p), Y \sim B(1,q),$$

$$P\{X = 1, Y = 1\} = P(AB) = r,$$

故

$$EX = p, DX = p(1 - p);$$

$$EY = q, DY = q(1 - q);$$

$$E(XY) = r,$$

所以,相关系数

$$\rho_{XY} = \frac{\mathrm{Cov}(X, Y)}{\sqrt{DX}\sqrt{DY}} = \frac{r - pq}{\sqrt{p(1 - p)} \cdot \sqrt{q(1 - q)}}.$$

由于 $|\rho_{XY}| = \dfrac{|r - pq|}{\sqrt{p(1 - p)} \cdot \sqrt{q(1 - q)}} \leqslant 1$,所以

$$|r - pq| \leqslant \sqrt{p(1 - p)} \cdot \sqrt{q(1 - q)}$$

$$\leqslant \sqrt{\frac{1}{4}} \cdot \sqrt{\frac{1}{4}} = \frac{1}{4},$$

即 $|P(AB) - P(A)P(B)| \leqslant \dfrac{1}{4}.$

14. 知识点:0401 数学期望,0208 随机变量函数的分布,0203 离散型,0206 连续型

解 Y 的分布函数为 $F_Y(y) = P\{Y \leqslant y\} = P\{X_1 + \cdots + X_N \leqslant y\}$,由独立性得

$$F_Y(y) = P\{N = 2, X_1 + \cdots + X_N \leqslant y\}$$
$$+ P\{N = 3, X_1 + \cdots + X_N \leqslant y\}$$
$$= P\{N = 2, X_1 + X_2 \leqslant y\}$$
$$+ P\{N = 3, X_1 + X_2 + X_3 \leqslant y\}$$
$$= P\{N = 2\}P\{X_1 + X_2 \leqslant y\}$$
$$+ P\{N = 3\}P\{X_1 + X_2 + X_3 \leqslant y\}$$
$$= 0.4P\{X_1 + X_2 \leqslant y\}$$
$$+ 0.6P\{X_1 + X_2 + X_3 \leqslant y\}.$$

记 $X_1 + X_2$ 和 $X_1 + X_2 + X_3$ 的分布函数分别为 $F_1(y)$ 和 $F_2(y)$,密度函数分别为 $f_1(y)$ 和 $f_2(y)$,则

$F_Y(y) = 0.4F_1(y) + 0.6F_2(y)$,所以 Y 的密度函数为 $f_Y(y) = 0.4f_1(y) + 0.6f_2(y)$.进而

$$EY = \int_{-\infty}^{+\infty} y f_Y(y) \, \mathrm{d}y$$
$$= \int_{-\infty}^{+\infty} y[0.4f_1(y) + 0.6f_2(y)] \, \mathrm{d}y$$
$$= 0.4 \int_{-\infty}^{+\infty} y f_1(y) \, \mathrm{d}y + 0.6 \int_{-\infty}^{+\infty} y f_2(y) \, \mathrm{d}y$$
$$= 0.4E(X_1 + X_2) + 0.6E(X_1 + X_2 + X_3)$$
$$= 0.4(EX_1 + EX_2) + 0.6(EX_1 + EX_2 + EX_3)$$
$$= 0.4(1 + 2) + 0.6(1 + 2 + 3) = 4.8.$$

15. 知识点:0207 正态分布,0406 不相关,0305 随机变量的独立性,0206 连续型,0203 离散型

解 (1) Y 的分布函数为

$$F_Y(y) = P\{Y \leqslant y\} = P\{XU \leqslant y\}$$
$$= P\{U = -1\}P\{XU \leqslant y \mid U = -1\}$$
$$+ P\{U = 1\}P\{XU \leqslant y \mid U = 1\}$$
$$= 0.5P\{-X \leqslant y \mid U = -1\}$$
$$+ 0.5P\{X \leqslant y \mid U = 1\}$$
$$= 0.5P\{-X \leqslant y\} + 0.5P\{X \leqslant y\}$$
$$= 0.5P\{X \geqslant -y\} + 0.5P\{X \leqslant y\}$$
$$= 0.5[1 - \Phi(-y)] + 0.5\Phi(y)$$
$$= 0.5\Phi(y) + 0.5\Phi(y) = \Phi(y),$$

所以 Y 的密度函数为

$$f_Y(y) = \varphi(y),$$

故 $Y \sim N(0, 1)$.

(2) 由于 $EU = 0$,且 X 和 U 相互独立,所以 $E(XY) = E(X \cdot XU) = E(X^2 U) = E(X^2)EU = 0.$

又 $EX = EY = 0$,故 $\mathrm{Cov}(X, Y) = E(XY) - EX \cdot EY = 0.$

(3) X 和 Y 不相互独立.用反证法,假设 X 和 Y 相互独立,则 X^2 和 Y^2 相互独立.由于 $U^2 = 1$,故 $Y^2 = (XU)^2 = X^2 U^2 = X^2$,所以 X^2 和 X^2 相互独立,与 $X \sim N(0, 1)$ 矛盾.因此,X 和 Y 不相互独立.

【注释】本题表明:如果 X 和 Y 均服从正态分布,即使 X 与 Y 不相关((2) 中 $\mathrm{Cov}(X, Y) = 0$),也不能说明 X 和 Y 相互独立.

16. 知识点： 0605 统计的常见分布，0606 分位点

解 （1）由于 $\chi^2 \sim \chi^2(1)$，可设 $X \sim N(0,1)$，$\chi^2 = X^2$，故

$$
\begin{aligned}
P\{\chi^2 \leq 1\} &= P\{X^2 \leq 1\} = P\{-1 \leq X \leq 1\} \\
&= 2\Phi(1) - 1 = 2 \times 0.8413 - 1 \\
&= 0.6826.
\end{aligned}
$$

（2）由于 $F \sim F(1,1)$，得 $\dfrac{1}{F} \sim F(1,1)$，因此 F 和 $\dfrac{1}{F}$ 同分布，所以

$$
P\{F \leq 1\} = P\left\{\frac{1}{F} \geq 1\right\} = P\{F \geq 1\},
$$

又因为 $P\{F \leq 1\} + P\{F \geq 1\} = 1$，所以

$$
P\{F \leq 1\} = \frac{1}{2}.
$$

（3）由于 $T \sim t(1)$，得 $T^2 \sim F(1,1)$，与 F 同分布，所以 $P\{T^2 \leq 1\} = P\{F \leq 1\} = \dfrac{1}{2}$.

由对称性，$P\{0 < T < 1\} = \dfrac{1}{2}P\{-1 \leq T \leq 1\} = \dfrac{1}{2}P\{T^2 \leq 1\} = \dfrac{1}{4}$.

17. 知识点： 0703 矩估计法，0704 最大似然估计法，0207 均匀分布

解 （1）由于 $EX = 0.5$ 不含有 θ，故用二阶原点矩求 θ 的矩估计量 $\hat{\theta}_M$. 由 $\dfrac{1}{n}\sum\limits_{i=1}^{n} X_i^2 = E(X^2) = \dfrac{\theta^2}{3} + 0.5^2$，得 $\hat{\theta}_M = \sqrt{\dfrac{3}{n}\sum\limits_{i=1}^{n} X_i^2 - 0.75}$.

（2）由于 X 的密度函数为

$$
f(x;\theta) = \begin{cases} \dfrac{1}{2\theta}, & 0.5 - \theta \leq x \leq 0.5 + \theta, \\ 0, & \text{其他}, \end{cases}
$$

故似然函数为

$$
L(\theta) = \prod_{i=1}^{n} \frac{1}{2\theta} = \frac{1}{2^n \theta^n},
$$

$$0.5 - \theta \leq x_i \leq 0.5 + \theta, i = 1,2,\cdots,n.$$

$L(\theta)$ 为 θ 的减函数. 由 $0.5 - \theta \leq x_i \leq 0.5 + \theta$ 知 $-\theta \leq x_i - 0.5 \leq \theta$，即 $|x_i - 0.5| \leq \theta, i = 1,2,\cdots,n$，所以 $\theta \geq \max\limits_{1 \leq i \leq n} |x_i - 0.5|$. 当 $\theta = \max\limits_{1 \leq i \leq n} |x_i - 0.5|$ 时，$L(\theta)$ 取得最大值，所以 θ 的最大似然估计量为

$$
\hat{\theta}_L = \max_{1 \leq i \leq n} |X_i - 0.5|.
$$

根据《大学数学课程教学基本要求》
《全国硕士研究生入学统一考试数学考试大纲》编写

HEP
MNFG

同步测试卷精编精解

大学数学新形态辅导丛书

概率论与数理统计

浙大第五版

同步测试卷

考研真题及精解

根据《大学数学课程教学基本要求》
《全国硕士研究生入学统一考试数学考试大纲》编写

HEP
MNFG

目　录

第一章　概率论的基本概念真题

1. （2020 年数学一，4 分）　设 A,B,C 为三个随机事件，用 $P(A) = P(B) = P(C) = \dfrac{1}{4}, P(AB) = 0, P(AC) = P(BC) = \dfrac{1}{12}$，则 A,B,C 中恰有一个事件发生的概率为（　　）.

1 题精解

(A) $\dfrac{3}{4}$　　　　(B) $\dfrac{2}{3}$　　　　(C) $\dfrac{1}{2}$　　　　(D) $\dfrac{1}{12}$

2. （2021 年数学一，5 分）　设 A,B 为随机事件，且 $0 < P(B) < 1$，下列命题中为假命题的是（　　）.

(A) 若 $P(A \mid B) = P(A)$，则 $P(A \mid \bar{B}) = P(A)$

(B) 若 $P(A \mid B) > P(A)$，则 $P(\bar{A} \mid \bar{B}) > P(\bar{A})$

(C) 若 $P(A \mid B) > P(A \mid \bar{B})$，则 $P(A \mid B) > P(A)$

(D) 若 $P(A \mid A \cup B) > P(\bar{A} \mid A \cup B)$，则 $P(A) > P(B)$

3. （2017 年数学一，4 分）　设 A,B 为随机事件，若 $0 < P(A) < 1, 0 < P(B) < 1$，则 $P(A \mid B) > P(A \mid \bar{B})$ 的充分必要条件是（　　）.

(A) $P(B \mid A) > P(B \mid \bar{A})$　　　　　　(B) $P(B \mid A) < P(B \mid \bar{A})$

(C) $P(\bar{B} \mid A) > P(B \mid \bar{A})$　　　　　　(D) $P(\bar{B} \mid A) < P(B \mid \bar{A})$

4. （2014 年数学一，4 分）　设随机事件 A 与 B 相互独立，且 $P(B) = 0.5, P(A - B) = 0.3$，则 $P(B - A) = $（　　）.

(A) 0.1　　　　(B) 0.2　　　　(C) 0.3　　　　(D) 0.4

5. （2015 年数学一，4 分）　若 A,B 为任意两个随机事件，则（　　）.

(A) $P(AB) \leqslant P(A)P(B)$　　　　　　(B) $P(AB) \geqslant P(A)P(B)$

(C) $P(AB) \leqslant \dfrac{P(A) + P(B)}{2}$　　　　(D) $P(AB) \geqslant \dfrac{P(A) + P(B)}{2}$

第二章 随机变量及其分布真题

1.（2013 年数学三,4 分） 设 X_1,X_2,X_3 是随机变量,且 $X_1 \sim N(0,1),X_2 \sim N(0,2^2),X_3 \sim N(5,3^2),p_i = P\{-2 \leqslant X_i \leqslant 2\}(i=1,2,3)$,则（   ）.

（A）$p_1 > p_2 > p_3$　　　（B）$p_2 > p_1 > p_3$　　　（C）$p_3 > p_1 > p_2$　　　（D）$p_1 > p_3 > p_2$

2.（2018 年数学一,4 分） 设随机变量 X 的概率密度 $f(x)$ 满足 $f(1+x)=f(1-x)$,且 $\int_0^2 f(x)\mathrm{d}x = 0.6$,则 $P\{X<0\} = ($ ）.

（A）0.2　　　　　　　（B）0.3　　　　　　　（C）0.4　　　　　　　（D）0.5

3.（2013 年数学一,4 分） 设随机变量 Y 服从参数为 1 的指数分布,a 为常数且大于零,则 $P\{Y \leqslant a+1 \mid Y > a\} =$ _____.

4.（2013 年数学一,11 分） 设随机变量 X 的概率密度为 $f(x) = \begin{cases} \dfrac{1}{9}x^2, & 0 < x < 3, \\ 0, & \text{其他}. \end{cases}$ 令随机变量 $Y = \begin{cases} 2, & X \leqslant 1, \\ X, & 1 < X < 2, \\ 1, & X \geqslant 2. \end{cases}$

（Ⅰ）求 Y 的分布函数;

（Ⅱ）求概率 $P\{X \leqslant Y\}$.

4 题精解

5.（2021 年数学一,12 分） 在区间 $(0,2)$ 内随机取一点,将该区间分成两段,较短一段的长度记为 X,较长一段的长度记为 Y.令 $Z = \dfrac{Y}{X}$.

（Ⅰ）求 X 的概率密度;

（Ⅱ）求 Z 的概率密度;

（Ⅲ）求 $E\left(\dfrac{X}{Y}\right)$.

第三章 多维随机变量及其分布真题

1. (2007年数学三,4分) 设随机变量(X,Y)服从二维正态分布,且X与Y不相关,$f_X(x),f_Y(y)$分别表示X,Y的概率密度,则在$Y=y$的条件下,X的条件概率密度$f_{X|Y}(x|y)$为( ).

(A) $f_X(x)$ (B) $f_Y(y)$ (C) $f_X(x)f_Y(y)$ (D) $\dfrac{f_X(x)}{f_Y(y)}$

2. (2008年数学一,4分) 设随机变量X,Y独立同分布,且X的分布函数为$F(x)$,则$Z=\max\{X,Y\}$的分布函数为( ).

(A) $F^2(x)$

(B) $F(x)F(y)$

(C) $1-[1-F(x)]^2$

(D) $[1-F(x)][1-F(y)]$

3. (2019年数学一,4分) 设随机变量X与Y相互独立,且都服从正态分布$N(\mu,\sigma^2)$,则$P\{|X-Y|<1\}$( ).

(A) 与μ无关,而与σ^2有关

(B) 与μ有关,而与σ^2无关

(C) 与μ,σ^2都有关

(D) 与μ,σ^2都无关

4. (2010年数学三,11分) 箱中装有6个球,其中红、白、黑球的个数分别为1,2,3个,现从箱中随机地取出2个球,记X为取出的红球个数,Y为取出的白球个数.

(Ⅰ) 求随机变量(X,Y)的概率分布;

(Ⅱ) 求$\mathrm{Cov}(X,Y)$.

5. (2017年数学一,11分) 设随机变量X,Y相互独立,且X的概率分布为$P\{X=0\}=P\{X=2\}=\dfrac{1}{2}$,$Y$的

概率密度为$f(y)=\begin{cases}2y, & 0<y<1,\\ 0, & \text{其他}.\end{cases}$

(Ⅰ) 求$P\{Y\leqslant EY\}$;

(Ⅱ) 求$Z=X+Y$的概率密度.

5题精解

6. (2020年数学一,11分) 设随机变量X_1,X_2,X_3相互独立,其中X_1与X_2均服从标准正态分布,X_3的概率分布为$P\{X_3=0\}=P\{X_3=1\}=\dfrac{1}{2}$,$Y=X_3X_1+(1-X_3)X_2$.

(Ⅰ) 求二维随机变量(X_1,Y)的分布函数,结果用标准正态分布函数$\Phi(x)$表示.

(Ⅱ) 证明随机变量Y服从标准正态分布.

第四章　随机变量的数字特征真题

1. （2016 年数学一，4 分）　随机试验 E 有三种两两不相容的结果 A_1, A_2, A_3，且三种结果发生的概率均为 $\dfrac{1}{3}$.

将试验 E 独立重复做 2 次，X 表示 2 次试验中结果 A_1 发生的次数，Y 表示 2 次试验中结果 A_2 发生的次数，则 X 与 Y 的相关系数为（　　）.

（A）$-\dfrac{1}{2}$ 　　　　　　（B）$-\dfrac{1}{3}$ 　　　　　　（C）$\dfrac{1}{3}$ 　　　　　　（D）$\dfrac{1}{2}$

2. （2019 年数学一，4 分）　设随机变量 X 的概率密度为 $f(x) = \begin{cases} \dfrac{x}{2}, & 0 < x < 2, \\ 0, & \text{其他,} \end{cases}$ $F(x)$ 为 X 的分布函数，EX

为 X 的数学期望，则 $P\{F(X) > EX - 1\} = $ _____.

3. （2020 年数学一，4 分）　已知随机变量 X 服从区间 $\left(-\dfrac{\pi}{2}, \dfrac{\pi}{2}\right)$ 上的均匀分布，$Y = \sin X$，则

$\mathrm{Cov}(X, Y) = $ _____.

3 题精解

4. （2011 年数学一，11 分）　设随机变量 X 与 Y 的概率分布分别为

X	0	1
P	$\dfrac{1}{3}$	$\dfrac{2}{3}$

Y	-1	0	1
P	$\dfrac{1}{3}$	$\dfrac{1}{3}$	$\dfrac{1}{3}$

且 $P(X^2 = Y^2) = 1$.

（Ⅰ）求二维随机变量 (X, Y) 的概率分布；

（Ⅱ）求 $Z = XY$ 的概率分布；

（Ⅲ）求 X 与 Y 的相关系数 ρ_{XY}.

5. （2020 年数学三，11 分）　设二维随机变量 (X, Y) 在区域 $D = \left\{(x, y) \mid 0 < y < \sqrt{1 - x^2}\right\}$ 上服从均匀分

布，令 $Z_1 = \begin{cases} 1, & X - Y > 0, \\ 0, & X - Y \leqslant 0, \end{cases}$ $Z_2 = \begin{cases} 1, & X + Y > 0, \\ 0, & X + Y \leqslant 0, \end{cases}$ 求

（1）(Z_1, Z_2) 的概率分布；　　（2）Z_1, Z_2 的相关系数.

第五章　大数定律及中心极限定理真题

1.（2005 年数学四,4 分）　设 $X_1,X_2,\cdots,X_n,\cdots$ 为独立同分布随机变量序列,且均服从参数为 $\lambda(\lambda>1)$ 的指数分布,记 $\Phi(x)$ 为标准正态分布的分布函数,则（　　）.

1 题精解

（A）$\displaystyle\lim_{n\to\infty}P\left\{\dfrac{\sum\limits_{i=1}^{n}X_i-n\lambda}{\lambda\sqrt{n}}\leqslant x\right\}=\Phi(x)$ 　　　　（B）$\displaystyle\lim_{n\to\infty}P\left\{\dfrac{\sum\limits_{i=1}^{n}X_i-n\lambda}{\sqrt{\lambda n}}\leqslant x\right\}=\Phi(x)$

（C）$\displaystyle\lim_{n\to\infty}P\left\{\dfrac{\lambda\sum\limits_{i=1}^{n}X_i-n}{\sqrt{n}}\leqslant x\right\}=\Phi(x)$ 　　　　（D）$\displaystyle\lim_{n\to\infty}P\left\{\dfrac{\sum\limits_{i=1}^{n}X_i-\lambda}{\sqrt{n\lambda}}\leqslant x\right\}=\Phi(x)$

2.（2001 年数学一,3 分）　设随机变量 X 的方差为 2,则根据切比雪夫不等式有估计 $P\{|X-EX|\geqslant 2\}\leqslant$ _____.

3.（2020 年数学一,4 分）　设 $X_1,X_2,\cdots,X_{100}$ 为来自总体 X 的简单随机样本,其中 $P\{X=0\}=P\{X=1\}=\dfrac{1}{2}$, $\Phi(x)$ 表示标准正态分布函数,则由中心极限定理可知,$P\left(\sum\limits_{i=1}^{100}X_i\leqslant 55\right)$ 的近似值为（　　）.

（A）$1-\Phi(1)$ 　　　　（B）$\Phi(1)$ 　　　　（C）$1-\Phi(0.2)$ 　　　　（D）$\Phi(0.2)$

4.（2003 年数学三,4 分）　设总体 X 服从参数为 2 的指数分布,$X_1,X_2,\cdots,X_n$ 为来自总体 X 的简单随机样本,则当 $n\to\infty$ 时,$Y_n=\dfrac{1}{n}\sum\limits_{i=1}^{n}X_i^2$ 依概率收敛于 _____.

5.（2001 年数学三,8 分）　一生产线生产的产品成箱包装,每箱的质量是随机的,假设每箱平均重 $50\,\mathrm{kg}$,标准差为 $5\,\mathrm{kg}$,若用最大载重量为 $5\,\mathrm{t}$ 的汽车承运,试利用中心极限定理说明每辆车最多可以装多少箱,才能保障不超载的概率大于 0.977.（$\Phi(2)=0.977$,其中 $\Phi(x)$ 是标准正态分布函数.）

第六章　样本及抽样分布真题

1. (2018 年数学三,4 分)　设 $X_1,X_2,\cdots,X_n(n \geqslant 2)$ 为来自总体 $N(\mu,\sigma^2)(\sigma > 0)$ 的简单随机样本.令 $\overline{X} =$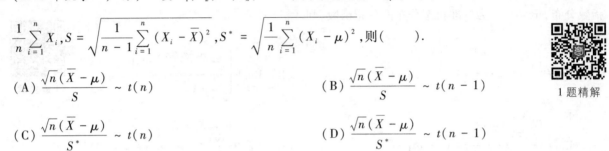

$\dfrac{1}{n}\sum\limits_{i=1}^{n} X_i,S = \sqrt{\dfrac{1}{n-1}\sum\limits_{i=1}^{n}(X_i - \overline{X})^2},S^* = \sqrt{\dfrac{1}{n}\sum\limits_{i=1}^{n}(X_i - \mu)^2}$,则(　　).

1题精解

(A) $\dfrac{\sqrt{n}(\overline{X} - \mu)}{S} \sim t(n)$

(B) $\dfrac{\sqrt{n}(\overline{X} - \mu)}{S} \sim t(n-1)$

(C) $\dfrac{\sqrt{n}(\overline{X} - \mu)}{S^*} \sim t(n)$

(D) $\dfrac{\sqrt{n}(\overline{X} - \mu)}{S^*} \sim t(n-1)$

2. (2017 年数学一,4 分)　设 $X_1,X_2,\cdots,X_n(n \geqslant 2)$ 为来自总体 $N(\mu,1)$ 的简单随机样本,记 $\overline{X} = \dfrac{1}{n}\sum\limits_{i=1}^{n} X_i$,

则下列结论中不正确的是(　　).

(A) $\sum\limits_{i=1}^{n}(X_i - \mu)^2$ 服从 χ^2 分布

(B) $2(X_n - X_1)^2$ 服从 χ^2 分布

(C) $\sum\limits_{i=1}^{n}(X_i - \overline{X})^2$ 服从 χ^2 分布

(D) $n(\overline{X} - \mu)^2$ 服从 χ^2 分布

3. (2015 年数学三,4 分)　设总体 $X \sim B(m,\theta)$,$X_1,X_2,\cdots,X_n$ 为来自该总体的简单随机样本,$\overline{X}$ 为样本均

值,则 $E\left[\sum\limits_{i=1}^{n}(X_i - \overline{X})^2\right] = (\quad)$.

(A) $(m-1)n\theta(1-\theta)$

(B) $m(n-1)\theta(1-\theta)$

(C) $(m-1)(n-1)\theta(1-\theta)$

(D) $mn\theta(1-\theta)$

4. (2012 年数学三,4 分)　设 X_1,X_2,X_3,X_4 为来自总体 $N(1,\sigma^2)(\sigma > 0)$ 的简单随机样本,则统计量

$\dfrac{X_1 - X_2}{|X_3 + X_4 - 2|}$ 的分布为(　　).

(A) $N(0,1)$　　　　(B) $t(1)$　　　　(C) $\chi^2(1)$　　　　(D) $F(1,1)$

5. (2008 年数学一,11 分)　设 $X_1,X_2,\cdots,X_n$ 是总体 $N(\mu,\sigma^2)$ 的简单随机样本.记

$$\overline{X} = \frac{1}{n}\sum_{i=1}^{n} X_i, \quad S^2 = \frac{1}{n-1}\sum_{i=1}^{n}(X_i - \overline{X})^2, \quad T = \overline{X}^2 - \frac{1}{n}S^2.$$

（Ⅰ）证明 T 是 μ^2 的无偏估计量;

（Ⅱ）当 $\mu = 0,\sigma = 1$ 时,求 DT.

第七章　参数估计真题

1.（2021 年数学三，5 分）　设总体 X 的概率分布为 $P\{X=1\}=\dfrac{1-\theta}{2}$，$P\{X=2\}=P\{X=3\}=\dfrac{1+\theta}{4}$，利用来

自总体 X 的样本值 $1,3,2,2,1,3,1,2$，可得 θ 的最大似然估计值为（　　　）.

（A）$\dfrac{1}{4}$　　　　　　（B）$\dfrac{3}{8}$　　　　　　（C）$\dfrac{1}{2}$　　　　　　（D）$\dfrac{5}{8}$

1 题精解

2.（2021 年数学一，5 分）　设 $(X_1,Y_1),(X_2,Y_2),\cdots,(X_n,Y_n)$ 为来自总体 $N(\mu_1,\mu_2;\sigma_1^2,\sigma_2^2;\rho)$

的简单随机样本.令 $\theta=\mu_1-\mu_2$，$\overline{X}=\dfrac{1}{n}\sum\limits_{i=1}^{n}X_i$，$\overline{Y}=\dfrac{1}{n}\sum\limits_{i=1}^{n}Y_i$，$\hat{\theta}=\overline{X}-\overline{Y}$，则（　　　）.

（A）$\hat{\theta}$ 是 θ 的无偏估计，$D(\hat{\theta})=\dfrac{\sigma_1^2+\sigma_2^2}{n}$　　　　　　（B）$\hat{\theta}$ 不是 θ 的无偏估计，$D(\hat{\theta})=\dfrac{\sigma_1^2+\sigma_2^2}{n}$

（C）$\hat{\theta}$ 是 θ 的无偏估计，$D(\hat{\theta})=\dfrac{\sigma_1^2+\sigma_2^2-2\rho\sigma_1\sigma_2}{n}$　　　　（D）$\hat{\theta}$ 不是 θ 的无偏估计，$D(\hat{\theta})=\dfrac{\sigma_1^2+\sigma_2^2-2\rho\sigma_1\sigma_2}{n}$

3.（2009 年数学一，4 分）　设 $X_1,X_2,\cdots,X_m$ 为来自二项分布总体 $B(n,p)$ 的简单随机样本，$\overline{X}$ 和 S^2 分别为样本均值和样本方差.若 $\overline{X}+kS^2$ 为 np^2 的无偏估计量，则 $k=$ _____.

4.（2007 年数学一，11 分）　设总体 X 的概率密度为

$$f(x,\theta)=\begin{cases}\dfrac{1}{2\theta}, & 0<x<\theta,\\[2mm]\dfrac{1}{2(1-\theta)}, & \theta\leqslant x<1,\\[2mm]0, & \text{其他},\end{cases}$$

其中参数 $\theta(0<\theta<1)$ 未知，$X_1,X_2,\cdots,X_n$ 是来自总体 X 的简单随机样本，$\overline{X}$ 是样本均值.

（Ⅰ）求参数 θ 的矩估计量 $\hat{\theta}$；

（Ⅱ）判断 $4\overline{X}^2$ 是否为 θ^2 的无偏估计量，并说明理由.

5.（2012 年数学一，11 分）　设随机变量 X 与 Y 相互独立，且分别服从正态分布 $N(\mu,\sigma^2)$ 与 $N(\mu,2\sigma^2)$，其中 σ 是未知参数且 $\sigma>0$.记 $Z=X-Y$.

（Ⅰ）求 Z 的概率密度 $f(z;\sigma^2)$；

（Ⅱ）设 $Z_1,Z_2,\cdots,Z_n$ 为来自总体 Z 的简单随机样本，求 σ^2 的最大似然估计量 $\hat{\sigma}^2$；

（Ⅲ）证明 $\hat{\sigma}^2$ 为 σ^2 的无偏估计量.

6.（2020 年数学一，11 分）　设某种元件的使用寿命 T 的分布函数为 $F(t)=\begin{cases}1-\mathrm{e}^{-\left(\frac{t}{\theta}\right)^m}, & t\geqslant 0,\\0, & \text{其他},\end{cases}$ 其中 θ,m

为参数且大于零.

（Ⅰ）求概率 $P\{T>t\}$ 与 $P\{T>s+t\mid T>s\}$，其中 $s>0,t>0$；

（Ⅱ）任取 n 个这种元件做寿命试验，测得它们的寿命分别为 $t_1,t_2,\cdots,t_n$，若 m 已知，求 θ 的最大似然估计值 $\hat{\theta}$.

第八章　假设检验真题

1. (2018 年数学一,4 分)　设总体 X 服从正态分布 $N(\mu,\sigma^2)$,$x_1,x_2,\cdots,x_n$ 是来自总体 X 的简单随机样本,据此样本检验假设:$H_0:\mu=\mu_0$,$H_1:\mu\neq\mu_0$,则(　　).

（A）如果在检验水平 $\alpha=0.05$ 下拒绝 H_0,那么在检验水平 $\alpha=0.01$ 下必拒绝 H_0

（B）如果在检验水平 $\alpha=0.05$ 下拒绝 H_0,那么在检验水平 $\alpha=0.01$ 下必接受 H_0

（C）如果在检验水平 $\alpha=0.05$ 下接受 H_0,那么在检验水平 $\alpha=0.01$ 下必拒绝 H_0

（D）如果在检验水平 $\alpha=0.05$ 下接受 H_0,那么在检验水平 $\alpha=0.01$ 下必接受 H_0

2. (2021 年数学一,5 分)　设 $X_1,X_2,\cdots,X_{16}$ 是来自于总体 $N(\mu,4)$ 的简单随机样本,考虑假设检验问题:

$$H_0:\mu\leqslant 10,\quad H_1:\mu>10.$$

2 题精解

$\Phi(x)$ 表示标准正态分布的分布函数.若该检验问题的拒绝域为 $W=\{\overline{X}>11\}$,其中 $\overline{X}=\dfrac{1}{16}\sum_{i=1}^{16}X_i$,则 $\mu=11.5$ 时,该检验犯第二类错误的概率为(　　).

（A）$1-\Phi(0.5)$　　　　（B）$1-\Phi(1)$　　　　（C）$1-\Phi(1.5)$　　　　（D）$1-\Phi(2)$

3. (1998 年数学一,4 分)　设某次考试的考生成绩服从正态分布,从中随机地抽取 36 位考生的成绩,算得平均成绩为 66.5 分,标准差为 15 分.问在显著性水平 0.05 下,是否可以认为这次考试全体考生的平均成绩为 70 分? 并给出检验过程.

附表:t 分布表

$$P\{t(n)\leqslant t_p(n)\}=p$$

n	p	
	0.95	0.975
35	1.6896	2.0301
36	1.6883	2.0281

第一章概率论的基本概念真题精解

1. 知识点：0109 加法公式

解 由 $P(A \cup B \cup C) = P(A) + P(B) + P(C) -$

$P(AB) - P(AC) - P(BC) + P(ABC) = \frac{1}{4} + \frac{1}{4} + \frac{1}{4}$

$-0 - \frac{1}{12} - \frac{1}{12} + 0 = \frac{7}{12};$

于是 $P(A\bar{B}\bar{C} \cup \bar{A}B\bar{C} \cup \bar{A}\bar{B}C) = P(A \cup B \cup C) +$

$2P(ABC) - P(AB) - P(AC) - P(BC) = \frac{7}{12} - 0 - 0$

$-\frac{1}{12} - \frac{1}{12} = \frac{5}{12}$，应选（D）.

2. 知识点：0108 条件概率

解 （A）选项：由条件概率可知，

$$P(A) = P(A \mid B) = \frac{P(AB)}{P(B)},$$

从而 $P(AB) = P(A)P(B)$，即 A,B 相互独立，故（A）正确.

（B）选项：因为 $P(A \mid B) > P(A)$，从而

$$\frac{P(\bar{A}B)}{P(B)} = P(\bar{A} \mid B) < P(\bar{A}),$$

所以 $P(\bar{A}B) < P(\bar{A})P(B)$.

于是

$$P(\bar{A}) - P(\bar{A}B) > P(\bar{A}) - P(\bar{A})P(B)$$

$$\Rightarrow P(\bar{A}\bar{B}) > P(\bar{A})P(\bar{B})$$

$$\Rightarrow P(\bar{A} \mid \bar{B}) = \frac{P(\bar{A}\bar{B})}{P(\bar{B})} > P(\bar{A}),$$

故（B）正确.

（C）选项：由条件概率可知

$$\frac{P(AB)}{P(B)} = P(A \mid B) > P(A \mid \bar{B}) = \frac{P(A\bar{B})}{P(\bar{B})},$$

从而 $P(AB) > P(A)P(B)$. 又因为

$$P(A \mid B) = \frac{P(AB)}{P(B)} > \frac{P(A)P(B)}{P(B)} = P(A),$$

故（C）正确.

（D）选项：由条件概率可知，

$$\frac{P(A)}{P(A \cup B)} = P(A \mid A \cup B) > P(\bar{A} \mid A \cup B)$$

$$= \frac{P[(A \cup B)\bar{A}]}{P(A \cup B)}$$

$$= \frac{P(A \cup B) - P(A)}{P(A \cup B)},$$

从而 $P(A) > P(B) - P(AB)$，故（D）错误.（D）选项也可举反例：取随机事件 $A = B$，则

$$1 = P(A \mid A \cup B) > P(\bar{A} \mid A \cup B) = 0,$$

但是

$$P(A) = P(B).$$

故答案选（D）.

3. 知识点：0108 条件概率，0110 全概率公式

解法1 由 $P(A \mid B) > P(A \mid \bar{B})$，得 $P(AB)P(\bar{B})$
$> P(A\bar{B})P(B)$.

结合 $P(A\bar{B}) = P(A) - P(AB)$，$P(\bar{B}) = 1 - P(B)$，可得 $P(AB) > P(A)P(B)$，因此

$$P(AB)[1 - P(A)] > P(A)[P(B) - P(AB)],$$

即 $P(AB)P(\bar{A}) > P(A)P(B\bar{A})$，故

$$\frac{P(AB)}{P(A)} > \frac{P(B\bar{A})}{P(\bar{A})},$$

所以 $P(B \mid A) > P(B \mid \bar{A})$. 故选（A）.

解法2 由解法1，得 $P(AB) > P(A)P(B)$，所以

$$P(B \mid A) = \frac{P(AB)}{P(A)} > P(B),$$

$$P(B \mid \bar{A}) = \frac{P(\bar{A}B)}{P(\bar{A})} = \frac{P(B) - P(AB)}{P(\bar{A})}$$

$$< \frac{P(B) - P(A)P(B)}{P(\bar{A})} = P(B),$$

因此 $P(B \mid A) > P(B \mid \bar{A})$. 故选（A）.

解法3 由全概率公式及题设，可得

$$P(A) = P(AB) + P(A\bar{B})$$

$$= P(B)P(A \mid B) + P(\bar{B})P(A \mid \bar{B})$$
$$< P(A \mid B)[P(B) + P(\bar{B})]$$
$$= P(A \mid B),$$

从而

$$P(\bar{A}) > P(\bar{A} \mid B),$$

$$P(B \mid A) = \frac{P(AB)}{P(A)} > \frac{P(AB)}{P(A \mid B)} = P(B),$$

$$P(B \mid \bar{A}) = \frac{P(\bar{A}B)}{P(\bar{A})} < \frac{P(\bar{A}B)}{P(\bar{A} \mid B)} = P(B),$$

所以 $P(B \mid A) > P(B \mid \bar{A})$. 故选(A).

4. **知识点**: 0109 减法公式, 0111 事件的独立性

    解法 1 因为

$$P(A - B) = P(A) - P(AB) = P(A) - P(A)P(B),$$

且 $P(A) - 0.5P(A) = 0.3$, 所以 $P(A) = 0.6$, 则

$$P(B - A) = P(B) - P(A)P(B) = 0.2.$$

    解法 2 因为 $P(A - B) = P(A\bar{B}) = P(A)P(\bar{B})$, 即 $0.5 \cdot P(A) = 0.3$, 所以 $P(A) = 0.6$, 则

$$P(B - A) = P(B\bar{A}) = P(B)P(\bar{A}) = 0.2.$$

5. **知识点**: 0103 事件的关系与运算

    解法 1 由于 $AB \subset A, AB \subset B$, 故 $P(AB) \leqslant P(A), P(AB) \leqslant P(B)$, 从而

$$P(AB) \leqslant \frac{P(A) + P(B)}{2}.$$

    解法 2 本题也可通过举反例看出(A), (B), (D)都是不正确的. 比如考虑事件 A, B, 若这两个事件满足 $P(A) > 0, P(B) > 0$, 且 $P(AB) = 0$, 则(B)和(D)不成立; 再考虑事件 A, B, 若这两个事件满足 $A \supset B, 0 < P(A) < 1, 0 < P(B) < 1$, 则(A)不成立.

第二章 随机变量及其分布真题精解

1. **知识点**: 0207 正态分布

    解 $p_1 = \Phi(2) - \Phi(-2) = 2\Phi(2) - 1,$

$$p_2 = \Phi\left(\frac{2}{2}\right) - \Phi\left(\frac{-2}{2}\right) = 2\Phi(1) - 1,$$

$$p_3 = \Phi\left(\frac{2-5}{3}\right) - \Phi\left(\frac{-2-5}{3}\right)$$

$$= \Phi(-1) - \Phi\left(-\frac{7}{3}\right),$$

易见 $p_1 > p_2$. 而 $p_2 > 0.5, p_3 < 0.5$, 故 $p_2 > p_3$.

    综上可知, $p_1 > p_2 > p_3$.

    此外, 结合正态密度曲线的几何特征以及概率 $p_i = P\{-2 \leqslant X_i \leqslant 2\}$ 的几何意义也可直观判断出 $p_1 > p_2 > p_3$. 故选(A).

2. **知识点**: 0206 连续型随机变量及其概率密度

    解法 1 由所给条件 $f(1 + x) = f(1 - x)$ 知曲线 $y = f(x)$ 关于直线 $x = 1$ 对称, 从而

$$\int_{-\infty}^{0} f(x) \, dx = \int_{2}^{+\infty} f(x) \, dx.$$

根据概率密度的性质 $\int_{-\infty}^{+\infty} f(x) \, dx = 1$ 及条件

$\int_{0}^{2} f(x) \, dx = 0.6$, 可得 $\int_{-\infty}^{0} f(x) \, dx = 0.2$, 所以

$$P\{X < 0\} = \int_{-\infty}^{0} f(x) \, dx = 0.2.$$

故正确选项为(A).

    解法 2 $P\{X < 0\} = \int_{-\infty}^{0} f(x) \, dx$. 对右端积分作换元 $t = 2 - x$, 得

$$\int_{-\infty}^{0} f(x) \, dx = \int_{2}^{+\infty} f(2 - t) \, dt = \int_{2}^{+\infty} f(2 - x) \, dx.$$

由条件 $f(1 + x) = f(1 - x)$ 可得

$$f(2 - x) = f(1 - (x - 1)) = f(1 + (x - 1))$$

$$= f(x),$$

从而

$$P\{X < 0\} = \int_{2}^{+\infty} f(x) \, dx = P\{X > 2\}.$$

再由条件 $\int_{0}^{2} f(x) \, dx = 0.6$ 及概率的性质, 得

$$P\{X < 0\} + P\{X > 2\} = 1 - P\{0 \leqslant X \leqslant 2\}$$

$$= 1 - \int_{0}^{2} f(x) \, dx = 0.4,$$

所以 $P\{X < 0\} = 0.2$.

3. 知识点：0207 指数分布、指数分布的无记忆性

解法 1 $P\{Y \leqslant a+1 \mid Y > a\}$

$$= \frac{P\{a < Y \leqslant a+1\}}{P\{Y > a\}}$$

$$= \frac{\int_a^{a+1} \mathrm{e}^{-x} \mathrm{d}x}{\int_a^{+\infty} \mathrm{e}^{-x} \mathrm{d}x} = 1 - \frac{1}{\mathrm{e}}.$$

解法 2 由指数分布的无记忆性，知

$$P\{Y \leqslant a+1 \mid Y > a\} = P\{Y \leqslant 1\} = 1 - \frac{1}{\mathrm{e}}.$$

4. 知识点：0202 分布函数的概念及其性质，0206 概率密度

解 （Ⅰ）由题设知，$P\{1 \leqslant Y \leqslant 2\} = 1$.

记 Y 的分布函数为 $F_Y(y)$，则：

当 $y < 1$ 时，$F_Y(y) = 0$；

当 $y \geqslant 2$ 时，$F_Y(y) = 1$；

当 $1 \leqslant y < 2$ 时，

$$F_Y(y) = P\{Y \leqslant y\} = P\{Y = 1\} + P\{1 < Y \leqslant y\}$$

$$= P\{X \geqslant 2\} + P\{1 < X \leqslant y\}$$

$$= \int_2^3 \frac{x^2}{9} \mathrm{d}x + \int_1^y \frac{x^2}{9} \mathrm{d}x$$

$$= \frac{y^3 + 18}{27}.$$

所以，Y 的分布函数为

$$F_Y(y) = \begin{cases} 0, & y < 1, \\ \dfrac{y^3 + 18}{27}, & 1 \leqslant y < 2, \\ 1, & y \geqslant 2. \end{cases}$$

（Ⅱ）$P\{X \leqslant Y\} = P\{X < 2\} = \int_0^2 \frac{x^2}{9} \mathrm{d}x = \frac{8}{27}$.

5. 知识点：0202 分布函数的概念及其性质，0206 连续型随机变量及其概率密度

解 （Ⅰ）设在区间 $(0, 2)$ 内随机取一点为 U，则 $U \sim U(0, 2)$，则 U 的概率密度函数

$$f_U(u) = \begin{cases} \dfrac{1}{2}, & 0 < u < 2, \\ 0, & \text{其他}. \end{cases}$$

由题设可知 $X = \min\{U, 2-U\}$，则 $0 < X \leqslant 1$. 随机变量 X 的分布函数 $F_X(x) = P\{X \leqslant x\}$.

当 $x < 0$ 时，$F_X(x) = 0$；

当 $0 \leqslant x < 1$ 时，

$$F_X(x) = P\{\min\{U, 2-U\} \leqslant x\}$$

$$= 1 - P\{\min\{U, 2-U\} > x\}$$

$$= 1 - P\{U > x, 2-U > x\}$$

$$= 1 - P\{x < U < 2-x\}$$

$$= 1 - \int_x^{2-x} \frac{1}{2} \mathrm{d}u = x;$$

当 $x \geqslant 1$ 时，$F_X(x) = 1$. 所以

$$F_X(x) = \begin{cases} 0, & x < 0, \\ x, & 0 \leqslant x < 1, \\ 1, & x \geqslant 1. \end{cases}$$

故 X 的概率密度函数为

$$f_X(x) = \begin{cases} 1, & 0 < x < 1, \\ 0, & \text{其他}. \end{cases}$$

（Ⅱ）由题设可知，

$$Z = \frac{Y}{X} = \frac{2-X}{X} = \frac{2}{X} - 1,$$

所以 $X = \dfrac{2}{Z+1}$.

由公式法可得，Z 的概率密度函数

$$f_Z(z) = \begin{cases} f_X\left(\dfrac{2}{z+1}\right) \cdot \left| -\dfrac{2}{(z+1)^2} \right|, & z > 1 \\ 0, & \text{其他} \end{cases}$$

$$= \begin{cases} \dfrac{2}{(z+1)^2}, & z > 1, \\ 0, & \text{其他}. \end{cases}$$

（Ⅲ）

$$E\left(\frac{X}{Y}\right) = E\left(\frac{1}{Z}\right) = \int_1^{+\infty} \frac{2}{z(z+1)^2} \mathrm{d}z = 2\ln 2 - 1.$$

【注释】第（Ⅲ）问题涉及第四章数学期望知识.

第三章多维随机变量及其分布真题精解

1. 知识点：0304 条件密度，0305 随机变量的独立性

解 因为 (X,Y) 服从二维正态分布，所以 X,Y 不相关的充分必要条件是 X,Y 独立，于是 $f(x,y) = f_X(x)f_Y(y)$，故 $f_{X|Y}(x \mid y) = \dfrac{f(x,y)}{f_Y(y)} = f_X(x)$，应选（A）．

【注释】 对于二维正态分布来说，不相关与独立等价，这里涉及第四章知识．

2. 知识点：0307 最值的分布，0305 随机变量的独立性

解 由分布函数的定义，得 $F_Z(x) = P\{Z \leqslant x\} = P\{\max(X,Y) \leqslant x\}$，由 X,Y 独立同分布，得

$$F_Z(x) = P\{X \leqslant x, Y \leqslant x\}$$
$$= P\{X \leqslant x\}P\{Y \leqslant x\}$$
$$= F^2(x).$$

应选（A）．

3. 知识点：0305 随机变量的独立性，0207 正态分布

解 因为 $X \sim N(\mu, \sigma^2)$，$Y \sim N(\mu, \sigma^2)$，且 X 与 Y 相互独立，所以 $X - Y \sim N(0, 2\sigma^2)$；则

$$P\{|X - Y| < 1\} = P\left\{\left|\frac{X-Y}{\sqrt{2}\,\sigma}\right| < \frac{1}{\sqrt{2}\,\sigma}\right\}$$
$$= 2\Phi\left(\frac{1}{\sqrt{2}\,\sigma}\right) - 1,$$

所以与 μ 无关，而与 σ^2 有关，故选（A）．

4. 知识点：0303 二维离散型随机变量的分布律

解 （Ⅰ）(X,Y) 的可能取值为 $(0,0)$，$(0,1)$，$(0,2)$，$(1,0)$，$(1,1)$，$(1,2)$，且

$$P\{X = 0, Y = 0\} = \frac{C_3^2}{C_6^2} = \frac{1}{5},$$

$$P\{X = 0, Y = 1\} = \frac{C_3^1 C_2^1}{C_6^2} = \frac{2}{5},$$

$$P\{X = 0, Y = 2\} = \frac{C_2^2}{C_6^2} = \frac{1}{15},$$

$$P\{X = 1, Y = 0\} = \frac{C_1^1 C_3^2}{C_6^2} = \frac{1}{5},$$

$$P\{X = 1, Y = 1\} = \frac{C_1^1 C_2^1}{C_6^2} = \frac{2}{15},$$

$$P\{X = 2, Y = 2\} = 0,$$

则 (X,Y) 的分布律为

X	Y		
	0	1	2
0	$\dfrac{1}{5}$	$\dfrac{2}{5}$	$\dfrac{1}{15}$
1	$\dfrac{1}{5}$	$\dfrac{2}{15}$	0

（Ⅱ）由 $P\{X = 0\} = \dfrac{1}{5} + \dfrac{2}{5} + \dfrac{1}{15} = \dfrac{2}{3}$，$P\{X = 1\} = \dfrac{1}{3}$，得 $X \sim \begin{pmatrix} 0 & 1 \\ \dfrac{2}{3} & \dfrac{1}{3} \end{pmatrix}$；

由 $P\{Y = 0\} = \dfrac{1}{5} + \dfrac{1}{5} = \dfrac{2}{5}$，$P\{Y = 1\} = \dfrac{2}{5} + \dfrac{2}{15} = \dfrac{8}{15}$，$P\{Y = 2\} = \dfrac{1}{15}$，得

$$Y \sim \begin{pmatrix} 0 & 1 & 2 \\ \dfrac{2}{5} & \dfrac{8}{15} & \dfrac{1}{15} \end{pmatrix};$$

由 $P\{XY = 1\} = \dfrac{2}{15}$，$P\{XY = 2\} = 0$，$P\{XY = 0\} = \dfrac{13}{15}$，得

$$XY \sim \begin{pmatrix} 0 & 1 & 2 \\ \dfrac{13}{15} & \dfrac{2}{15} & 0 \end{pmatrix}.$$

于是，$E(X) = \dfrac{1}{3}$，$E(Y) = 1 \times \dfrac{8}{15} + 2 \times \dfrac{1}{15} = \dfrac{2}{3}$，$E(XY) = \dfrac{2}{15}$，故

$$\text{Cov}(X,Y) = E(XY) - E(X)E(Y) = -\frac{4}{45}.$$

5. 知识点: 0307 二维随机变量函数的分布, 0401 数学期望, 0206 连续型随机变量及其概率密度

解 （Ⅰ）$EY = \int_{-\infty}^{+\infty} yf(y)\,dy = \int_0^1 2y^2\,dy = \frac{2}{3}$,

$$P\{Y \leqslant EY\} = P\left\{Y \leqslant \frac{2}{3}\right\} = \int_0^{\frac{2}{3}} 2y\,dy = \frac{4}{9}.$$

（Ⅱ）Z 的分布函数记为 $F_Z(z)$, 那么

$$\begin{aligned}
F_Z(z) &= P\{Z \leqslant z\} = P\{X + Y \leqslant z\} \\
&= P\{X=0\}P\{X+Y \leqslant z \mid X=0\} \\
&\quad + P\{X=2\}P\{X+Y \leqslant z \mid X=2\} \\
&= \frac{1}{2}P\{Y \leqslant z\} + \frac{1}{2}P\{Y \leqslant z-2\}.
\end{aligned}$$

当 $z < 0$ 时, $F_Z(z) = 0$;

当 $0 \leqslant z < 1$ 时, $F_Z(z) = \frac{1}{2}P\{Y \leqslant z\} = \frac{z^2}{2}$;

当 $1 \leqslant z < 2$ 时, $F_Z(z) = \frac{1}{2}$;

当 $2 \leqslant z < 3$ 时, $F_Z(z) = \frac{1}{2} + \frac{1}{2}P\{Y \leqslant z-2\} = \frac{1}{2} + \frac{1}{2}(z-2)^2$;

当 $z \geqslant 3$ 时, $F_Z(z) = 1$.

所以 Z 的概率密度为

$$f_Z(z) = \begin{cases} z, & 0 < z < 1, \\ z-2, & 2 < z < 3, \\ 0, & \text{其他}. \end{cases}$$

6. 知识点: 0302 联合分布函数的概念和性质, 0207 正态分布

解 （Ⅰ）$F(x,y) = P\{X_1 \leqslant x, Y \leqslant y\}$

$$\begin{aligned}
&= P\{X_1 \leqslant x, X_3X_1 + (1-X_3)X_2 \leqslant y, X_3 = 0\} \\
&\quad + P\{X_1 \leqslant x, X_3X_1 + (1-X_3)X_2 \leqslant y, X_3 = 1\} \\
&= P\{X_1 \leqslant x, X_2 \leqslant y, X_3 = 0\} \\
&\quad + P\{X_1 \leqslant x, X_1 \leqslant y, X_3 = 1\} \\
&= \frac{1}{2}P\{X_1 \leqslant x\}P\{X_2 \leqslant y\} \\
&\quad + \frac{1}{2}P\{X_1 \leqslant \min\{x,y\}\} \\
&= \frac{1}{2}\Phi(x)\Phi(y) + \frac{1}{2}\Phi(\min\{x,y\});
\end{aligned}$$

故 $F(x,y) = \begin{cases} \dfrac{1}{2}\Phi(x)\Phi(y) + \dfrac{1}{2}\Phi(x), & x \leqslant y, \\[2mm] \dfrac{1}{2}\Phi(x)\Phi(y) + \dfrac{1}{2}\Phi(y), & x > y. \end{cases}$

（Ⅱ）$F_Y(y) = F(+\infty, y) =$

$$\frac{1}{2}\Phi(+\infty)\Phi(y) + \frac{1}{2}\Phi(y) = \Phi(y),$$

故 Y 服从标准正态分布.

第四章随机变量的数字特征真题精解

1. 知识点: 0401 数学期望的概念及性质, 0403 方差的概念及其性质, 0405 协方差与相关系数的概念及其性质

解法 1 由题设知 (X,Y) 的概率分布为

X	Y		
	0	1	2
0	$\frac{1}{9}$	$\frac{2}{9}$	$\frac{1}{9}$
1	$\frac{2}{9}$	$\frac{2}{9}$	0
2	$\frac{1}{9}$	0	0

由此分布律可得

$$EX = EY = \frac{2}{3}, DX = DY = \frac{4}{9}, E(XY) = \frac{2}{9},$$

从而

$$\text{Cov}(X,Y) = E(XY) - EX \cdot EY = -\frac{2}{9},$$

所以 X 与 Y 的相关系数为

$$\rho = \frac{\text{Cov}(X,Y)}{\sqrt{DX} \cdot \sqrt{DY}} = -\frac{1}{2},$$

故选（A）.

解法 2 由题意知

$$X \sim B\left(2, \frac{1}{3}\right), Y \sim B\left(2, \frac{1}{3}\right), X+Y \sim B\left(2, \frac{2}{3}\right),$$

从而 $DX = DY = \frac{4}{9}$，以及 $D(X+Y) = \frac{4}{9}$.

再由

$$D(X+Y) = DX + DY + 2\text{Cov}(X,Y),$$

可得 $\text{Cov}(X,Y) = -\frac{2}{9}$，所以 X 与 Y 的相关系数为

$$\rho = \frac{\text{Cov}(X,Y)}{\sqrt{DX} \cdot \sqrt{DY}} = -\frac{1}{2},$$

故选（A）.

解法 3 设

$$X_i = \begin{cases} 1, & \text{第 } i \text{ 次试验中 } A_1 \text{ 发生}, \\ 0, & \text{否则} \end{cases} \quad (i = 1,2),$$

$$Y_i = \begin{cases} 1, & \text{第 } i \text{ 次试验中 } A_2 \text{ 发生}, \\ 0, & \text{否则} \end{cases} \quad (i = 1,2),$$

则 $X = X_1 + X_2, Y = Y_1 + Y_2$，从而

$$\begin{aligned} \text{Cov}(X,Y) &= \text{Cov}(X_1 + X_2, Y_1 + Y_2) \\ &= \text{Cov}(X_1, Y_1) + \text{Cov}(X_1, Y_2) \\ &\quad + \text{Cov}(X_2, Y_1) + \text{Cov}(X_2, Y_2). \end{aligned}$$

当 $i \neq j$ 时，X_i 与 Y_j 相互独立，故 $\text{Cov}(X_i, Y_j) = 0$；

当 $i = j$ 时，$\text{Cov}(X_i, Y_j) = \text{Cov}(X_i, Y_j) = E(X_i y_i) - EX_i \cdot EY_i = -\frac{1}{9}$.

因此 $\text{Cov}(X,Y) = -\frac{2}{9}$. 又

$$DX = D(X_1 + X_2) = DX_1 + DX_2 = \frac{4}{9}, DY = \frac{4}{9},$$

所以 X 与 Y 的相关系数为

$$\rho = \frac{\text{Cov}(X,Y)}{\sqrt{DX} \cdot \sqrt{DY}} = -\frac{1}{2},$$

故选（A）.

解法 4 记 Z 表示 2 次试验中结果 A_3 发生的次数.

一方面，由于 $X + Y + Z = 2$，从而 X 与 $Y + Z$ 的相关系数为 $\rho_{X, Y+Z} = -1$.

另一方面，由题设知

$$DX = DY = DZ = D(Y+Z),$$

$$\text{Cov}(X,Y) = \text{Cov}(X,Z),$$

从而 $\rho_{X,Y} = \rho_{X,Z}$，并且

$$\begin{aligned} \rho_{X, Y+Z} &= \frac{\text{Cov}(X, Y+Z)}{\sqrt{DX} \cdot \sqrt{D(Y+Z)}} \\ &= \frac{\text{Cov}(X,Y) + \text{Cov}(X,Z)}{\sqrt{DX} \cdot \sqrt{D(Y+Z)}} \\ &= \rho_{X,Y} + \rho_{X,Z}, \end{aligned}$$

所以 $\rho_{X,Y} = -\frac{1}{2}$，故选（A）.

2. 知识点：0207 均匀分布

解 $EX = \int_0^2 x \cdot \frac{x}{2} dx = \frac{4}{3}$.

（法1） $Y = F(X) \sim U(0,1)$，故

$$P\{F(X) > EX - 1\} = P\left\{Y > \frac{1}{3}\right\} = \frac{2}{3}.$$

【注释】设 X 为连续型随机变量，其分布函数 $F(x)$ 严格递增，则 $Y = F(X)$ 在区间 $(0,1)$ 上服从均匀分布.

（法2） X 的分布函数为 $F(x) = \begin{cases} 0, & x < 0, \\ \dfrac{x^2}{4}, & 0 \leq x < 2, \\ 1, & x \geq 2, \end{cases}$

所以，

$$P\{F(X) > EX - 1\} = P\left\{F(X) > \frac{1}{3}\right\}$$

$$= P\left\{\frac{2}{\sqrt{3}} < X < 2\right\} = \int_{\frac{2}{\sqrt{3}}}^2 \frac{x}{2} dx = \frac{2}{3}.$$

3. 知识点：0405 协方差

解 $f(x) = \begin{cases} \dfrac{1}{\pi}, & -\dfrac{\pi}{2} < x < \dfrac{\pi}{2}, \\ 0, & 其他. \end{cases}$

$$\mathrm{Cov}(X,Y) = EXY - EX \cdot EY$$

$$= E(X\sin X) - EX \cdot E(\sin X)$$

$$= \int_{-\frac{\pi}{2}}^{\frac{\pi}{2}} x\sin x \frac{1}{\pi} dx - \int_{-\frac{\pi}{2}}^{\frac{\pi}{2}} \frac{1}{\pi} x dx \cdot \int_{-\frac{\pi}{2}}^{\frac{\pi}{2}} \frac{1}{\pi} \sin x dx$$

$$= 2 \frac{1}{\pi} \int_{0}^{\frac{\pi}{2}} x\sin x dx - 0 = \frac{2}{\pi}.$$

4. 知识点： 0405 协方差，0303 二维离散型随机变量的概率分布

解 （I）由 $P\{X^2 = Y^2\} = 1$，得 $P\{X^2 \neq Y^2\} = 0$，于是

$$P\{X = 0, Y = -1\} = P\{X = 0, Y = 1\}$$
$$= P\{X = 1, Y = 0\} = 0,$$

故 (X, Y) 的联合分布律为

X	Y		
	-1	0	1
0	0	$\dfrac{1}{3}$	0
1	$\dfrac{1}{3}$	0	$\dfrac{1}{3}$

（II）$Z = XY$ 的可能取值为 $-1, 0, 1$，且

$$P\{Z = -1\} = P\{X = 1, Y = -1\} = \frac{1}{3},$$

$$P\{Z = 0\} = P\{X = 0, Y = -1\} + P\{X = 0, Y = 0\} +$$
$$P\{X = 0, Y = 1\} + P\{X = 1, Y = 0\} = \frac{1}{3},$$

$$P\{Z = 1\} = 1 - P\{Z = -1\} - P\{Z = 0\} = \frac{1}{3},$$

则 Z 的分布律为 $Z \sim \begin{pmatrix} -1 & 0 & 1 \\ \dfrac{1}{3} & \dfrac{1}{3} & \dfrac{1}{3} \end{pmatrix}.$

（III）由 $E(X) = \dfrac{2}{3}, E(Y) = 0, E(XY) = E(Z) = 0$，得 $\mathrm{Cov}(X,Y) = E(XY) - E(X)E(Y) = 0$，于是 $\rho_{XY} = 0.$

5. 知识点： 0303 联合分布律，0306 二维均匀分布，0405 相关系数

解 （1）$f(x,y) = \begin{cases} \dfrac{2}{\pi}, & 0 < y < \sqrt{1-x^2}, \\ 0, & 其他, \end{cases}$ 则

$$P\{Z_1 = 0, Z_2 = 0\} = P\{X \leq Y, X \leq -Y\} = \frac{1}{4},$$

$$P\{Z_1 = 0, Z_2 = 1\} = P\{X \leq Y, Y > -X\} = \frac{1}{2},$$

$$P\{Z_1 = 1, Z_2 = 0\} = P\{X > Y, X \leq -Y\} = 0,$$

$$P\{Z_1 = 1, Z_2 = 1\} = P\{X > Y, X > -Y\} = \frac{1}{4},$$

故 (Z_1, Z_2) 的概率分布为：

Z_1	Z_2	
	0	1
0	$\dfrac{1}{4}$	$\dfrac{1}{2}$
1	0	$\dfrac{1}{4}$

（2）Z_1 和 Z_2 的相关系数为

$$\rho = \frac{\mathrm{Cov}(Z_1, Z_2)}{\sqrt{DZ_1}\sqrt{DZ_2}} = \frac{EZ_1 Z_2 - EZ_1 EZ_2}{\sqrt{DZ_1}\sqrt{DZ_2}}$$

$$= \frac{\dfrac{1}{4} - \dfrac{1}{4} \cdot \dfrac{3}{4}}{\sqrt{\dfrac{1}{4} \dfrac{3}{4}} \cdot \sqrt{\dfrac{1}{4} \dfrac{3}{4}}} = \frac{\dfrac{1}{16}}{\dfrac{3}{16}} = \frac{1}{3}.$$

第五章大数定律及中心极限定理真题精解

1. 知识点：0507 莱维－林德伯格定理

    解 因 $X_1, X_2, \cdots$ 同服从参数为 λ 的指数分布，故 $EX_i = \dfrac{1}{\lambda}, DX_i = \dfrac{1}{\lambda^2}, i = 1, 2, \cdots$，又 $X_1, X_2, \cdots$ 相互独立，由于 $E\left(\sum\limits_{i=1}^{n} X_i \right) = \sum\limits_{i=1}^{n} EX_i = \dfrac{n}{\lambda}, D\left(\sum\limits_{i=1}^{n} X_i \right) = \sum\limits_{i=1}^{n} DX_i = \dfrac{n}{\lambda^2}$，所以

$$\lim_{n \to \infty} P\left\{ \frac{\sum\limits_{i=1}^{n} X_i - \dfrac{n}{\lambda}}{\dfrac{\sqrt{n}}{\lambda}} \leq x \right\} = \Phi(x),$$

即 $\lim\limits_{n \to \infty} P\left\{ \dfrac{\lambda \sum\limits_{i=1}^{n} X_i - n}{\sqrt{n}} \leq x \right\} = \Phi(x)$，应选（C）.

2. 知识点：0501 切比雪夫不等式

    解 切比雪夫不等式为：对于任意 $\varepsilon > 0$，

$$P\{ |X - EX| \geq \varepsilon \} \leq \frac{DX}{\varepsilon^2}.$$

令 $\varepsilon = 2, DX = 2$，则

$$P\{ |X - EX| \geq 2 \} \leq \frac{DX}{2^2} = \frac{1}{2}.$$

应填 $\dfrac{1}{2}$.

3. 知识点：0507 莱维－林德伯格定理

    解 由题意 $EX = \dfrac{1}{2}, DX = \dfrac{1}{4}; E\left(\sum\limits_{i=1}^{100} X_i \right) = 100EX = 50, D\left(\sum\limits_{i=1}^{100} X_i \right) = 100DX = 25$；由中心极限定理近似地有 $\sum\limits_{i=1}^{100} X_i \sim N(50, 25)$，于是

$$P\left\{ \sum_{i=1}^{100} X_i \leq 55 \right\} = P\left\{ \frac{\sum\limits_{i=1}^{100} X_i - 50}{5} \leq \frac{55 - 50}{5} \right\} \approx \Phi(1),$$

故应选（B）.

4. 知识点：0504 辛钦大数定律

    解 本题主要考查辛钦大数定律. 由题设，$X_i(i = 1, 2, \cdots, n)$ 均服从参数为 2 的指数分布，因此

$$E(X_i^2) = DX_i + (EX_i)^2 = \frac{2}{\lambda^2} = \frac{1}{2}.$$

根据辛钦大数定律，若 $X_1, X_2, \cdots, X_n$ 独立同分布且具有相同的数学期望，即 $EX_i = \mu$，则对任意的正数 ε，有

$$\lim_{x \to \infty} P\left\{ \left| \frac{1}{n} \sum_{i=1}^{n} X_i - \mu \right| < \varepsilon \right\} = 1,$$

从而，本题有

$$\lim_{x \to \infty} P\left\{ \left| \frac{1}{n} \sum_{i=1}^{n} X_i^2 - \frac{1}{2} \right| < \varepsilon \right\} = 1,$$

即当 $n \to \infty$ 时，$Y_n = \dfrac{1}{n} \sum\limits_{i=1}^{n} X_i^2$ 依概率收敛于 $\dfrac{1}{2}$.

5. 知识点：0507 莱维－林德伯格中心极限定理，0401 数学期望，0403 方差，0305 独立同分布随机变量

    解 设每辆车可以装 n 箱. 记 X_i 为第 i 箱的重量（单位：千克），$i = 1, 2, \cdots, n$，由题意知 $X_1, X_2, \cdots, X_n$ 为独立同分布的随机变量，并且 $E(X_i) = 50, D(X_i) = 25, i = 1, 2, \cdots, n$.

而 n 箱的总重量为 $T_n = X_1 + X_2 + \cdots + X_n$，计算得 $E(T_n) = 50n, D(T_n) = 25n$.

根据莱维－林德伯格中心极限定理，$T_n \overset{\text{近似}}{\sim} N(50n, 25n)$. 由题意知，

$$P\{ T_n \leq 5000 \} = P\left\{ \frac{T_n - 50n}{5\sqrt{n}} \leq \frac{5000 - 50n}{5\sqrt{n}} \right\} = \Phi\left(\frac{1000 - 10n}{\sqrt{n}} \right) > 0.977 = \Phi(2).$$

由此可见，$\dfrac{1000 - 10n}{\sqrt{n}} > 2$，从而 $n < 98.0199$，即最多可以装 98 箱.

第六章样本及抽样分布真题精解

1. 知识点：0605 t 分布，0607 正态总体的抽样定理

解 由正态总体的抽样定理，知 $\dfrac{\sqrt{n}(\overline{X}-\mu)}{S}$ ~ $t(n-1)$，所以正确的选项是（B）.

对选项（C）和（D），由于 $\overline{X}$ 与 S^* 不相互独立，因而 $\dfrac{\sqrt{n}(\overline{X}-\mu)}{S^*}$ 不服从 t 分布，所以选项（C）和（D）都不正确.

2. 知识点：0605 卡方分布，0607 正态总体的常用抽样分布

解 对选项（A），由于 $X_1,X_2,\cdots,X_n$ 独立同分布于 $N(\mu,1)$，从而

$$X_1-\mu,X_2-\mu,\cdots,X_n-\mu$$

独立同分布于 $N(0,1)$，由 χ^2 分布的定义知 $\sum\limits_{i=1}^{n}(X_i-\mu)^2$ 服从 χ^2 分布，其自由度为 n. 因此（A）是正确的.

对选项（B），由题设及正态分布的性质知 X_n-X_1 ~ $N(0,2)$，因此 $\dfrac{X_n-X_1}{\sqrt{2}}$ ~ $N(0,1)$，再由 χ^2 分布的定义知 $\dfrac{(X_n-X_1)^2}{2}$ 服从 χ^2 分布，其自由度为 1，故 $2(X_n-X_1)^2$ 并不服从 χ^2 分布. 因此（B）是不正确的.

对选项（C），由正态总体的抽样定理知 $\sum\limits_{i=1}^{n}(X_i-\overline{X})^2$ 服从 χ^2 分布，其自由度为 $n-1$. 因此（C）是正确的.

对选项（D），由于 $\overline{X}$ ~ $N\left(\mu,\dfrac{1}{n}\right)$，从而 $\sqrt{n}(\overline{X}-\mu)$ ~ $N(0,1)$，故 $n(\overline{X}-\mu)^2$ 服从 χ^2 分布，其自由度为 1. 因此（D）是正确的.

故选（B）.

3. 知识点：0604 常用统计量的数字特征

解 总体 X 的方差为 $DX=m\theta(1-\theta)$，从而样本方差的期望为

$$E\left[\frac{1}{n-1}\sum_{i=1}^{n}(X_i-\overline{X})^2\right]=m\theta(1-\theta),$$

故

$$E\left[\sum_{i=1}^{n}(X_i-\overline{X})^2\right]=m(n-1)\theta(1-\theta).$$

4. 知识点：0605 统计分布：t 分布

解 由 X_1-X_2 ~ $N(0,2\sigma^2)$，得 $\dfrac{X_1-X_2}{\sqrt{2}\sigma}$ ~ $N(0,1)$.

由 X_3+X_4 ~ $N(2,2\sigma^2)$，得 $\dfrac{X_3+X_4-2}{\sqrt{2}\sigma}$ ~ $N(0,1)$，

于是

$$\left(\frac{X_3+X_4-2}{\sqrt{2}\sigma}\right)^2 \sim \chi^2(1).$$

由 $\dfrac{X_1-X_2}{\sqrt{2}\sigma}$ 与 $\dfrac{X_3+X_4-2}{\sqrt{2}\sigma}$ 独立，得

$$\frac{\dfrac{X_1-X_2}{\sqrt{2}\sigma}}{\sqrt{\left(\dfrac{X_3+X_4-2}{\sqrt{2}\sigma}\right)^2}} \sim t(1),$$

即

$$\frac{X_1-X_2}{|X_3+X_4-2|} \sim t(1).$$

故选（B）.

5. 知识点：0604 常用统计量的数字特征，0605 卡方分布，0607 正态总体下统计量的分布

解 （I）由 $\overline{X}$ ~ $N\left(\mu,\dfrac{\sigma^2}{n}\right)$，得 $E(\overline{X}^2)=D(\overline{X})+[E(\overline{X})]^2=\dfrac{\sigma^2}{n}+\mu^2$.

再由 $E(S^2)=\sigma^2$，得

$$E(T)=E(\overline{X}^2)-\frac{1}{n}E(S^2)=\frac{\sigma^2}{n}+\mu^2-\frac{\sigma^2}{n}=\mu^2.$$

于是 $T=\overline{X}^2-\dfrac{1}{n}S^2$ 为 μ^2 的无偏估计量.

（Ⅱ）当 $\mu = 0, \sigma = 1$ 时，$\overline{X} \sim N\left(0, \dfrac{1}{n}\right)$，标准化得

$\sqrt{n}\,\overline{X} \sim N(0,1)$，于是 $n\overline{X}^2 \sim \chi^2(1)$．又 $\dfrac{(n-1)S^2}{\sigma^2} =$

$(n-1)S^2 \sim \chi^2(n-1)$，且 $\overline{X}$ 与 S^2 独立，得

$$D(T) = D(\overline{X}^2) + \frac{1}{n^2}D(S^2)$$

$= \dfrac{1}{n^2}D(n\overline{X}^2) + \dfrac{1}{n^2(n-1)^2}D\big[(n-1)S^2\big]$

$= \dfrac{2}{n^2} + \dfrac{2(n-1)}{n^2(n-1)^2} = \dfrac{2}{n^2} + \dfrac{2}{n^2(n-1)} = \dfrac{2}{n(n-1)}.$

第七章 参数估计真题精解

1. 知识点：0704 最大似然估计法

解 似然函数 $L(\theta) = \left(\dfrac{1-\theta}{2}\right)^3\left(\dfrac{1+\theta}{4}\right)^5$，取对数，

得

$$\ln L(\theta) = 3\ln(1-\theta) - 3\ln 2 +$$
$$5\ln(1+\theta) - 5\ln 4,$$

令 $\dfrac{\mathrm{d}\ln L(\theta)}{\mathrm{d}\theta} = -\dfrac{3}{1-\theta} + \dfrac{5}{1+\theta} = 0$，得 θ 的最大似然

估计值为 $\dfrac{1}{4}$．故答案选（A）．

2. 知识点：0705 无偏估计，0405 协方差与相关系数的计算，0403 方差的计数

解 由二维正态分布的性质，可知

$$E(\overline{X}) = \mu_1, D(\overline{X}) = \frac{\sigma_1^2}{n}; E(\overline{Y}) = \mu_2, D(\overline{Y}) = \frac{\sigma_2^2}{n}.$$

从而

$$E(\hat{\theta}) = E(\overline{X}) - E(\overline{Y}) = \mu_1 - \mu_2 = \theta,$$

所以 $\hat{\theta}$ 是 θ 的无偏估计．

又因为

$$\mathrm{Cov}(\overline{X}, \overline{Y}) = \mathrm{Cov}\left(\frac{1}{n}\sum_{i=1}^{n}X_i, \frac{1}{n}\sum_{j=1}^{n}Y_j\right)$$

$$= \frac{1}{n^2}\sum_{i=1}^{n}\sum_{j=1}^{n}\mathrm{Cov}(X_i, Y_j)$$

$$= \frac{1}{n^2}\left(\sum_{i=j}\mathrm{Cov}(X_i, Y_j) + \sum_{i\neq j}\mathrm{Cov}(X_i, Y_j)\right)$$

$$= \frac{1}{n^2}\cdot\big[n\mathrm{Cov}(X_1, Y_1) + 0\big]$$

$$= \frac{1}{n}\rho\sqrt{D(X_1)}\sqrt{D(Y_1)} = \frac{\rho\sigma_1\sigma_2}{n},$$

所以

$$D(\hat{\theta}) = D(\overline{X} - \overline{Y}) = D(\overline{X}) + D(\overline{Y}) - 2\mathrm{Cov}(\overline{X}, \overline{Y})$$

$$= \frac{\sigma_1^2}{n} + \frac{\sigma_2^2}{n} - \frac{2\rho\sigma_1\sigma_2}{n} = \frac{\sigma_1^2 + \sigma_2^2 - 2\rho\sigma_1\sigma_2}{n}.$$

故答案选（C）．

3. 知识点：0705 估计量的评选标准

解 因为 $X_i \sim B(n, p)\,(i = 1, 2, \cdots, m)$，所以

$E(\overline{X}) = E(X_1) = np, E(S^2) = D(X_1) = np(1-p),$

于是 $E(\overline{X} + kS^2) = np + knp(1-p).$

因为 $\overline{X} + kS^2$ 为 np^2 的无偏估计量，所以 $np + knp(1-p) = np^2$，故 $k = -1$．

4. 知识点：0705 估计量的评选标准

解 （Ⅰ）$E(X) = \displaystyle\int_0^{\theta} x\cdot\frac{1}{2\theta}\mathrm{d}x + \int_{\theta}^{1} x\cdot\frac{1}{2(1-\theta)}\mathrm{d}x =$

$\dfrac{\theta}{4} + \dfrac{1+\theta}{4} = \dfrac{\theta}{2} + \dfrac{1}{4},$

令 $E(X) = \overline{X}$，得 θ 的矩估计量为 $\hat{\theta} = 2\overline{X} - \dfrac{1}{2}.$

（Ⅱ）（法1） $E(4\overline{X}^2) = 4E(\overline{X}^2) = 4\{D(\overline{X}) + [E(\overline{X})]^2\}$，因为

$$E(X^2) = \int_0^{\theta} x^2\cdot\frac{1}{2\theta}\mathrm{d}x + \int_0^{1} x^2\cdot\frac{1}{2(1-\theta)}\mathrm{d}x$$

$$= \frac{\theta^2}{6} + \frac{1+\theta+\theta^2}{6} = \frac{\theta^2}{3} + \frac{\theta}{6} + \frac{1}{6},$$

所以

$$D(X) = E(X^2) - [E(X)]^2 = \frac{\theta^2}{12} - \frac{\theta}{12} + \frac{5}{48},$$

从而

$$E(\bar{X}) = E(X) = \frac{\theta}{2} + \frac{1}{4},$$

$$D(\bar{X}) = \frac{D(X)}{n} = \frac{1}{n}\left(\frac{\theta^2}{12} - \frac{\theta}{12} + \frac{5}{48}\right),$$

于是 $E(4\bar{X}^2) = \frac{3n-1}{3n}\theta^2 + \frac{3n-1}{3n}\theta + \frac{3n+5}{12n} \neq \theta^2$, 故

$4\bar{X}^2$ 不是 θ^2 的无偏估计量.

（法2）
$$E(4\bar{X}^2) = 4E(\bar{X}^2) = 4D(\bar{X}) + 4[E(\bar{X})]^2$$

$$= \frac{4}{n}D(X) + 4[E(X)]^2$$

$$= 4\left[\frac{1}{4}(2\theta+1)\right]^2 + \frac{4}{n}D(X)$$

$$= \theta^2 + \theta + \frac{1}{4} + \frac{4}{n}D(X) > \theta^2,$$

故 $4\bar{X}^2$ 不是 θ^2 的无偏估计量.

5. 知识点：0703 估计量与估计值，0704 最大似然估计法

解 （Ⅰ）因 X 与 Y 相互独立，所以 $Z = X - Y$ 服从正态分布. 因为

$$E(Z) = E(X) - E(Y) = 0,$$

$$D(Z) = D(X) + D(Y) = 3\sigma^2,$$

所以 $Z \sim N(0, 3\sigma^2)$，故 Z 的概率密度为

$$f_Z(z) = \frac{1}{\sqrt{6\pi}\sigma}e^{-\frac{z^2}{6\sigma^2}}(-\infty < z < +\infty).$$

（Ⅱ）设 $z_1, z_2, \cdots, z_n$ 为样本 $Z_1, Z_2, \cdots, Z_n$ 的观测值，似然函数为

$$L = f(z_1)f(z_2)\cdots f(z_n) = (6\pi\sigma^2)^{-\frac{n}{2}}e^{-\frac{1}{6\sigma^2}\sum_{i=1}^{n}z_i^2},$$

取对数，得

$$\ln L = -\frac{n}{2}\ln 6\pi - \frac{n}{2}\ln \sigma^2 - \frac{1}{6\sigma^2}\sum_{i=1}^{n}z_i^2,$$

由 $\frac{d}{d(\sigma^2)}\ln L = -\frac{n}{2\sigma^2} + \frac{1}{6\sigma^4}\sum_{i=1}^{n}z_i^2 = 0$，得 $\sigma^2 = \frac{1}{3n}\sum_{i=1}^{n}z_i^2$，故 σ^2 的最大似然估计量为

$$\widehat{\sigma^2} = \frac{1}{3n}\sum_{i=1}^{n}Z_i^2.$$

（Ⅲ）因为 $E(\widehat{\sigma^2}) = \frac{1}{3n}\sum_{i=1}^{n}E(Z_i^2) = \frac{1}{3}E(Z^2) = \frac{1}{3}[D(Z) + (E(Z))^2] = \sigma^2$，所以 $\widehat{\sigma^2}$ 是 σ^2 的无偏估计量.

6. 知识点：0704 最大似然估计法，0202 分布函数的概念及其性质

解 （Ⅰ）$P\{T > t\} = 1 - F(t) = e^{-\left(\frac{t}{\theta}\right)^m}$,

$$P\{T > s+t \mid T > s\} = \frac{P\{T > t+s, T > s\}}{P\{T > s\}}$$

$$= \frac{e^{-\left(\frac{s+t}{\theta}\right)^m}}{e^{-\left(\frac{s}{\theta}\right)^m}} = e^{\left(\frac{s}{\theta}\right)^m - \left(\frac{s+t}{\theta}\right)^m}.$$

（Ⅱ）$f(t) = F'(t) = \begin{cases} m\theta^{-m}t^{m-1}e^{-\left(\frac{t}{\theta}\right)^m}, & t \geq 0, \\ 0, & \text{其他} \end{cases}$

似然函数

$$L(\theta) = \prod_{i=1}^{n}f(t_i)$$

$$= \begin{cases} m^n\theta^{-mn}(t_1\cdots t_n)^{m-1}e^{-\theta^{-m}\sum_{i=1}^{n}t_i^m}, & t_i \geq 0, \\ 0, & \text{其他.} \end{cases}$$

当 $t_1 \geq 0, t_2 \geq 0, \cdots, t_n \geq 0$ 时，

$$L(\theta) = m^n\theta^{-mn}(t_1\cdots t_n)^{m-1}e^{-\theta^{-m}\sum_{i=1}^{n}t_i^m},$$

取对数，得

$$\ln L(\theta) = n\ln m - mn\ln\theta + (m-1)\sum_{i=1}^{n}\ln t_i - \theta^{-m}\sum_{i=1}^{n}t_i^m,$$

求导数，得

$$\frac{d\ln(\theta)}{d\theta} = -\frac{mn}{\theta} + m\theta^{-(m+1)}\sum_{i=1}^{n}t_i^m,$$

令 $\frac{d\ln(\theta)}{d\theta} = 0$，解得 $\hat{\theta} = \sqrt[m]{\frac{1}{n}\sum_{i=1}^{n}t_i^m}$.

所以 θ 的最大似然估计值 $\hat{\theta} = \sqrt[m]{\frac{1}{n}\sum_{i=1}^{n}t_i^m}$.

第八章假设检验真题精解

1. 知识点：0804 正态总体均值的假设检验

解法 1 在一个假设检验问题中,检验的拒绝域与检验水平 α 有关,α 越小,拒绝域会越小.

本题中检验水平 $\alpha = 0.01$ 的拒绝域 W_1 是检验水平 $\alpha = 0.05$ 的拒绝域 W_2 的子集,因此若样本 $(x_1, x_2, \cdots, x_n) \in W_1$,则 $(x_1, x_2, \cdots, x_n) \in W_2$,或者说,若样本 $(x_1, x_2, \cdots, x_n) \notin W_2$,则 $(x_1, x_2, \cdots, x_n) \notin W_1$.

对选项(A),在检验水平 $\alpha = 0.05$ 下拒绝 H_0 意味着样本 $(x_1, x_2, \cdots, x_n) \in W_2$,但这并不能保证 $(x_1, x_2, \cdots, x_n) \in W_1$,因此(A)是错误的.

对选项(B),样本 $(x_1, x_2, \cdots, x_n) \in W_2$,不能保证 $(x_1, x_2, \cdots, x_n) \notin W_1$,因此选项(B)是错误的.

对选项(D),由于样本 $(x_1, x_2, \cdots, x_n) \notin W_2$,则必有 $(x_1, x_2, \cdots, x_n) \notin W_1$,因此选项(D)是正确的,这也看出了选项(C)是错误的.

故正确选项为(D).

解法 2 本题也可以从检验水平 α 的统计意义上对题中四个选项做出判断.检验水平 α 是犯第一类错误概率的上限.换言之,α 越小,犯第一类错误的概率控制得越小,因此在小的 α 下得出拒绝 H_0 的判断则必定在大的 α 下得出拒绝 H_0 的判断,反之不然.对应地,在大的 α 下得出接受 H_0 的判断则必定在小的 α 下得出接受 H_0 的判断.

结合本题的问题可知选项(D)是正确的.

2. 知识点：0802 假设检验的两类错误

解 检验犯第二类错误(取伪)的概率为落在接受域的概率

$$\beta = P\{\overline{X} \leqslant 11\} = P\left\{\frac{\overline{X} - \mu}{\sigma/\sqrt{n}} \leqslant \frac{11 - 11.5}{2/4}\right\}$$

$$= \Phi(-1) = 1 - \Phi(1),$$

故答案选(B).

3. 知识点：0804 正态总体均值的假设检验

解 设该次考试的考生成绩为 X,则 $X \sim N(\mu, \sigma^2)$.把从 X 中抽取的容量为 n 的样本均值记为 $\overline{X}$,样本标准差记为 s.本题是在显著性水平 $\alpha = 0.05$ 下检验假设

$$H_0: \mu = 70; H_1: \mu \neq 70,$$

拒绝域为

$$|t| = \frac{|\overline{x} - 70|}{s}\sqrt{n} \geqslant t_{1-\frac{\alpha}{n}}(n - 1),$$

由 $n = 36, \overline{x} = 66.5, s = 15, t_{0.975}(36 - 1) = 2.0301$,得

$$|t| = \frac{|66.5 - 70|}{15}\sqrt{36} = 1.4 < 2.0301,$$

所以接受假设 $H_0: \mu = 70$,即在显著性水平 0.05 下,可以认为这次考试全体考生的平均成绩为 70 分.